混凝土艺术

THE ART OF CONCRETE

聂影 著

中国建材工业出版社

图书在版编目(CIP)数据

混凝土艺术 / 聂影著. — 北京:中国建材工业出
版社,2015.10
ISBN 978-7-5160-1287-1

Ⅰ. ①混… Ⅱ. ①聂… Ⅲ. ①混凝土－研究 Ⅳ.
①TU528

中国版本图书馆CIP数据核字(2015)第221130号

内容简介

混凝土是建造现代城市和保障现代生活的基础材料,但其在本质上更接近于工艺材料而非工程材料。本书力图展示混凝土的全部特征:让文化界理解混凝土,让设计师应用混凝土,让工匠们迷恋混凝土,让艺术家倚重混凝土。当代中国,融合了西方技术哲学和中国传统工艺思维的新型工业审美模式正在形成。工程师和设计师必须协同作战,勇往直前。工程师赢得尊严,设计师享有自由。

本书的主要读者为设计师、建筑师、工程师和对工业审美感兴趣的文化学者等。

混凝土艺术

聂影 著

出版发行:中国建材工业出版社
地　　址:北京市海淀区三里河路1号
邮　　编:100044
经　　销:全国各地新华书店
印　　刷:北京中科印刷有限公司
开　　本:787mm×1092mm　1/16
印　　张:13
字　　数:324千字
版　　次:2015年10月第1版
印　　次:2015年10月第1次
定　　价:80.00元

本社网址:**www.jccbs.com.cn**　　微信公众号:**zgjcgycbs**
本书如出现印装质量问题,由我社网络直销部负责调换。联系电话:**(010)88386906**

自序：原来很精彩

从 2001 年讲授《建筑风格史》即开始对混凝土的研究兴趣。在我看来，这是一种被严重低估的人造材料。混凝土的属性其实更接近"工艺"材料，而不是典型的"工业工程"材料。然而混凝土材料的开发和塑型，必须借助工程项目或工厂生产来实施。每天围于学校围墙内，自己的这个心愿始终难以达成。

今年春夏，和佟令玫女士谈到混凝土的发展潜力时，她便鼓励我写一本书，专门探讨混凝土的文化价值和发展前景。非常凑巧，中国混凝土与水泥制品协会装饰混凝土分会因前后举办过两次装饰混凝土大赛而成果颇丰，他们也在努力推广混凝土技术的新成果，正在筹备"2015 国际装饰混凝土技术与应用大会"和"装饰混凝土创意作品展"。于是佟总编便介绍我们交流合作。

大家心意相通，很快便有了两件颇为可心的成果：其一即为本书《混凝土艺术》；其二为双方组织设计师和混凝土企业共同设计开发一系列混凝土新产品，计划在今年 10 月底的"装饰混凝土创意作品展"中展出。

说来惭愧，虽然素好写作，但总难拥有众多读者，或许因为本人关注的话题常太过专业艰涩。于是写作之初并无野心，想来写好一本专业参考书便很不错，因此最初预设的主要读者为设计师、工艺师和一些工艺文化的爱好者。所幸，混凝土协会的潘志强先生阅过初稿后，对混凝土历史的部分也颇感兴趣。所以，我也非常希望能通过此书结交一些工程师朋友。我一直以为：技术是有温度的。

不过，随着写作进度的深入，心中的图景愈发清晰：只有被赋予文化、美学和情感价值时，混凝土的价值才能进入民族文化心理、进入文化思考领域。于是本书努力让混凝土超越工程领域——从文化习俗视角，分析中国人在大型工程中的技术集成能力来自哪里；从设计哲学角度，指出中国人对混凝土的理解如何与众不同；从社会发展现状，说明行业壁垒如何阻碍中国混凝土技术的再次提升；从人性关怀视角，为混凝土材料和技术发展过程中的工程师群体树碑立传。最终目的是：让文化界理解混凝土，让设计师应用混凝土，让工匠们迷恋混凝土，让艺术家倚重混凝土。

为便于阅读理解，本书主要内容分为4章。

第1章 混凝土的材料哲学

混凝土是现代城市和现代生活的基础材料，中国的快速城镇化也得益于混凝土工程水平的大幅提升。当代中国人在桥梁水利领域使用混凝土材料出神入化，成就卓著；但行业壁垒阻碍着混凝土技术的整体提升，不同工程领域、工程和艺术领域之间无法共享已有的丰富经验和学术成果。工业审美逻辑并非中国传统文化的原有内容，人工材料的文化阐释方式亦是前人较少涉足的领域。然而当代中国，一种融合了西方技术哲学和中国传统工艺思维的新型工业审美模式正在形成。在此过程中，工程师和设计师的重要性愈发明显；工程师没有尊严，设计师便没有自由。

第2章 混凝土的前世今生

了不起的工程师和材料学家们的才华与成就，铸就了现代混凝土的技术文化发展史。现代混凝土的研究最初其实多源于偶然发现或个人爱好。之后，专利权和开办生产厂的利润刺激使英国混凝土业和技术发展长期领先；现代城市的功能需求与前现代时期大为不同，许多工程领域只有混凝土材料能够达成。美国国家幅员辽阔，工程规模巨大，混凝土与大型工程联系的"合法地位"就此定格；土木工程学成为城市发展和城市管理的支撑学科。混凝土与钢筋的结合既是偶然也是必然，自此钢筋混凝土结构和钢结构成为现代工程领域最重要的两种结构体系。清末民国时期中国也曾加入世界水泥生产领域，然因命运多舛便没能成为中国现代化的中坚力量。工程师理解的混凝土和建筑师心中的混凝土不同，但都充满了狂想和热忱；他们针对技术和工艺的哲学思考至今在启迪后人。

第3章 混凝土的材料秘密

混凝土虽为无机材料，但在凝固成型过程中需要甚多看顾，设计师艺术家们必须关注其施工技术工艺，才能保证设计成品的长久有效。本章主要为一般经验的定性介绍，包括：我国常见的混凝土类型；混凝土的组分配比；混凝土添加剂的使用和节制；混凝土的成型和养护；混凝土防裂缝；混凝土抗腐蚀等。

第4章 混凝土的艺术表达

清水混凝土发展潜力巨大；内在哲学和审美观念值得研究；中国当代清水混凝土审美体系特点渐趋鲜明。混凝土墙体处理愈发复杂：从构造看，有装饰材料和结构材料之分；从成型看，有预制和现浇之分；从饰面风格看，有平整和肌理变化之分；从质感来看，有模仿石材和模仿夯土等多种。混凝土地面已从交通路面变为艺术路面：极佳的承载能力；较好的透水能力；多种色彩有如地面涂鸦。混凝土艺术处理手法多样：质感、光影、对比、透光、镀铜、变色……中国混凝土技术水平较高，艺术表达能力欠缺，设计师对材料的理解能力亟待提高。

正文后还有3个附件。附件1收录了参加"装饰混凝土创意作品展"部分设计作品的实施方案。所有作品均为特殊设计，需要混凝土厂家的专门技术配合、多次试验方能制作完成。每一件作品都可算是一项科研成果。设计师和工程师们都投入了巨大的创作热情。作品分别标注了设计师和技术支持单位的名字，以表达对他们劳动的尊重。

在讨论当代中国混凝土发展的重要成就和现状分析时，本书采用了装饰混凝土协会和几家混凝土企业的实物照片。图片引用时分别标明了工程名称和图片来源。协会提供的图片基本为两次"装饰混凝土设计大赛"的成果照片，于是在附件2和附件3中附上了两次大赛的获奖清单，便于读者查找。

本书未注明出处的图片均来自网络。图片作者可与本人或出版社联系。

最后必须感谢那些为我完成这本书而提供了无私帮助的人们。

佟令玫女士是我二十多年的老同学、老朋友，她的鼓励和帮助是我完成这本书的重要动力；孙炎、杨娜和修岩三位编辑帮我完成了许多细碎繁复的编辑、出版和宣传工作。装饰混凝土分会的商雁青女士做事稳妥高效，给了我充分的信任，并介绍了好几家创新能力强、技术水平高的混凝土厂参与展品制作；协会的高级顾问潘志强老师是本书的第一位读者，作为资深工程师，他仅指出了几处技术上的明显错误，而从未对我这样的非专业人士探讨专业问题有任何不耐烦；陈夏露女士一直帮忙落实各项文字、图片细节，还联系企业落实制作进度，非常忙碌。

参加本次展览的设计师主要来自两个单位：一部分是我的同事们，为清华大学美术学院的教师和学生；另一部分是清控人居集团北京清尚陈设艺术有限公司的年轻设计师们。他们的设计工作都是无偿的，参与其间完全是因为对材料本身的兴趣，和对在艺术和设计领域拓展混凝土的材料潜能充满热忱。各制作企业不仅需要无偿提供技术支持，还须负担最终作品和试验品的各项成本。无论如何，通过提升设计和技术的文化内涵，改变人们对混凝土的常规印象，拓展混凝土的使用领域，是大家的共同目标。志同道合，幸甚至哉！

最后还要感谢我的家人，他们一直是我所有思想的聆听者和建议者。

于清华大学美术学院

2015年8月5日

目录

1 混凝土的材料哲学

1.1 混凝土与现代工程

大多数人对混凝土的印象非常模糊。无论历史上曾经有过哪些品质超强的古老水泥或混凝土结构，今天工程中常用的波特兰水泥，的的确确是一种人造的、现代化的材料。这一材料与现代生活息息相关，可以说，没有混凝土就没有现代城市，没有我们的现代化生活。

1.1.1 桥梁工程

钢筋混凝土发展到今天，在桥梁建设上成就卓著。许多著名的混凝土桥梁规模巨大、长度惊人。快速发展的中国经济更是需要这种规模的桥梁建设。就这一点而言，没有任何材料能超越钢筋混凝土。我们应该感谢前人为我们找到了这样一个高效、方便的人工材料。

1875 年，法国园艺师约瑟夫·莫尼埃（Joseph Monier, 1823—1906）建成了世界上第一座钢筋混凝土桥[1]，其跨度为 14 米、宽 4 米，是座人行拱桥。当时人们还不明白钢筋在混凝土中的作用和钢筋混凝土受力后的物理力学性能，因此这座桥的钢筋配置并未置于混凝土承受拉力的那一侧，而是按照桥梁的体型构造安排的，在拱式构件的截面中和轴上也配置了钢筋。此桥的桥拱为椭圆形，这可能是因为莫尼埃为研究混凝土材料，长期用铁丝网夹在混凝土中制作花盆、管罐、贮水池等。当然也可能因时代眼光的局限性，使他更多地"模仿"古代石拱桥的造型特征。遗憾的是，因此桥早已损毁我们无法窥其真容。

---

1 详见本书第 2.4.1 节。

随着人们对钢筋混凝土力学性能的不断研究和广泛试验，到 19 世纪末、20 世纪初，终于造出较为符合力学原理、配筋相对合理的桥梁结构。于是，钢筋混凝土开始作为合格的工程材料被普遍用于桥梁建设中。

我们今天常见的混凝土桥，不仅是钢筋混凝土结构，而且还常为预应力混凝土 [1] 桥（prestressed concrete bridge），这是一种以预应力混凝土作为上部结构主要建筑材料的桥梁。预应力混凝土桥最早出现在 1930 年代，因其优势明显，之后便不断发展，使用范围广泛，取得巨大成就。

预应力混凝土桥的主要优点包括：①节省钢材，降低桥梁材料费用；②由于采用预施应力工艺，能使混凝土结构的工地接头安全可靠，因而以往只适应于钢桥架设的各种不用支架的施工方法，现在也能用于这种混凝土桥中，从而节约施工成本；③同钢桥相比，其养护费用较低，行车噪声小；④同钢筋混凝土桥相比，其自重和建筑高度较小，其耐久性则因采用高质量的材料及消除了活载所致裂纹而大为改进。

与纯钢结构的桥梁相比，预应力混凝土桥的自重更大，有时施工工艺也更复杂；但因其拥有成本优势，特别是能忍受恶劣自然环境、能适用于建造超大型桥梁，其适用范围极为宽广；其明显的不足之处一般也在允许范围内，并一直在不断地克服改进中。

（1）杭州湾跨海大桥

杭州湾跨海大桥横跨杭州湾，北起浙江省嘉兴市海盐郑家埭，南至宁波市慈溪水路湾。杭州湾位于中国改革开放最具活力、经济最发达的长江三角洲地区（图 1-1）。建设杭州湾跨海大桥，形成以上海为中心的江浙沪两小时交通圈，对于整个地区的经济和社会发展都具有重大而深远的战略意义。大桥于 2003 年 11 月开工，2007 年 6 月 26 日贯通，2008 年 5 月 1 日正式启用。

该桥全长 36 公里，总投资 118 亿元，现为继美国的庞恰特雷恩湖桥和青岛胶州湾大桥之后世界第三长的桥梁和世界第二长跨海大桥（图 1-2）。大桥海上段长 32 公里；全桥总计混凝土 245 万立方米（混凝土用量相当于 10 个国家大剧院），各类钢材 82 万吨（用钢量相当于 7 个"鸟巢"），钢管桩 5513 根，钻孔桩 3550 根，承台 1272 个，墩身 1428 个，工程规模浩大，可以抵抗 12 级以上台风（图 1-3）。

不过，杭州湾跨海大桥能成为工程奇迹，并不仅因为其规模巨大，还在于其所在地自然环境和地质条件的恶劣，施工条件的艰苦……

大桥地处强腐蚀的海洋环境，所在地潮差大、流速急、流向乱、波浪高、冲刷深、软弱地层厚。大桥南岸 10 公里滩涂底下蕴藏着大量的浅层沼气，对施工安全构成严重威胁。在滩

---

1 为了弥补混凝土过早出现裂缝的现象，在构件使用（加载）以前，预先给混凝土一个预压力，即在混凝土的受拉区内，用人工加力的方法，将钢筋进行张拉，利用钢筋的回缩力，使混凝土受拉区预先受压力。这种储存下来的预加压力，当构件承受由外荷载产生的拉力时，首先抵消受拉区混凝土中的预压力，然后随荷载增加，才使混凝土受拉，这就限制了混凝土的伸长，延缓或不使裂缝出现，这就叫做预应力混凝土。

涂区的钻孔灌注桩施工中，设计施工单位开创性地采用有控制放气的安全施工工艺，为世界同类地理条件施工工艺之首。海上工程大部分为远岸作业，施工条件很差；受水文和气象影响，海上施工作业年有效天数不足 180 天。为确保大桥寿命，设计和施工标准大幅度提升，在国内第一次明确提出了设计使用寿命大于等于 100 年的耐久性要求。

面对各项不利条件，设计施工单位采用了多种方法：①设计方案涉及新材料、新工艺、新技术的应用以及多项大型专用设备的研制；②结构防腐问题严峻，且无规范可遵循；③大桥 50 米箱梁"梁上运架设"技术，架设运输重量从 900 吨提高到 1430 吨，刷新了世界纪录；④大桥深海区上部结构采用 70 米预应力混凝土箱梁整体预制和海上运架技术，为解决大型混凝土箱梁早期开裂的工程难题，开创性地提出并实施了"二次张拉技术"，彻底解决了这一工程顽疾；⑤因桥梁长度超长，地球曲面效应引起的结构测量变形问题十分突出，传统测量手段无法满足施工精度和进度要求，借助 GPS 技术实现快速高效测量施工也是核心技术问题；⑥钢管桩的最大直径 1.6 米，单桩最大长度 89 米，最大重量 74 吨，开创国内外大直径超长整桩螺旋桥梁钢管桩之最。

大桥设计时除考虑自然条件外，还将"长桥卧波"的美学理念和保证行车安全的曲线形设计结合一处，具有较高的景观价值（图 1-4）。

因工程施工作业点多、战线长，存在同步作业、交叉作业工序，施工组织难度极大，工程质量、进度、安全及资金控制难度也很大。今天看来，没有钢筋混凝土结构，没有出色的施工组织和团队研发能力，杭州湾大桥的修建完成根本无法想象。

图 1-1　杭州湾大桥地理位置

图 1-2　杭州湾大桥全景

图 1-3　杭州湾大桥局部

图 1-4　杭州湾大桥转向观景平台车道

（2）青藏铁路清水河特大铁路桥

青藏铁路是世界上最高的铁路线，全线几乎所有工程都在挑战工程极限。

清水河特大桥位于海拔 4500 多米的可可西里自然保护区，全长 11.7 公里，是青藏铁路线上最长的"以桥代路"的特大桥，也是世界上最长的高原冻土铁路桥，由十万筑路工人，历时五年乃成（图 1-5）。

清水河地区季节温差明显，夏季最高 38℃，冬季最低 -40℃，气候条件极其恶劣。夏季气温升高、冻土融化，会在地下 20～30 米之间形成暗河；而冬季，热融湖塘和暗河由于气温的急剧下降，会形成突出地表的冻涨球。如果处理不好冻土问题，修筑的铁路将会变成高低不平的"搓板路"，留下运营隐患。

为了解决在高原冻土区施工的难题且保护好自然环境，工程设计专家们采取了"以桥代路"的措施，以期既能很好地解决高原冻土地带路基稳定的问题，同时大桥各桥墩间的 1300 多个桥孔还可以为野生动物提供自由迁徙通道（图 1-6）。

图 1-5　青藏铁路清水河特大铁路桥　　　图 1-6　青藏铁路清水河特大铁路桥有 1300 多个桥孔

（3）青藏铁路三岔河大桥

三岔河大桥是青藏铁路第一高桥，地处海拔 3800 多米的高山峡谷中（图 1-7），全长 690.19 米，桥面距谷底 54.1 米；共有 20 个桥墩，其中 17 个是圆形薄壁空心墩，墩身顶部壁最薄处仅 30 厘米。

三岔河特大桥是青藏铁路格拉段的重点难点工程，直接关系着青藏铁路能否从格尔木向拉萨顺利铺架。大桥所处地段高寒、低压、缺氧、狂风、暴雨、强紫外线辐射、地震等随时威胁着施工。每天下午四五点钟以后，工地上就会刮起五级以上的大风，50 多米高的桥墩施工只能停止作业。大桥建设者挑战生命禁区，攻克施工难题，确保了青藏铁路顺利贯通。

有关专家经过勘察认为，建设三岔河这样一座混凝土灌注量达 3 万多立方米的特大桥，就是在条件较好的内地也要两年。由于当时我国缺少高寒铁路桥梁施工的技术经验，大桥初期施工进展缓慢。于是，项目部果断改变原施工方案，建立施工计划网络图，每道工序精确到了小时。

他们打破原来工程任务单一分割的做法，根据网络计划技术和运筹学原理，建立了一套双代号环状施工计划网络图：就是将大桥总工期后门关死，把 20 个桥墩分别分解成 20～30 道工序，结合施工水平和工序交叉，一一确定每道工序施工时间。整个施工网络密密麻麻地分布着上千个节点，宛如一张蜘蛛网笼罩在大桥上，每名职工都占据着一个不可或缺的节点。

为确保节点的完成，项目部成立了大桥承包小组。对原施工方案进行重大调整，弃用翻板施工。为了加大一次灌注混凝土高度，他们投资 1000 万元，定做了 6 套空心墩模板和实心墩模板。

正常情况下，高寒地区冬季无法施工，毕竟在零下二三十摄氏度的超低温高寒铁路桥梁混凝土灌注施工，是一项世界性技术难题，没有经验可借鉴。但这将彻底无法满足青藏铁路全线贯通的工期要求，于是工程技术人员展开了科技攻关。最终他们确定了"搭设暖棚、蒸汽养生、控制温差、加强量测、改进工艺、合理布置"的冬季施工方案。三岔河大桥成为青藏铁路全线唯一一个冬季施工的桥梁项目，从而首开世界高寒铁路桥梁冬季混凝土灌注施工先河。

项目部采用了我国高寒铁路的最新科研成果——低温早强耐久高性能混凝土。在生产过程中，他们首次采用了我国成功研制的 DZ 外加剂，不仅使搅拌出的混凝土强度满足设计要求，而且能确保混凝土灌注 24 小时内防止被冻。

依靠严密的保温措施和先进的施工技术，项目部取得了冬季施工的巨大成功。据统计，整个冬季施工期间，项目部总计完成大桥 590 多延米；而且经检测，工程合格率 100%，优良率超过了 95%。

为了纪念这项重点难点工程，树立了青藏铁路三岔河大桥纪念碑（图 1-8）。

图 1-7　青藏铁路三岔河大桥　　　　　　　图 1-8　青藏铁路三岔河大桥纪念碑

（4）高速铁路的无砟轨道

砟（zhǎ）是指岩石、煤等的碎片；在铁路上，指作路基用的小块石头。传统的铁路轨道通常由两条平行的钢轨组成，钢轨固定在枕木上，之下为小碎石铺成的路砟（图 1-9）。路砟和枕木均起加大受力面、分散火车压力、帮助铁轨承重的作用，防止铁轨因压强太大而下陷到泥土里。此外，路砟（小碎石）还有减少噪声、吸热、减振、增加透水性等作用。这种方式就是大多数人所熟悉的有砟轨道。

传统有砟轨道具有铺设简便、综合造价低廉的特点；但也有一些缺陷，如容易变形，维修频繁，维修费用较大，且列车速度受到限制等。

高速铁路的发展史证明，若基础工程使用常规的轨道系统，会造成道砟粉化严重、线路维修频繁，安全性、舒适性、经济性相对较差。无砟轨道因克服了上述缺点，被认为是高速铁路工程技术的发展方向。

无砟轨道由铁轨、扣件、单元板组成，起减振、减压作用。无砟轨道的轨枕本身是混凝土浇灌而成，而路基也不用碎石，铁轨、轨枕直接铺在混凝土路上（图1-10、图1-11）。

目前，我国时速超过250公里/小时的高速铁路使用无砟轨道；设计时速200～250公里/小时的客运专线很多仍使用有砟轨道。

图1-9　普通混凝土枕木铁轨　　　图1-10　高铁无砟轨道浇筑　　　图1-11　无砟轨道

1.1.2 水库大坝

对于大多数生活于平原和发达地区的中国人而言，水利工事太过遥远陌生。但查阅资料会发现，中国混凝土水坝的修建数量和质量令人惊讶，甚至我们所熟知的三峡大坝也只是在规模上取胜，真正在高度、技术上领先世界水平的，还有许多。新近评出的世界十大混凝土大坝，中国占了3席：云南澜沧江上的小湾拱坝（高292米）、青海黄河上的拉西瓦大坝（高250米）、四川雅砻江上二滩拱坝（高240米）。

云南的小湾拱坝为混凝土大坝，高度达到了惊人的292米，只比埃菲尔铁塔矮32米。这座大坝位于澜沧江上，修建目的主要是水力发电，每年保证输出电能达到了190亿千瓦时。小湾拱坝建成费时11年，电站静态总投资223.31亿元。

青海拉西瓦大坝位于黄河之上，是黄河流域装机容量最大、发电量最多、单位千瓦造价最低、经济效益良好的水电站。电站建成后主要承担西北电网的调峰和事故备用，是"西电东送"北通道的骨干电源点，也是实现西北水火电"打捆"送往华北电网的战略性工程。拉西瓦海拔2200米以上，属高寒地区。针对拉西瓦的特殊地理构造，设计者采用特高薄拱坝形式：坝高250米，底部却只有49米宽；厚高比例为0.196，低于0.2的国家标准比例。此设计最大限度地减少了重力坝开挖量大、混凝土用量大的缺陷。

四川二滩大坝不仅为中国的贫困地区带来了就业机会和海外投资，而且在建造过程中创下了几项记录：这座240米高的大坝十年即建成，创造了水电站的最快建造记录；大坝拥有一个地下发电所和一条1167米长的导流隧洞，这也是世界最长的导流隧洞之一；有47个国家和700位专家参与了这个工程的建设。

世界上最高的水坝中有许多都位于我国境内，从1950年代开始，我国兴建了超过2.2万个高度超过15米的水坝，约占世界总数的一半。其中最高的水坝大部分坐落在我国西南部（贵州、四川和云南），横跨的河流包括澜沧江、长江及其上游的金沙江和多条支流（雅砻江、大渡河、岷江和乌江等）。黄河在西部的河段也有几个非常高的水坝把守。修建这些大型水坝主要是出于多种目标考量，例如防洪、灌溉以及最主要的水力发电。

截至 2014 年 6 月中旬，我国最高的水坝是坐落在四川省境内的锦屏一级水电站大坝，属拱坝，高 305 米，也是世界第一高水坝。我国最高的土石坝是云南省境内的糯扎渡大坝，高 261 米。我国最高的重力坝是位于广西壮族自治区的龙滩水电站大坝，高 216.2 米。湖北省境内还拥有世界上最高的混凝土面板堆石坝，高 233 米的水布垭水电站大坝。四川省境内正在建设的双江口大坝预计高度将达到 312 米，建成后将成为新的世界第一高坝。表 1-1 和表 1-2 列出我国所有高度超过 100 米的大坝。

表 1-1　已完成水坝工程

名称	自治区、省或市	跨越河流	高度	类型	建成年份
锦屏一级水电站大坝（图 1-12）	四川省	雅砻江	305 米	拱坝	2013
小湾坝（图 1-13）	云南省	湄公河	292 米	拱坝	2010
溪洛渡大坝（图 1-14）	云南省	金沙江	285.5 米	拱坝	2013
糯扎渡大坝（图 1-15）	云南省	湄公河	261.5 米	土石坝	2013
拉西瓦大坝（图 1-16）	青海省	黄河	250 米	拱坝	2009
二滩大坝（图 1-17）	四川省	雅砻江	240 米	拱坝	1999
水布垭水电站大坝（图 1-18）	湖北省	清江	233 米	混凝土面板堆石坝	2008
构皮滩大坝	贵州省	乌江	232.5 米	拱坝	2009
江坪河水电站大坝	湖北省	娄水	221 米	混凝土面板堆石坝	2012
龙滩大坝	广西壮族自治区	红水河	216 米	重力坝	2009
大岗山水电站	四川省	大渡河	210 米	拱坝	2012
光照水电站（图 1-19）	云南省	北盘江	200.5 米	重力坝	2004
瀑布沟大坝	四川省	大渡河	186 米	混凝土面板堆石坝	2010
三板溪大坝	贵州省	沅水	185.5 米	混凝土面板堆石坝	2006
三峡大坝（图 1-20）	湖北省	长江	181 米	重力坝	2008
洪家渡大坝	贵州省	六冲河	179.5 米	混凝土面板堆石坝	2005
龙羊峡大坝	青海省	黄河	178 米	拱坝	1992
天生桥一级水电站大坝	贵州省 / 广西壮族自治区	南盘江	178 米	混凝土面板堆石坝	2000
丹江口大坝	湖北省	汉水	176.6 米	重力坝	1973，2010
官地大坝	四川省	雅砻江	168 米	重力坝	2012
乌江渡大坝	贵州省	乌江	165 米	拱式重力坝	1979
东风大坝	贵州省	乌江	162 米	拱坝	1995
滩坑大坝	浙江省	瓯江	162 米	混凝土面板堆石坝	2008
金安桥大坝	云南省	金沙江	160 米	重力坝	2010
东江大坝	湖南省	澧水	157 米	拱坝	1992
隔河岩大坝	湖北省	清江	157 米	拱式重力坝	2006
吉林台一级大坝	新疆维吾尔自治区	喀什噶尔河	157 米	混凝土面板堆石坝	2005
马鹿塘大坝	云南省	盘龙江	156 米	混凝土面板堆石坝	2009

名称	自治区、省或市	跨越河流	高度	类型	建成年份
沙沱水电站	贵州省	乌江	156 米	拱坝	2009
紫坪铺水利枢纽	四川省	岷江	156 米	混凝土面板堆石坝	2006
巴山大坝	重庆市	任河	155 米	混凝土面板堆石坝	2009
李家峡水库（图1-21）	青海省	黄河	155 米	拱式重力坝	1997
梨园大坝	云南省	金沙江	155 米	混凝土面板堆石坝	2012
小浪底	河南省	黄河	154 米	土石坝	2000
董箐大坝	贵州省	北盘江	150 米	混凝土面板堆石坝	2009
白山水库	吉林省	第二松花江	149.5 米	拱式重力坝	1984
刘家峡大坝	甘肃省	黄河	147 米	重力坝	1969
龙首二号大坝	甘肃省	额济纳河	146.5 米	混凝土面板堆石坝	2004
吉勒布拉克大坝	新疆维吾尔自治区	哈巴河	146.3 米	混凝土面板堆石坝	1996
江口水库	重庆市	芙蓉江	139 米	拱坝	2003
瓦屋山大坝	四川省	周公河	138 米	混凝土面板堆石坝	2007
乌鲁瓦提大坝	新疆维吾尔自治区	喀拉喀什河	138 米	混凝土面板堆石坝	2001
九甸峡大坝	甘肃省	洮河	136.5 米	混凝土面板堆石坝	2008
洞坪拱坝	湖北省	忠建河	135 米	拱坝	2006
龙马大坝	云南省	李仙江	135 米	混凝土面板堆石坝	2007
大花水大坝	贵州省	清水河	134.5 米	拱坝	2008
石垭子大坝	贵州省	洪渡河	134.5 米	重力坝	2010
宝珠寺大坝	四川省	白龙江	132 米	重力坝	2000
公伯峡大坝	青海省	黄河	132 米	混凝土面板堆石坝	2006
漫湾大坝	云南省	湄公河	132 米	重力坝	1995
江垭大坝	湖南省	娄水	131 米	重力坝	2000
百色大坝	广西壮族自治区	右江	130 米	重力坝	2006
洪口大坝	福建省	霍童溪	130 米	重力坝	2008
金盆大坝	陕西省	额济纳河	130 米	土石坝	2002
沙牌大坝	四川省	草坡河	130 米	拱坝	2006
湖南镇水库	浙江省	钱塘江	129 米	支墩坝	1980
安康大坝	陕西省	汉水	128 米	重力坝	1989
藤子沟大坝	重庆市	龙河	127 米	拱坝	2006
故县大坝	河南省	洛河	125 米	重力坝	1995
冶勒大坝	四川省	南桠河	124.5 米	土石坝	2006
索风营大坝	贵州省	乌江	121 米	重力坝	2006
白云大坝	湖南省	乌水河	120 米	混凝土面板堆石坝	2006
古洞口大坝	湖北省	香溪河	120 米	混凝土面板堆石坝	1999
鲁地拉大坝	云南省	金沙江	120 米	重力坝	2013
武都大坝	四川省	涪江	120 米	重力坝	2008
龙开口大坝	云南省	金沙江	119 米	重力坝	2013

名称	自治区、省或市	跨越河流	高度	类型	建成年份
思林大坝	贵州省	乌江	117 米	重力坝	2008
彭水大坝	重庆市	乌江	116.5 米	拱坝	2008
石门坎大坝	云南省	李仙江	116 米	拱坝	2010
亭子口大坝	四川省	嘉陵江	116 米	重力坝	2014
石头河大坝	陕西省	石头河	114 米	土石坝	1969
云峰大坝	吉林省	鸭绿江	113.75 米	重力坝	1965
戈兰滩大坝	云南省	李仙江	113 米	重力坝	2008
棉花滩	福建省	汀江	113 米	重力坝	1999
凤滩大坝	湖南省	酉水	112.5 米	拱式重力坝	1978
大朝山大坝	云南省	湄公河	111 米	重力坝	2003
岩滩大坝	广东省	红水河	110 米	重力坝	1995
景洪大坝	云南省	湄公河	108 米	重力坝	2008
新安江大坝	浙江省	钱塘江	108 米	重力坝	1959
大坝	河北省	滦河	107.5 米	重力坝	1984
黄龙滩大坝	湖北省	堵河	107 米	重力坝	1976
三门峡大坝	河南省 / 山西省	黄河	106 米	重力坝	1960
水丰大坝	辽宁省	鸭绿江	106 米	重力坝	1941
万家寨大坝	陕西省	黄河	105 米	重力坝	1998
新丰江大坝	广东省	新丰江	105 米	重力坝	1962
柘溪大坝	湖南省	资水	104 米	重力坝	1962
紧水滩大坝	浙江省	龙泉溪	102 米	拱坝	1988
碧口大坝	甘肃省	白龙江	101 米	土石坝	1977
积石峡大坝	青海省	黄河	101 米	重力坝	2010
鲁布革大坝	贵州省 / 云南省	黄泥河	101 米	土石坝	1988
水口大坝	福建省	闽江	101 米	重力坝	1996

注：本表内容参照百度百科。

表 1-2　中国在建水坝

名称	自治区、省或市	跨越河流	高度	类型	预计建成年份
双江口大坝	四川省	大渡河	312 米	土石坝	2020
两河口大坝	四川省	雅砻江	295 米	拱坝	2015
白鹤滩大坝	四川省 / 云南省	金沙江	277 米	拱坝	2019
长河坝大坝	四川省	大渡河	240 米	混凝土面板堆石坝	2016
猴子岩大坝	贵州省	大渡河	223.5 米	土石坝	2015
向家坝大坝	云南省 / 四川省	金沙江	162 米	土石坝	2015
观音岩大坝	云南省 / 四川省	金沙江	159 米	重力坝	2015
阿海大坝	云南省	金沙江	130 米	重力坝	2015
藏木大坝	西藏自治区	雅鲁藏布江	116 米	重力坝	2015

注：本表内容参照百度百科。

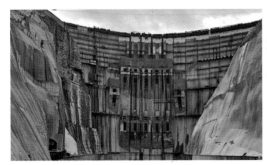

图 1-12　四川锦屏一级水电站大坝，305 米高

图 1-13　云南的小湾拱坝，292 米高

图 1-14　云南溪洛渡大坝，285.5 米高

图 1-15　云南糯扎渡大坝，261.5 米高

图 1-16　青海拉西瓦大坝，250 米高

图 1-17　四川二滩大坝，240 米高

图 1-18　湖北水布垭水电站大坝，233 米高

图 1-19　云南光照水电站，200.5 米高

图 1-20　湖北三峡大坝，181 米高　　　　　　　　图 1-21　青海李家峡大坝，155 米高

三峡大坝在我国所有的水坝中，应算名气最大，当然其规模也最为可观。工程包括主体建筑物工程及导流工程两部分。大坝为混凝土重力坝，坝顶总长 3035 米，坝顶高程 185 米，正常蓄水位 175 米，总库容 393 亿立方米，其中防洪库容量 221.5 亿立方米，能够抵御百年一遇的特大洪水。三峡大坝左右岸安装 32 台单机容量为 70 万千瓦水轮发电机组，安装 2 台 5 万千瓦电源电站，其 2250 万千瓦的总装机容量为世界第一，三峡大坝荣获世界纪录协会世界最大的水利枢纽工程世界纪录。

1.1.3 地下工程

（1）地铁工程

城市地铁几乎成了全世界大城市中通行的重要交通方式。因其快捷高效也常受到市民和游客的欢迎。但地铁工程往往投资巨大，工期较长，地质条件又未必完全可控，所以地铁施工难免有技术、投资甚至政治上的风险。但因其的确能缓解大城市的交通拥堵，还能从侧面展示国家和城市在综合资源调配、施工技术水平、车辆制造领域和交通管控能力等方面的综合实力，世界上的重要国家和城市还是对修建地铁乐此不疲。

地铁施工方法的确定，一方面受沿线工程地质和水文地质条件、环境条件、轨道交通的功能要求、线路平面位置、隧道埋深及开挖宽度等多种因素的制约；另一方面也会对施工期间的地面交通和城市居民的正常生活、工期、工程的难易程度、城市规划的实施、地下空间的开发利用和运营效果等产生直接影响。因此，地铁施工方法的确定，必须因地制宜、统筹兼顾，考虑众多因素的影响。国内外地铁建设施工方法多样，但无论哪种，都离不开混凝土施工工艺。

1）明挖法

明挖法是指挖开地面，由上向下开挖土石方至设计标高后，自基底由下向上顺作施工，完成隧道主体结构，最后回填基坑或恢复地面的施工方法。这种方法有点类似于高层建筑的地基和基础工程。浅埋地铁车站和区间隧道经常采用明挖法。由于地铁工程一般位于建筑物密集的城区，因此这种施工方式的主要技术难点在于对基坑周围原状土的保护，防止地表沉降，减少对既有建筑物的影响。

2）暗挖法

暗挖法是指在特定条件下，不挖开地面而全部在地下进行开挖和修筑衬砌结构的隧道施工办法。暗挖法主要包括：钻爆法、盾构法、掘进机法、浅埋暗挖法、顶管法、新奥法等。其中尤以浅埋暗挖法和盾构法应用较为广泛（目前我国的隧道施工也以此两种方法居多），现仅介绍几种常见工法。

① 钻爆法：我国地域广大、地质类型多样，重庆、青岛等城市处于坚硬岩石地层中，广州地铁也有部分区段处于坚硬岩石地层中，这种地质条件下修建地铁通常采用钻爆法开挖、喷锚支护（与通常的山岭隧道相当）。钻爆法施工的全过程可以概括为：钻爆、装运出碴，喷锚支护，灌注衬砌，再辅以通风、排水、供电等措施。

② 盾构法：在地铁线路穿越河道地段，围岩结构松散、饱水、呈流塑或软塑状态，工程地质条件较差的地段，采用盾构机（图1-22）施工。盾构（shield）是一个既可以支承地层压力又可以在地层中推进的活动钢筒结构。钢筒的前端设置有支撑和开挖土体的装置，钢筒的中段安装有顶进所需的千斤顶；钢筒的尾部可以拼装预制或现浇混凝土隧道衬砌环。盾构每推进一环距离，

图1-22　盾构机

就在盾尾支护下拼装（或现浇）一环衬砌，并向衬砌环外围的空隙中压注水泥砂浆，以防止隧道及地面下沉。盾构推进的反力由衬砌环承担。盾构施工前应先修建一竖井，在竖井内安装盾构，盾构开挖出的土体由竖井通道送出地面。

盾构法的主要优点：除竖井施工外，施工作业均在地下进行，既不影响地面交通，又可减少对附近居民的噪声和振动影响；盾构推进、出土、拼装衬砌等主要工序循环进行，施工易于管理，施工人员也比较少；土方量少；穿越河道时不影响航运；施工不受风雨等气候条件的影响；在地质条件差、地下水位高的地方建设埋深较大的隧道，盾构法有较高的技术经济优越性。目前，盾构法已经在我国的地铁建设中得到了迅速发展（图1-23、图1-24）。

图1-23　地铁隧道盾构施工

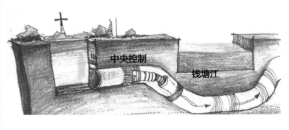

图1-24　杭州地铁盾构机过江示意图

③ 掘进机法：在埋深较浅、但场地狭窄和地面交通环境不允许爆破振动扰动，又不适合盾构法的松软破碎岩层情况下采用。该法主要采用臂式掘进机开挖，受地质条件影响大。

④新奥法[1]：城市轨道交通线路穿越基岩地段时，围岩具有一定的自稳能力，一般采用新奥法施工，即以喷射混凝土和锚杆作为主要支护手段，同时发挥围岩的自身承载作用，使其和支护结构成为一个完整的隧道支护体系，并可根据施工监测的数据随时调整原设计，使设计更趋合理。

在我国常把新奥法称为"锚喷构筑法"。用该方法修建地下隧道时，对地面干扰小，工程投资也相对较小，目前已经积累了比较成熟的施工经验，工程质量也可以得到较好保证。在我国利用新奥法原理修建地铁已成为一种主要施工方法，尤其在施工场地受限制、地层条件复杂多变、地下工程结构形式复杂等情况下用新奥法施工尤为重要。此法广泛应用于山岭隧道、城市地铁、地下贮库、地下厂房、矿山巷道等地下工程。

⑤浅埋暗挖法：这是一项边开挖边浇注的施工技术，又称矿山法，起源于1986年北京地铁复兴门折返线工程，是中国人自己创造的适合中国国情的一种隧道修建方法。该法是在借鉴新奥法的某些理论基础上，针对中国的具体工程条件开发出来的一整套完善的地铁隧道修建理论和操作方法。

其原理是：利用土层在开挖过程中短时间的自稳能力，采取适当的支护措施，使围岩或土层表面形成密贴型薄壁支护结构的不开槽施工方法，主要适用于黏性土层、砂层、砂卵层等地质。

由于该工法在有水条件的地层中可广泛运用，加之国内丰富的劳动力资源，在北京、广州、深圳、南京等地的地铁区间隧道修建中得到推广，已成功建成许多各具特点的地铁区间隧道，而且在大跨度车站的修筑中有相当多的应用。此外，该方法也广泛应用于地下车库、过街人行道和城市道路隧道等工程的修筑。

（2）地下水道工程

2012年7月21日的北京特大暴雨致79人死亡，此后城市排水系统成了我国民众一个长期热议的公共话题。之后，我们通过媒体、网络和书籍对伦敦、巴黎、东京等大城市的下水系统有了更多了解。钢筋混凝土建造的东京排水系统，可能会让我们在城市公共安全和混凝土服务人类文明两个方向上有更多思考。

日本东京地区的大型排水系统造于1992—2007年，位于日本琦玉县境内的国道16号地下50米处，是一条全长6.4公里、直径10.6米的巨型隧道，连接着东京市内长达15700公里的城市下水道，通过5个高65米、直径32米的竖井，连通附近的江户川、仓松川、中川、古利川等河流，作为分洪入口。单个竖井容积约为4.2万立方米，工程总储水量67万立方米。东京地下水道工程图示参见图1-25～图1-28。

1　新奥法即新奥地利隧道施工方法的简称，其概念是奥地利学者拉布西维兹教授于1950年代提出的，以隧道工程经验和岩体力学的理论为基础，将锚杆和喷射混凝土组合在一起作为主要支护手段的一种施工方法，经过一些国家的许多实践和理论研究，于1960年代取得专利权并正式命名。之后这个方法在西欧、北欧、美国和日本等许多地下工程中获得迅速发展，已成为现代隧道工程新技术标志之一。1960年代新奥法被介绍到我国，1970年代末1980年代初得到迅速发展。至今，可以说在所有重点难点的地下工程中都离不开新奥法。它几乎成为在软弱破碎围岩地段修筑隧道的一种基本方法。

出现暴雨时，城市下水道系统将雨水排入中小河流，中小河流水位上涨后溢出进入排水系统的巨大立坑牙口管道。前 4 个竖井里导入的洪水通过下水道流入最后一个竖井，集中到长 177 米、宽 78 米的巨大蓄水池调压水槽，缓冲水势。

图 1-25 东京下水道深达 60 米

图 1-26 东京下水道壮观如神殿

图 1-27 东京下水道地下分洪工程

图 1-28 东京下水道

蓄水池由 59 根长 7 米、宽 2 米、高 18 米、重 500 吨的混凝土巨柱撑起，以防止蓄水池在地下水的推力下上浮。4 台由航空发动机改装而成的燃气轮机驱动的大型水泵，单台功率达 10290 千瓦，将水以 200 立方米 / 秒的速度排入江户川，最终汇入东京湾。蓄水池除了储备重油燃料外，还设置了自主发电机。即使发生停电，4 台发动机也可以满负荷运转 3 天。

排水系统全程使用计算机遥控，并在中央控制室进行全程监控。其排水标准是"五至十年一遇"的巨大台风和强降雨，如果在满效率排水的状态下，这条混凝土浇筑的地下激流可至水深 60 米。

日本修建这座壮观的地下排水系统的初衷，与今天中国许多城市的现实情况颇为类似。1950 年代末，日本工业经济进入高速发展阶段，但因下水道系统的落后饱受城市内涝之苦。一到暴雨季节，道路上水漫金山，地铁站变成水帘洞；再加上大量生活污水、含重金属的工业废水未经处理就排入河道，民众常会在食用了受污染鱼类后引发水俣病[1]、骨

---

1 日本水俣病事件：在 1956 年日本水俣（yǔ）湾出现的一种奇怪的病。这种"怪病"就是后来轰动世界的"水俣病"，是最早出现的由于工业废水排放污染造成的公害病。水俣病的症状表现为，轻者口齿不清、步履蹒跚、面部痴呆、手足麻痹、感觉障碍、视觉丧失、震颤、手足变形，重者神经失常、或酣睡、或兴奋、身体弯弓高叫，直至死亡。

痛病[1]等，于是城市安全和公共水体污染成为社会关注重点。

为了解决日渐恶化的环境污染问题，1964年4月，日本成立了"下水道协会"，主要目标是对下水道系统作全面评估，统一下水道建设以及排污标准，将老化的管道更新换代。1970年，日本召开"公害国会"，会上政府大幅修改了《下水道法》，明确规定了下水道建设目的，并决定每年投入大量国家预算用作污水收集和处理的建设及运营。

1992年，东京北郊埼玉县境内开始建设名为"首都圈外郭放水路"的巨型分洪工程。2002年，排水系统部分建成并开始使用。2007年，首都圈外郭放水路完工，总投资2400亿日元（约合200亿元人民币）。

截至2013年11月1日，首都圈外郭放水路每年运行约5～10次，累计战胜了75次暴雨。历史最大流入量出现在2008年8月的暴雨之时，处理的洪水水量相当于约2.5万个25米标准泳池。

这项工程曾被誉为世界最先进的排水系统，同时也被作为一个旅游景点，可免费参观。这里还设有地下探险博物馆"龙Q馆"，让人们了解地下设施、洪水等相关知识。

东京的地下分洪工程理念对今天我国大城市的发展和安全有重大启示作用，日本人在混凝土工程中的精细控制能力，在此也显露无疑。高大的钢筋混凝土立柱有如混凝土丛林，人们置身其间像步入神殿；这里凝结着工程建设人员的卓越才能，也体现了现代城市对民众安全的关切。

我国现有的混凝土技术和施工工艺完全能满足类似的工程需求，财政能力和融资能力也完全能解决资金需求，我们现在唯一缺乏的只是观念。技术进步并不必然导致观念的转向，但观念的变化必然给技术发展以更大空间。当我国的决策者和工程技术人员将更多的关注点放在"隐蔽"工程上之时，就是我们的社会发展观念愈加理性务实之际。

即将到来的我国地下管廊工程修建高峰，可能就是一个明确的信号。

（3）地下管廊工程

地下管廊又称综合管廊或共同沟，"地下"指的是其在城市中的位置，"综合"强调的是其功能。综合管廊是实施统一规划、设计、施工和维护，建于城市地下用于敷设市政公用管线的市政公用设施。在发达国家已存在了一个多世纪，在系统日趋完善的同时其规模也有越来越大的趋势。

早在1833年，巴黎为了解决地下管线的敷设问题和提高环境质量，开始兴建地下管线共同沟。至目前为止，巴黎已经建成总长度约100公里、系统较为完善的共同沟网络。此后，

---

1 骨痛病事件：又称富山事件，是指1931年于日本富山县神通川流域发现的一种土壤污染公害事件。在日本富川平原上有一条河叫神东川。多年来，两岸民众一直以神东川河水灌溉农田，但自从三井矿业公司在神东川上游开设了炼锌厂后，人们常会发现有死草现象。1955年以后就流行一种不同于水俣病的怪病，通过解剖发现：死者全身多处骨折，有的甚至达73处，身长也缩短了30厘米。这种起初不明病因的疾病就是骨痛病。直到1963年，方才查明，骨痛病与三井矿业公司炼锌厂的废水有关。原来，炼锌厂成年累月向神东川排放的废水中含有金属镉，农民引河水灌溉时，就等于把废水中的镉转移到土壤和稻谷中，两岸农民饮用含镉之水，食用含镉之米，便使镉在体内积存，最终导致骨痛病。有报道说，到1972年3月，骨痛病患者已达到230人，死亡34人，并有一部分人出现可疑症状。

英国的伦敦、德国的汉堡等欧洲城市也相继建设地下共同沟。1926年，日本开始建设地下共同沟，到1992年，日本已经拥有共同沟长度约310公里，而且还在不断增长。1933年，前苏联在莫斯科、列宁格勒、基辅等地修建了地下共同沟。1953年西班牙在马德里修建地下共同沟。其他如斯德哥尔摩、巴塞罗那、纽约、多伦多、蒙特利尔、里昂、奥斯陆等城市，都建有较完备的地下共同沟系统。

地下管廊建设的一次性投资常常高于某类管线独立敷设的成本。据统计，日本、中国台北、上海的地下管廊平均造价（按人民币计算）分别是50万元/米、13万元/米和10万元/米，较之普通的管线方式的确要高出很多，但比全部管线的单独开挖建设成本总额要低得多，特别是其对城市交通和城市正常运转的累积干扰要小很多。

目前我国仅有北京、上海、深圳、苏州、沈阳等少数几个城市建有地下管廊。1994年，上海市政府规划建设了国内第一条规模最大、距离最长的地下管廊——浦东新区张杨路综合管廊。该综合管廊全长11.125公里，收容了给水、电力、信息与煤气等四种城市管线。目前，上海还建成了松江新城示范性地下综合管廊工程（一期）和"一环加一线"总长约6公里的嘉定区安亭新镇地下管廊系统。我国与新加坡联合开发的苏州工业园基础设施建设，经过10年的开发，地下管线走廊也已初具规模。2006年在北京的中关村西区建成了第二条现代化的地下管廊，主线长2公里，支线长1公里，包括水、电、冷、热、燃气、通讯等市政管线。

不过，目前我国地下管廊的发展状况与我们的工程技术能力、经济发展水平和城市化程度严重不匹配。造成这种状况的原因不是资金问题，也不是技术问题，而是观念、法律以及利益分配不清所致。

西欧国家在管道规划、施工、共用管廊建设等方面都有严格的法律规定。如德国、英国因管线维护更新而开挖道路，就有严格法律规定和审批手续，规定每次开挖不得超过25米或30米，且不得扰民。日本也在1963年颁布了《共同管沟实施法》，解决了共同管沟建设中的资金分摊与回收、建设技术等关键问题，并随着城市建设的发展多次修订完善。

2015年7月28日，李克强总理在国务院常务会议上指出了这样的城市现状，"一场暴雨，就会引发市民们戏称的'看海'现象，这还是在一些大城市"并强调，"目前中国正处在城镇化快速发展时期，但我们的地下管廊建设严重滞后。加快这方面的建设，很有必要！"

多个地方发改委人士也表示，随着基础设施的逐步完善，许多地方从去年开始已经把投资的眼光从"地上"转到"地下"，预计未来几年的基建投资部署重点会转移到地下设施。

针对长期存在的城市地下基础设施落后的突出问题，此次国务院常务会议指出，要从我国国情出发，借鉴国际先进经验，在城市建造用于集中敷设电力、通信、广电、给排水、热力、燃气等市政管线的地下综合管廊，作为国家重点支持的民生工程，这是创新城市基础设施建设的重要举措。会议确定：① 各城市政府要综合考虑城市发展远景，按照先规划、后建设的原则，编制地下综合管廊建设专项规划，在年度建设中优先安排，并预留和控制地下空间。② 在全国开展一批地下综合管廊建设示范，在探索取得经验的基础上，城市新区、各类园区、成片开发区域新建道路要同步建设地下综合管廊，老城区要结合旧城更新、道路改造、河道治理等统筹安排管廊建设。已建管廊区域，所有管线必须入廊；管廊以外区域不得新建管线。加快现有城市电网、通信网络等架空线入地工程。③ 完善管廊建设和抗震防灾等标准，落实工程规划、建设、运营各方质量安全主体责任，建立终身责任和永久性标牌制度，确保工程质量和安全运行，接受社会监督。④ 创新投融资机制，在加大财政投入的同时，通过特许经营、投资补贴、贷款贴息等方式，鼓励社会资本参与管廊建设和运营管理。入廊管线单位应交纳适当的入廊费和日常维护费，确保项目合理稳定回报。发挥开发性金融作用，将管廊建设列入专项金融债支持范围，支持管廊建设运营企业通过发行债券、票据等融资。通过城市集约高效安全发展提升民生福祉。

我国各城市的地下管廊建设是即将到来的另一波城市建设高峰，也是混凝土材料再次一展长才的大好时机。而且，与之前的大规模城市建设相比较，这次建设高峰的社会资源配置最为合理充分，包括：①政策的长期有效；②民众的支持理解；③资金募集平台的合法运营；④技术研发动力充分和工程组织管理的有序高效；⑤城市资源协调能力逐步升级；⑥有关城市发展的公共舆论平台渐趋开放和理性……所有这一切都是成就伟大工程时代和工程成果的必要保证。

1.1.4 混凝土路面

水泥混凝土路面是指以水泥混凝土为主要材料做面层的路面，简称混凝土路面，亦称刚性路面，俗称白色路面，它是一种高级路面。水泥混凝土路面有素混凝土、钢筋混凝土、连续配筋混凝土、预应力混凝土、钢纤维混凝土和装配式混凝土等各种不同类型。

1868 年，苏格兰首次在因弗内斯通往某堆货场道路上铺筑混凝土路面，19 世纪末传入美国和德国。1891 年，美国还建成了世界上第一条混凝土街道，至今仍在（详见本书第 2.4.8 节）。早年混凝土路面大多用素混凝土按单层就地浇筑而成，少数也有做成双层式或配设钢筋的。1920 年代，欧美各国在公路、城市道路和飞机场跑道上大量发展混凝土路面，美国还开始试铺装配式预制块混凝土路面和连续配筋混凝土路面。至于预应力混凝土路面，美、法两国分别于 1930 和 1940 年代中期开始试铺。1970 年代初，美国和荷兰开始试铺钢纤维混凝土路面。

我国于 1920 年代末开始在少数大城市的道路和飞机场跑道上铺筑混凝土路面。1932—1933 年在南京至杭州国道上铺筑了长 500 米、宽 5.5 米的混凝土路面试验段。1940 年在北京至天津公路上铺筑了长 120 公里、宽 3 米的混凝土路面。1948 年在南京飞机场跑道上铺筑长 2200 米、宽 45 米、厚 30 厘米的钢筋混凝土道面。到 1950 年代，随着水泥工业的发展，在我国一些大、中城市的干道以及飞机场跑道上，开始大规模铺筑混凝土路面。1970 年代初以来，某些省在公路干线上开始铺筑混凝土路面。我国的飞机场跑道，几乎全部采用混凝土道面。我国混凝土路面大多是用素混凝土按单层就地浇筑而成，少数采用了装配式预制板，或做成双层式，或配有钢筋。

水泥混凝土路面由垫层、基层及面层构成：在温度和湿度状况不良的城镇路面道路上，应设置垫层，以改善路面结构的使用性能；基层应具有足够的抗冲刷能力、较大的刚度、抗变形能力强且坚实、平整、整体性好；水泥混凝土面层应具有足够的强度、耐久度、表面抗滑、耐磨、平整。

混凝土路面施工的一般工序是：①安装边模、接缝嵌条、传力杆和钢筋网等；②拌合混凝土混合料并运至工地；③摊铺与振捣混凝土混合料；④整平混凝土表面并刷毛或刻防划滑小槽；⑤养生与填缝。此外，还有试用真空吸水、振动碾压等工艺于混凝土路面施工中。水泥混凝土路面是一种刚度较大、扩散荷载应力能力强、稳定性好和使用寿命长的路面结构，它与其他路面相比，优点和缺点都很明显。优点包括：①强度高；②稳定性好；③耐久性好；④养护费用低；⑤抗滑性能好；⑥利于夜间行车。缺点有：①水泥和水的需要量大，修筑20厘米厚，7米宽的水泥混凝土路面，每公里需要消耗400～500吨水泥和约250吨水；②接缝较多；③开放交通较迟；④养护修复困难。

除主要用于修筑机动车道外，混凝土材料当然还能用来修建人性步道，混凝土砖也是较常见的人行道铺地材料。另外近年来，彩色混凝土路面和有彩色图案的混凝土井盖在我国的发展方兴未艾（详见本书第4.3.3节）。在这个过程中，混凝土地面的技术含量和外观形态已大为改观。

1.1.5 混凝土工厂建筑

尽管钢筋混凝土建筑在今天的中国随处可见，但其技术和施工组织的综合难度恐怕很难与桥梁、大坝和某些地下施工工程相比拟。当然，混凝土材料在建筑中的价值并不仅是一种工程材料，它还具有某种文化象征意义。我们可以北京市798艺术区的某些老厂房建筑为例来说明。

今天中国的许多地区都处于城市扩张和工业产业调整的过程中。老建筑的开发利用，特别是老厂区的区块用地性质变更和功能置换等各项难题，都是摆在各级地方官员和设计师面前的重要课题。而混凝土厂房又是其中颇有特色的一个类型，许多已被出租改建为办公室、艺术家工作室、品牌店聚集区等。北京的798艺术区即是一个很好的例子。

798艺术区所在地，原为"北京华北无线电联合器材厂"，即718联合厂。这是国家"一五"期间156个重点项目之一。1952年，联合厂在京郊毫无工业基础的酒仙桥地区筹建，1954年开始土建施工，1957年10月宣布开工生产，其速度之快在建国初期极为罕见。

在酒仙桥地区，与718联合厂同时筹建的还有774厂、738厂，这三家工厂的建成，给新中国的电子工业开了个好头，并被载入中国电子工业发展史。1964年4月，四机部撤消718联合厂建制，成立部直属的706厂、707厂、718厂、797厂、798厂及751厂。

对于新中国工业发展史而言，酒仙桥地区各生产厂的价值主要存在于工业和制造业领域；但随着近年来国家产业结构调整和北京地区的文化发展和更新，798厂区建筑的文化价值反而影响范围更大。

在修建 718 联合厂时，前东德的电子工业处于领先地位，于是前东德被赋予了建设联合厂的重任。当时，前东德的副总理厄斯纳亲自挂帅。因为前东德当时不存在同等规模的工厂，所以厄斯纳组织了前东德 44 个院所与工厂的权威专家成立了一个 718 联合厂工程的后援小组，完成了这项带有乌托邦理想的盛大工程。

工厂的设计机构位于德国的德绍。熟悉现代设计史的人都知道，自 1925 年起，包豪斯[1]学校就迁到了德绍，而且德绍的包豪斯校区还是格罗皮乌斯亲自设计的。1950 年代的德绍，包豪斯的设计思想影响正盛。所以我们也毫不意外，718 联合厂具有典型的包豪斯风格特征，是实用和简洁完美相结合的典范。同时，德国人在建筑质量上追求高标准的工作作风也在此项目上显露无疑。比如，联合厂抗震强度的设计在 8 级以上，而当时中苏的标准都只有 6～7 级；再比如，为了保证坚固性，工厂建设使用了 500 号建筑砖[2]；还有，厂房窗户一律向北，这种设计对当时的中国人而言颇为陌生，因为当时北京一般建筑物的主要窗户都朝南，而朝北的厂房窗户可以充分利用天光和反射光，保持了光线的均匀和稳定。现在看来，这种恒定的光线还可以产生一种不可言喻的美感。

2000 年 12 月，原 700 厂、706 厂、707 厂、718 厂、797 厂、798 厂等六家单位整合重组为北京七星华电科技集团有限责任公司。由于对原六厂资产进行了重新整合，一部分房产被闲置了下来，七星集团将这些厂房陆续进行了出租。

从 2001 年开始，来自北京周边和北京以外的艺术家开始聚集到 798 厂，他们以艺术家独有的眼光发现了在此处从事艺术工作的独特优势。他们充分利用原有厂房的包豪斯建筑风格，稍作装修和装饰，一变而成为富有特色的艺术展示和创作空间（图 1-29、图 1-30）。

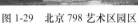

图 1-29　北京 798 艺术区园区　　　　　　　图 1-30　北京 798 艺术区展览馆

2003 年，798 艺术区被美国《时代》周刊评为全球最有文化标志性的 22 个城市艺术中心之一。同年，北京首度入选《新闻周刊》年度 12 大世界城市，原因在于 798 艺术区把一个

1　包豪斯（Bauhaus），是德国魏玛市的"公立包豪斯学校"（Staatliches Bauhaus）的简称，后改称"设计学院"（Hochschule für Gestaltung），习惯上仍沿称"包豪斯"。学校只存在了 14 年，从 1919 年 4 月 1 日到 1933 年 7 月，但其对现代设计影响巨大。1925 年，因政治原因，包豪斯学校从魏玛迁往德绍。包豪斯学校的成立标志着现代设计的诞生，它也是世界上第一所完全为发展现代设计教育而建立的学院。"包豪斯"一词是沃尔特·格罗皮乌斯创造出来的，是德语 Bauhaus 的译音，由德语动词"bauen"建筑和名词"haus"组合而成，粗略地理解为"为建筑而设的学校"。

2　黏土红砖技术标号一般为 75～100 号。

废旧厂区变成了时尚社区。2004 年，北京被列入美国《财富》杂志一年一度评选的世界有发展性的 20 个城市之一，入选理由仍然是 798。

关于 798 研究的论文、书籍和报告很多，但谈到包豪斯风格对厂区空间布局和后来文化空间营建作用的文章非常有限，探讨建筑材料和建筑结构对室内外空间影响的文章更是寥寥。

就审美特质而言，混凝土材料和结构至少给了我们如下两点启示：①混凝土材料具有"宜古宜今，亦中亦西"的特点。②"工业审美"在未来中国的城市审美中必将有更大成长空间（详见本书第 4.2.1 节）。

相较于桥梁和水坝的修建，中国建筑设计在混凝土领域的拓展显得异常保守。受到国外建筑和建筑师的影响，目前已有一些设计师和混凝土企业也在不断摸索，尝试混凝土运用的新方法和新领域。我们的问题在于：既然中国有世界顶级的混凝土建造技术和研发能力，其成果为何没能有效地回馈建筑设计呢？这到底是技术问题？观念问题？体制问题？还是文化问题？

798 中有许多设计师和艺术家工作室（图 1-31）。有些设计充分利用和强化了原建筑的楼板、墙体等混凝土结构和质感元素，别具特色。

图 1-31　北京清尚 BTG4 studio 设计事务所
（中国混凝土与水泥制品协会装饰混凝土分会供图）

1.2 混凝土的材料哲学

1.2.1 工程世界的启示

混凝土材料的确是一个非常典型的工程材料，它的一代代技术革新也都是以工程逻辑来展开的。有趣的是，在最近几年前，其在工业品、工艺品和装饰品领域的发展势头颇为强劲。

（1）桥梁水利工程创新成果难以共享

仅就改革开放以来中国的各项工程成果来看，桥梁工程和水利工程已经明显走在了建筑工程之前，产生这种情况的原因可能有如下几点：

① 三者的设计建造模式不同，桥梁和水利工程必须"因地制宜、一事一议"，根据当地的自然条件进行工程设计，基本属于一种"高级定制"式的设计施工模式；特殊地貌、气候条件、运输条件、工期要求等都可能成为制约工程实施的"死穴"。所以桥梁和水利工程是在"被迫"克服一个个难关的过程中完成的。而建筑工程技术水平的提升通常并不主要源于自然条件的恶劣——毕竟大多数重要建筑都修建在城市中——而是建筑师设计方案的"刁钻"。所以我们也很容易发现今天建筑设计中真正对结构和材料提出重大要求的往往是境外建筑师；本土建筑师在设计上的"友善"，事实上并不能帮助建筑工程技术水平的提升和新型材料的有效推广。

② 在社会变革过程中，工程技术创新所担负的"成本"相对清晰可控，其后还常导致大幅度或大规模的技术革新，无论是政府管理者、学术精英还是普罗大众，都乐于相信技术对社会发展和个人生活的正向意义。更何况，无论是桥梁工程还是水利工程，通常不会出现在人们的日常生活中，人们既能享受技术成果，又不会付出交通方式、审美体验、心灵感受等方面的代价；那些为了工程修建而不得不移民的民众，并不能介入城市生活而成为主要内容。工程技术革新先于设计思潮革命的逻辑并不仅发生在我国，西方设计史也充分说明了这一点。先发生工业革命，再发生艺术与手工艺运动，绝不是一种偶然现象。

③ 大学教育和行业管理的壁垒使得不同工程领域的混凝土技术难以顺畅共享，即使有跨专业的工程实践，也常常来自于行政命令而非市场行为。在这种体系中，不同领域的工程师其实是互相隔绝的不同群体。虽然他们常可分享共同的专业基础，但这种共性更多地存在于教科书和理论体系中，而非实践经验和人际关系中。工程师群体的核心价值在于与工程实践的"亲密接触"，如同医院里的大夫与临床经验。虽然某些工程项目的确涉及技术专利，但专利不会影响行业结构关系，更不能隔绝专业思维的互通有无。所以，即使仅就混凝土技术领域而言，我们也应该关注如何保证不同工程领域的技术分享。

④ 近现代以来，中国民众一直不断地接受"师夷之长技以制夷"、"实业救国"、"科学技术是第一生产力"这类的思想宣传，于是普通民众的技术观念已与古代中国人完全不同；技术不再被视为"奇技淫巧"，而是救国救民的"圣水偏方"。虽然最近20余年来，学术界已经有诸多研究成果昭示：并不存在完全中立的技术形式，技术也有文化模式、思维方式和意识形态属性，越是成熟、发达的技术越是如此。然而对于大多数中国人而言，这些观点太过艰涩复杂，与日常生活关系不大，因此也便基本不存在。这种情况自然方便了混凝土桥梁工程和水利工事的大举入侵，人们根本无视它们的设计与施工逻辑已与赵州桥和都江堰迥异。然而，建筑工程就没有这么幸运了。无论人们是否理解，但建筑设计在本质上是一个文化问题，任何新的类别、功能、造型和技术要求的建筑设计完成后，所有人都可能在第一时间感觉自己受到了"冒犯"，而这种判断往往来自于习俗、文化和日常经验而远非技术要求。在这个

过程中，任何建筑技术上的创新都可能被埋没在无休止的观念和文化论战中。

以上的几点分析可以简化为：今天的中国社会对技术革新非常欢迎，对文化革新的宽容度还有待提升；当然，无论主观愿望如何，工程技术领域已经存在的技术能量可能会自寻出口，通过市场经济和文化产业的综合作用，其对我国今后的建筑和其他设计领域的支撑作用将愈发明显。

（2）中国式的施工组织方式成就卓越

中国人在大型活动和重大工程中展现出的强大组织协调能力，令全世界印象深刻。不过，人们好像没有深究过这个能力到底来自于哪里？简单归因于政治制度和民众心理过于粗糙。对于我国这样一个历史悠久、传统深厚又常变常新的文明体来说，文化惯性和习俗的力量可能更加强大。仅就工程技术领域而言，中国人操练大型工程的经验至少已有2200余年的历史了。

前文提及的青藏铁路三岔河大桥解决施工难题的一个重要措施是：根据实际技术和施工能力，逐一确定每道工序的施工时间，将整个施工过程以网络形式展示出来，既标明时间要求，也注明节点的工作人员姓名，责任到人、责任到点。其实类似的方法在秦国的兵器铸造业就已经被证明极为有效。当时的东方六国贵族中流行在佩剑上刻上主人的名字，是风雅和身份的体现；而秦国改"物勒主名"为"物勒工名"[1]，将每道工序的工人姓名标注于上，一旦遇到技术不达标的情况，便根据一大套技术控制条例给予处罚（图1-32）。一座汉代钟的钟口上刻有"中山内府铜钟容十斗重四十一斤三十九年九月己酉工丙造"，说明这是中山内府的器物，密度、重量、年月日、工匠一应俱全（图1-33）。南京城的城砖生产也如此，砖上须标明产地、监察官员和生产工匠等名称（图1-34）。在前现代时期，工程管理中能责任到人的情况，非常罕见。这也从另一个侧面解释了：为什么我们探讨技术细节的著作存世不多，但工程管理方面的古书今天仍可留存；如著名的《考工记》和《营造法式》都不着力于收集技术创新成果，而是强化工程和技术规范。

图1-32 魏蜀陈仓之战的一件弩机
机件上的"物勒工名"

图1-33 汉代钟

---

1 据说首先提出用"物勒工名"质量负责制对产品质量进行检测监督的构想，是战国时期秦国相邦吕不韦。吕不韦作为"内阁总理"，也是兵器生产的最高监管人。据专家推断，秦国的军工管理制度分为四级：从相邦、工师、丞到一个个工匠，层层负责，任何一个质量问题都可以通过兵器上刻的名字查到责任人。也有人认为"物勒工名"的做法应始于商鞅变法，只是被吕不韦完善或记录下来了。若如此，则此法历史更要前推百余年。

　　我国古代的大型工程（如皇宫、运河、皇家园林等）通常已经采用了今天所谓"项目化"管理的方式。朝廷中工部的责任有些类似于甲方代理人和监理公司的混合体，成员基本为科举出身的工部官员；而相当于今天设计施工单位的群体，基本上就是不同工种的工匠首领带领自己的家族弟子和学徒参与期间；在工作过程中，工匠必须接受官员们在设计定位、进度控制、资金划拨、人员调配等各方面的管理要求。这个做法一直很有效，通过工程项目把"国家行政人员"和"技术工程专家"结合起来。当项目中涉及诸如木作、石作、瓦作、油漆作等多种工艺时，工程人员则必须按照工艺流程参与期间，由工部官员进行统一调配。在理想状态下，人力资源整合完全可按照工艺流程要求而达到最佳配置。由此可见，中国古代建筑中相当一部分价值并不能单纯从文化和审美层面来理解，其在工程组织模式上的独到之处至今未被完全挖掘出来。在这样的工程组织模式中，社会等级、工艺流程和家族传承，三条线索交汇一处，互相需要、互相制衡。有趣的是，国家安定时，这种方式便只在建筑修建、园林营造和兴修水利时起作用；一旦战争爆发，这种方式便能迅速地进入民间生活和宗庙朝堂，将整个社会资源编制到战争生产中去。

图 1-34　南京古城墙上的城砖

　　这种逻辑，至今存在于我们的文化传统和社会观念中。在面对大规模、超大规模的工程项目和社会活动时，国家力量不仅能保证物资长途运送的效率和质量，还能保证人员安排按照工程需要和工艺流程来执行。工程完毕后，高水平的专业和技术人员又能很快回归到原来的行政和专业系统中去。这是一种典型的中国智慧和中国传统。

　　忽视工程组织方式研究的工程技术史和工艺思想都是偏颇的；忽视中国古代工程建设管理的管理学研究，也是有缺憾的；忽视中国传统工艺流程与人员组织关系的设计观念，也是偏狭的。

（3）工艺审美和工业审美

　　在漫长的人类文明史中，工艺思维和工艺审美一直相伴左右。但在前现代时期，人们并未对这个问题有何特殊感受，因为这时的工艺一方面以手工劳作为主，另一方面发展进化缓慢，以至于整个社会将这种工艺的存在和延续方式视为自然而然，直到工业革命的巨浪彻底改变了这一切。

但是，任何文化中的审美模式、评判标准等都有很大的惯性，并不会随着技术变化和社会环境的变化而很快转向。同时，工业化以后的社会也并不是完全抛弃手工制作方式，只是服务对象和运营模式有了重大变化。常规日用品手工生产往往被机器生产所取代，而许多高端制造业和奢侈品业仍为手工工艺留有很大空间。

在中国传统社会中，手工业基本就等同于今天所说的制造业，于是手工艺的品质要求和工艺思想便会渗透在日常生活和日常用品中。中国的现代化过程并不是自发的，而是被动的。所以随着工业化时代来临的不仅是生产方式的变化，还有民族意识的觉醒和面对西方现代文明的自卑。直到今天，虽然我们的制造业几乎已全面实现工业化，但这些工业化手段几乎全为"舶来品"，其生产和思维模式，总是与我们的传统文化有隔阂，甚至存在着结构性的冲突。改革开放以来的中国现代化进程的确让许多对传统价值观抱有好感的人们无所适从。今天看来，他们的"不适"不应该完全被归因于"保守"或"僵化"。不同文化体系、不同发展阶段文化结构上的冲突可能才是更深层的原因。

在物质愈发丰富，民众精神需求日渐增多的今天，许多中国传统工艺又重新获得了生存空间。传统工艺品和非物质遗产的热潮，在某种程度上就是整个社会在愈加富足的状态下、对传统文化价值观的回应。但是，传统工艺和工艺思维显然已经无法统辖中国社会，它们要么应被编织进现代技术和产业中去，要么进入高级定制和奢侈品业而成为某种文化象征。

艺术品的审美和工艺制品的审美有相通之处，也有不同之处。最大的不同在于：前者主要来自于情感体验，这也是为何跨文化的艺术审美体验可以发生在非艺术从业者中的原因；而后者必须经过长期学习才能理解，毕竟某种工艺为何比另一种复杂或昂贵，很多时候并非一目了然。如果我们回顾中国古代上流社会的生活方式，会发现他们除了有收藏"文玩"的雅好之外，还喜好各种"把件儿"，这些把件儿的审美内容通常是材质的稀有、色彩的温润和工艺的精良。能够对某些工艺进行品鉴，是上流社会子弟的一个重要标志；即使主流价值观有"玩物丧志"之说，其本质也只是反对"丧志"而非一味杜绝"玩物"。

但在现代中国，随着国家动荡和政治革命，贵胄子弟的器玩喜好被视为"恶习"；同时传统文化中也没有能支撑现代工业产品审美的逻辑系统。所以，新中国成立几十年来，我们虽然在工业生产领域有了长足进展，但没能继承工艺审美的文化传统，在现代工业的文化领域也乏善可陈。长远看来，没有个性鲜明的中国工业文化系统，中国的工业发展在达到一定高度后便会丧失发展动力，迷失发展方向。

不过，一些有识之士也已发现，随着中国工业化程度的日渐加深，主流社会的审美方式已悄然发生变化，798的成功——一个老厂房的华丽转身成为文化和时尚话题——就是这种转变的指标性事件。多地已经完成或正在筹建的工业遗产项目，在本质上也是中国当代工业文化正在蓬勃发展的表现。工业审美在当代中国的审美体系中必将有更大成长空间；而现代工业审美与传统工艺思维的有机组合，将是中国工业审美脱离西方模式的唯一出路。

（4）材料审美和材料哲学值得关注

整个社会文化体系对材料的理解往往不是基于已有的科学技术成果，而是人们日常生活中的经验和常识，所以常见的、常用的材料往往更易获得理解。而且，人们对材料的熟悉程度与其进入人类社会的历史长短无关。比如，人们对塑料制品非常熟悉，但塑料的真正发展始于二战期间，到1970年代已经成为城市重要污染物；现代混凝土历史至今也有近200年的时间了，但大多数人仍然说不清这到底是个什么东西；青铜器一直伴随着早期中华文明，然而很多人却至今不知其本来面貌为金色，而所谓的"青铜"只是氧化铜的颜色……

我们可以将任何一件有形的器物按照尺寸、造型、材质、色彩等不同类别进行分析比照，但在真正的情感和审美体验中，这几方面其实是不可分割的。科学和逻辑阐释，能帮助我们更好地认识和分析事物；但却不能帮助我们更好地进行审美体验，有时还可能起反作用。当然，这并不是说混凝土材料哲学的发展不需要科学的、理性的分析，而是说，这种学术体系恐怕远比我们今天想象的要复杂和宽广得多。所以，我们必须欢迎不同群体从事侧重点不同的工作，不能有所偏废；否则，当我们无法形成全面的工业审美和材料审美系统的建构时，我们就无法形成完整、健康的针对物质世界的价值观，我们眼中的世界便是残缺的，我们的心理世界必然是偏狭的。

混凝土材料"宜古宜今，亦中亦西"，具有很强的"兼容性"，能很好地与许多天然和人工材料"混搭"出现，如木、石、砖、钢铁和玻璃等；这或许还应了混凝土中的"混"字，毕竟这种材料其实是多种自然和人工材料的混合物，先天的"包容性"使其虽不如天然石材矜贵，却有胸怀大度的风雅。

从798的实例看，混凝土结构既适用于工厂建筑，也适用于艺术区建设。钢筋混凝土结构建造大空间的优势，本来用于建造工厂空间；在转向文化空间营造时，其既能满足良好的通风采光要求，又能为公共文化活动提供较大且可变的空间形式满足使用要求。这是当初的修建者们绝难预料之处，并且也暗合了中国现代化中，大空间需求"先工业，后民用"的线索。798艺术区的成功要素其实有多种，我们对建筑材料与结构在这一过程中的决定性作用，还研究得远远不够（图1-35、图1-36）。

图1-35　北京红砖美术馆的混凝土顶面　　　图1-36　北京红砖美术馆中混凝土和
　　　　　　　　　　　　　　　　　　　　　　　　　　　红砖在美学上的协调性很高

今天在中国的许多大城市中，混凝土材料已经获得了较大关注，在知识分子群体中更是拥有许多拥趸。所以许多文化性建筑都会全面或部分地选用混凝土材料并有意将其裸露出来。

其在艺术品、装饰品和工业品上的发展刚刚起步，但已获得了许多混凝土厂家和投资人的热切关注。这不仅意味着混凝土产业的一次调整契机，更将当代中国人材料审美和哲学观念的变迁展示在人前。

1.2.2 混凝土的可控与不可控

（1）一次事故的启示

许多非专业人士会对混凝土这类工程材料有误解，认为其一定非常"精确"并完全"可控"，所有的"失控"结果都是工程失误或偷工减料所致。这也就是为何当人们看到超载的桥梁突然倒塌，第一反应不是车辆超载问题而是桥梁安全问题的一个重要原因。人们不相信工程误差，也不理解工程设计极限的含义。再推而广之，许多医患纠纷也常源于患者并不相信人体机能有不可预知和不可控的部分，而将其看成精密仪器，医生必须是手艺精湛的维修工；修理不好身体，就是维修工的失职。

今天的中国，人们过于迷信技术的能力，而抛弃了中国古人将世界看成生生不息、天道循环的生命体这一基本观念。事实上，越是大型工程、重大社会事件、重要的国际活动等，当影响因素复杂多样时，其在本质上就越像是生命体，针对某一具体问题时，常无法用"一句话"解释清楚。

2012 年的哈尔滨阳明滩大桥的垮塌事故是一件特别值得思考的不幸事件。

根据公开媒体的报道，2012 年 8 月 24 日 5 时 30 分左右，哈尔滨机场高速由江南往江北方向，即将进入阳明滩大桥主桥的最后一段被四辆重载货车压塌，四辆货车冲下桥体。事故致使 3 人死亡 5 人受伤。阳明滩大桥是目前我国长江以北地区桥梁长度最长的超大型跨江桥，全长 15.42 公里，桥宽 41.5 米，双向 8 车道，设计时速 80 公里，最大可满足高峰期每小时 9800 辆机动车通行。

专家组通过质量检测说明：①对事故桥梁的墩柱几何尺寸、墩柱钢筋保护层厚度及钢筋间距、墩柱及盖梁的混凝土强度、垫石的混凝土强度和钢筋直径规格等指标进行了检测，结果认定各项指标均符合设计要求。②对混凝土芯样强度、钢筋直径及抗拉力学性能进行测试，认定受检的盖梁芯样混凝土强度和盖梁主筋直径、屈服强度、抗拉强度、伸长率、屈强比符合要求。③施工单位按有关规定，建立了质量责任制，施工质量检验制度健全，工序管理规范，隐蔽工程质量检查和记录齐全。各工序都对质量进行了自查，质量内页资料齐全。

专家组经核算、分析认定，匝道坍塌是由于车辆超载所致：4 辆经过改装的超载车辆在 121.96 米的长梁体范围内同时集中靠右侧行驶，造成匝道钢混连续叠合梁一侧偏载受力严重超载荷，从而导致匝道倾覆。——这是事故发生的直接原因。管理上的疏漏也存在，最核心一点在于不应允许 4 辆超载车辆上桥，所以 8 名执法人员也承担了相应法律责任。

不过也有一些专家有其他意见，主要包括：①大桥原设计中，8 处跨主要地面路段均应采用混凝土结构，后来全线改为钢混结构。这种做法虽能缩短工期，但混凝土结构比钢混结构重量大，因而稳定性更好，事故调查中并未说明这一点。②许多专家认可超载是大桥垮塌的原因之一，但是否有其他设计问题也应论证，比如，独柱墩的结构的确致使桥梁平衡性差，若非这种设计，当4辆车的重量压在一侧时，是否会使桥梁瞬间失衡而垮塌，值得研究。③从重量上分析，桥梁的承重并不等于最大的承受重量。一般的工程技术人员在考虑桥梁材料安全系数时，通常会更加谨慎。比如，一根钢筋的强度是30，在建设桥梁时要按照27或者28计算，这样就会留出更大的力量承载余量。因此，全部归因于超载的说法存疑。④于是有人认为将此不幸事件简单认定为"交通事故"不可取。

　　遗憾的是，这件事的后续报道并未跟进。大多数人只将其简单地看作是"不宜超载"的宣传教育事件；当然也有人对调查机构和新闻媒体给出的事故解释半信半疑。其实，这本是一个绝好的机会可以向公众普及工程知识：不是所有需要经过计算、控制、有法规和精密度要求的技术，都必然能有唯一明确的事故解释和责任百分比认定。大型工程和医疗救治一样，虽然已被归为严密的科学技术体系，但也是有风险的，其中许多核心内容仍需经验判断，无法完全量化。

　　哈尔滨阳明滩大桥的垮塌事故，给了我们许多启示，而且许多思考内容已经超越了工程技术和安全本身，材料和结构的可控性最终成为一个设计哲学和设计伦理学问题：

　　① 桥梁的设计极限和最终坍塌数值之间可能有一个阈值，但谁也无法确定这个范围有多大，工程师不是"神"，在复杂多变的地质、气候和运输状态下，谁也无法确定这个范围或边界。

　　② 工程事故的发生可能有多重因素，这些因素的比重难以确定；同时，行政责任和技术原因应被分辨清楚。在这个案例中，管理疏忽和超载都是导致事故的原因（不让其上桥就能避免桥梁坍塌），但桥梁真正的坍塌原因是超载，以及可能存在的设计漏洞。

　　③ 通过新闻媒体我们可知，桥梁设计和施工完全符合已有的国家规范，无论是技术还是施工管理上，都不存在失职或追责的问题。那么，如果针对一些特殊情况，现有规范不能提供更加安全有效的技术保证时，国家规范是否应被修订？除建设单位和技术专家提议外，社会舆论是否有权要求重新论证？若因国家规范有疏漏导致了不幸事件的发生，规则制定部门是否有责任进行补偿？几年前的三聚氰胺事件是最佳例子：虽然一些企业的管理松懈和道德失范是直接原因，但当时的国家奶制品检验标准也的确有疏漏；企业和民众为此付出了重大代价，但标准制定者和制定机构呢？

　　④ 就哈尔滨塌桥事故而言，我们可以追问，如果当初的设计不是"独柱墩"而是多个柱墩，是否事故可以避免或不致这么惨烈。但就桥梁工程而言，多柱墩很可能意味着更多的资金投入、更高的人工成本和更长的工期。那么在如下两种情况下我们必须有所抉择，一种是符合荷载和安全要求且相对低价的结构，一种是超额满足要求但价格较高的结构。孤立看待这一事件，显然后者更人性，但事情并不应就此结束；我们还要在更宽广的视野内继续追求，为什么要拿更多的公共资金去满足超载者可能引发的伤害呢？从公共利益上讲，这似乎又在纵容违法

行为，因为这意味着遵纪守法的民众也需要为违法行为买单……

大型工程从来就不是简单的技术问题。在今天的中国，既然民众有权力质疑各种公共事件的公平和公正，那么就应该先帮助大家了解专业常识，理解专业逻辑！

（2）可控和不可控

关于混凝土材料的"可控性"，我们还可通过混凝土的组分确定和水化过程来进一步探讨。

翻遍混凝土材料和工程书籍，能发现这样一条清晰线索：①根据不同的受力要求，钢筋混凝土结构的原料用量、用料要求有基本原则，但就具体工程而言，还远远不够；②不同地区气候和地质环境、施工季节、原料特性等都会影响水泥、砂石和各种添加剂的用量；③在具体的用量和配合比确定上，工程师和施工人员的工程经验非常重要；④不同工期、结构部位等仍须同时浇筑试块来确定混凝土强度[1]；⑤确定混凝土强度的方法很多，没有一个工程能穷尽所有测试办法，而且即使使用了多种测试办法也只能在正常使用范围内确保施工质量。

对于外行而言，具体的工程细节并不清晰，但这条线索很容易让人联想到"中药"药方，二者的共同之处在于：①都有一个"蓝本"，而且这个蓝本可以有所谓的"科学道理"进行解释，通常可以写进教科书中；②但在针对每一个个案时，这个蓝本必须进行细节调整，中医的药方也有"猛"和"温"之分就是这个道理，这种调整往往是经验所成，很难被量化，甚至有"只可意会不可言传"之处；③这个新配方还必须被不断验证，中药服用的每一个疗程其实也是一个观察过程，大夫通常还会根据病情变化来对药方中的多味中药用量进行添减，而混凝土施工中，不同试块的使用也是为了检验其强度指标……④最终的成效判断都不是通过公式或数据，而是病人的康复或工程满足各项使用要求，而公式和数据只是在反过来证明试验结果的正确性。

二者的不同之处在于：①混凝土工程是绝对的团队合作，中药药方的确定更多依赖医生个人的医学判断和临床经验；②工程实践的可控性通常被认为高于中医中药；③工程成果往往要求立竿见影，而绝大多数人能理解中药成果的显现需要时日……

将水泥组分配置和中药配置相比较，既是一种类比，也是一种隐喻。——或可给我们许多其他启示！

水泥的水化过程似乎也是一个看来"可控"实则存在各种特殊影响要素的过程。水泥的水化，就是水泥加适量水拌合后，便形成能粘结砂石料的可塑性浆体，随后通过凝结硬化逐渐变成有强度的石状体的过程。水化过程控制的难点在于控制水化热对结构的不利影响，最好还能利用其有利方面。

1　按照我国现行规定，混凝土抗压强度采用立方体试块评定，与英国及欧洲相同，美国则使用高宽比2:1的圆柱试体。无论是立方体还是圆柱试体，通常都取破坏时荷载除以断面积作为破坏强度，这是假设试件内部应力做均匀分布，为单轴压缩情况。事实上这只是为了工作便利不得已采取的假设，实际求出的指标并不是单轴应力下材料强度的真实度量。根据光弹性分析和试件侧向应变实测知道，试件内部应力及应变的分布远非均匀。从试验实践中人们也熟知，在通常的单轴压缩试验中，试件由于端面和加荷压板间摩擦力的影响，两端头受到约束变形，呈现鼓（桶）状，实际是相当复杂的三轴应力课题。单轴抗压强度试验要求件内部应力做均匀分布，这种状态不仅应在材料的弹性阶段存在，并且应该延续到最终破坏，它还应分布边际试件全体。多年来人们一直在寻求这样一种试验技术，以求保证均匀的应力分布，但问题至今并未圆满解决。

水化热[1]指物质与水化合时所放出的热。此热效应往往不单纯由水化作用发生，所以有时也用其他名称。例如，氧化钙水化的热效应一般称为消解热。水泥的水化热被称为硬化热更加确切，因其中包括水化、水解和结晶等一系列作用。水化热可在量热器中直接测量，也可通过熔解热间接计算。

水化热高的水泥不得用在大体积混凝土工程中，否则会使混凝土的内部温度大大超过外部，从而引起较大的温度应力[2]，使混凝土表面产生裂缝，严重影响混凝土的强度及其他性能。在大体积的混凝土工程（如大坝、桥梁等）当中，由于聚集在制品内部的水化热不容易散出，常使制品内部的水化热达到 $50 \sim 60\,^\circ\text{C}$，可以采用工程措施减轻水化热，主要方面包括：①选取低水化热的水泥品种；②控制水泥用量；③使用冷石子；④使用大块石；⑤浇筑时，保持温度在 $25\,^\circ\text{C}$ 左右；⑥埋循环冷水管；⑦分段分层浇筑；⑧加强养护。

不过，水化热对冬季施工的混凝土工程较为有利，能提高其早期强度；同时，对于一般建筑和小体积工程来说，水化热一般不会对工程质量造成伤害，甚至可以加快水泥的水化硬化。

无论如何，当代科学研究还不能对水泥水化的物理及化学过程中的各种反应解释清楚；混凝土的养护温度对于水化和强度发展的影响也十分复杂，目前并不完全清楚；混凝土浇筑后期强度的估算也是一个重要课题，传统成熟度理论对此无能为力……

当我们试图寻求混凝土的各种施工技术要领时，即使在教科书中，我们所见的也常是定性的、描述性的语句。这无疑说明了混凝土工程至今仍是一个经验性非常强的领域。在这一点上，它更接近于艺术和手工艺创作，而不是一般概念上的工业工程领域。

1.2.3 模仿还是真实

我们对混凝土的性能和使用范围了已经有了很多了解，但还没仔细考虑过这到底是一个结构材料还是一种饰面材料。表面看来这并不是什么重要议题，但却涉及材料的文化属性。人类历史上的工程材料能成为结构材料主要因其力学和材料特征；但能否成为饰面材料除涉及材料性能外，还与施工工艺、经费预算、文化心理等多重因素有关。

西方古代建筑史的古埃及和古希腊时期，重要建筑常以天然石材建造，按照今天的说法，这是一种结构材料裸露的艺术处理方式，所以对那时的人们来说，并没有明确的结构材料和饰面材料之分。古罗马时期，罗马混凝土在许多大型工程中使用，一些饰面材料如马赛克被广泛使用，今天在卡拉卡拉大浴场的残破古迹现场仍可见一些马赛克图案。中世纪、哥特建筑、文艺复兴时期，教堂和城堡建筑仍主要以天然石材修建，但普通民居中木材和砖材料仍很普遍。在西方建筑史中，真正发生结构材料和饰面材料分野的时期，恰是混凝土材料不断成熟、

1　有时也称水合热、水和能等。

2　温度应力：亦称"热应力"。物体由于温度升降不能自由伸缩或物体内各部分的温度不同而产生的应力。例如，工件焊接时受到局部加热所产生的应力；铁道钢轨的接轨处留有空隙以避免或减低可能发生的温度应力。

铁质和钢材在建筑中逐渐推广的时期。当时对混凝土感兴趣和对金属材料感兴趣的建筑师常常不是同一群人，而且他们分别在不同的方向上努力。

比如，法国建筑师亨利·拉布鲁斯特（Henri Labrouste，1801—1875）即是以大胆使用金属建筑结构被视为现代建筑的先驱，但是其外在的天然石材饰面使拉布鲁斯特被认定为革新不够彻底，甚至是懦弱和两面派的表现（图1-37、图1-38）。因此，之后"水晶宫"的英国设计师约翰·帕克斯顿（Joseph Paxton，1803—1865）的成就被现代设计史认定为更具革命性，更真诚，因为其直接将结构材料裸露出来，于是这座铸铁和玻璃的建筑也成了现代建筑的开山之作（图1-39、图1-40）。不过，这两个人虽然生卒年月大抵相当，却还有些本质差异：①拉布鲁斯特是一位受过良好教育的建筑师和教授，因父亲是一位改革派议员，所以对新社会新思想的接受度很高；而帕克斯顿则是佃农出身，似乎并未接触过正规学院教育，完全凭借个人聪慧努力和公爵的支撑而成为公爵领地的主管和园艺家，他的最初工程实践是公爵家的大王莲温室，这也是水晶宫建造的技术基础。②拉布鲁斯特的朋友圈子都是建筑师和文化人，帕克斯顿的朋友中许多是工程师，如蒸汽火车头的设计师史蒂文森。③拉布鲁斯特的职业生涯大多与建筑设计和现代建筑演讲和著作有关，而帕克斯顿除了建造水晶宫，还主持了多个园林设计项目、培育了多个新型花卉品种，并成为众议院议员。二者的对比很容易让人产生这样的印象：虽然以拉布鲁斯特为代表的建筑师们具有更高的艺术和文化品位，但他们在技术开拓性上显然没有缺乏文化包袱的工程师那么彻底；而后者最终成为现代建筑的探路人。

图1-37 拉布鲁斯特的圣日内维耶芙图书馆的天然石材饰面，1843—1850

图1-38 拉布鲁斯特的圣日内维耶芙图书馆内部的铸铁结构，1843—1850

图1-39 第一次伦敦世界博览会的会场被称为"水晶宫"，裸露的铁质和平板玻璃材料使其具有革命性，1851

图1-40 水晶宫革命性的裸露结构和展品的繁复矫饰恰成对比，1851

而我们已多次提及的奥古斯特·佩雷（Auguste Perret，1874—1954）的职业盛期显然比拉布鲁斯特和帕克斯顿晚了半个多世纪。他在建筑史中的地位不仅因为在混凝土的使用上是柯布西耶的老师，更主要的是因为他给了混凝土一个正式的文化身份——让混凝土裸露出来。虽然佩雷也毕业于巴黎美术学院——这是一个典型的知识分子的、以美术审美见长的建筑学院，但他与那些主流的审美和建筑观念有很大不同。这主要得益于他的家庭，他的父亲和哥哥都是建筑承包商，擅长使用混凝土建造房屋。当时的许多建筑都是用混凝土做结构材料，用天然石材做饰面——因为在主流的建筑美学观念中，混凝土材料远没有天然石材高贵和正式，然而其优越的结构性能、较短的施工工期和较低廉的造价都吸引承包商以此作为结构材料，因此混凝土只能被"隐藏"在天然石材之后。当时的许多建筑师和理论家对此做法深恶痛绝，认为这是一种虚伪、堕落、毫无诚意的材料和结构方式。而佩雷对混凝土的理解显然超越了同时代的其他建筑师，而且他的文化身份并不逊于其他人——毕竟他也是巴黎美术学院的毕业生，这就等同于一个最有效的文化身份标识。所以说，佩雷带给柯布西耶以及后来的赖特，最为重要的并不是混凝土技术的使用方式，而是一种"观念"。一种结构材料能否称为饰面材料，需不需要被包裹起来，绝对超越了技术，而成为观念问题。

在西方近现代建筑史中，关于结构和饰面材料有两个核心问题一直纠缠不清：①天然石材的文化品质高于混凝土材料，所以混凝土一度只能成为结构材料，天然石材是饰面材料；②而当人们相信结构材料（金属或混凝土）被裸露出来才是建筑最真诚的建造方式时，天然石材便被抛弃了，虽然没有人判定其文化品质降低；③西方现代设计观念仍然认为尊重材料特性是设计的一条基本原则，无论是德国的金属炊具，还是意大利的塑料座椅，都如此。

对于大多数中国人而言，结构材料和饰面材料的分界似乎并不像西方世界那么重要，因为大多数中国人至今相信，这主要是一个工程手法问题，有时甚至不需要设计师介入，完全不涉及设计哲学——毕竟直到今天，中国学术界尚未建立完整的设计哲学学科观念。

自明代开始，中国城墙就由夯土墙变为夯土包砖墙体，这对墙体的坚固程度和防御能力提升都有好处。类似的做法还存在于几处著名的无梁殿中，如颐和园的智慧海，建筑外层全部用精美的黄绿两色琉璃瓦装饰，上部用少量紫色和蓝色的琉璃瓦盖顶。除此之外，我们还会发现一般的建筑也有类似的情况。古建的地基是夯土材料的，外包砖石；木柱外包麻、抹灰再上桐油；斗拱上也有各种符合规制的彩绘纹样；高档建筑的瓦片是经两次烧纸的琉璃瓦……所以中国古代木质建筑其实更多指的是一种观念或一种结构。因为木材本身易被腐蚀，所以将其"包裹"保护起来的做法本来是一种技术解决方案，但当其被纳入中国古建的色彩、图案和等级规制体系后，就成为社会文化和审美问题，从而远远超越了技术范畴。

虽然今天中国人观念中的结构材料和饰面材料分界仍不清晰，但仔细想想我们也会发现如下这种现象非常有趣：水坝和桥梁的混凝土材料可被看成是结构材料的裸露（虽然其上可能也有防护涂料）；而建筑中的混凝土仍常被当作隐藏的结构材料，须外挂天然石材或铝板，甚至有些清水混凝土墙面其实也只是外饰材料，与结构本身分离。

事情最吊诡之处就在于此：一方面，如果以西方设计逻辑而言，任何材料被隐藏起来都不够"真诚"，或者说材料不被尊重，当然不利于特定材料技术和文化意义的提升，这是经典现代主义的大忌；另一方面，中国人在结构和装饰材料理解上的百无禁忌，可能会为材料使用的拓展大开方便之门，毕竟在没有任何观念限制、以功能需求和市场需要为先导的情况下，混凝土发展的潜在可能性会更加多样。

1.2.4 材料系统中的混凝土

（1）人工材料及审美逻辑

人工材料是相对于天然材料而言的。

简单说来，天然材料就是来自于植物、动物和矿物等只经物理处理或未经处理的材料，如棉花、砂子、天然石材、蚕丝、煤矿、石油、铁矿、亚麻、羊毛、皮革、黏土、石墨等。若简单分类可有如下三种：①天然金属材料，几乎只有自然金；②天然有机材料，如木、竹、草等来自植物界的与皮革、毛皮、兽角、兽骨等来自动物界的材料，都是人类乐于使用并有很高使用价值的一类；③天然无机材料，如大理石、花岗岩、黏土等。

人工材料是指那些在自然界中以化合物形式存在的、不能直接使用的，或者自然界不存在的，需要经过人为加工或合成后才能使用的材料。如钢铁材料是由铁矿石中提炼出来的，玻璃主要是由硅酸盐类矿物加工而来的，尼龙、塑料则主要是从石油、煤、天然气中提炼出来的等。

人工材料也可分为三大类：①有机材料，如各种塑料、橡胶与合成纤维等；②无机材料，如高性能陶瓷等，水泥也属于无机材料；③金属材料，如冶炼所得的各种金属及其合金、金属间化合物等。人工材料通常还具有一些普遍特征，如：①性能、纯度均一，能自由控制；②一般无明显地域性差异；③无形状、数量的限制；④具有高功能与性能；⑤适宜作为大批量生产产品的材料。

探讨混凝土材料的"人工"和"无机物"身份并不是目的，而是为引出另一个话题：在传统中国审美体系中，天然材料和人工材料的审美地位和审美方式相同吗？

中国传统审美系统中对天然材料的喜爱近乎痴迷，而这种痴迷又集中体现在一种追求"自然"的审美观中。比如，强调不同木质的木色、质地和纹路特征；一块未被雕琢的璞玉也能成为审美对象；高级的工艺手法应能将材料的本质更好地表达出来而过于炫耀工艺技巧通常会被视为品位较低；即使是瓷器这种人工化程度很高的制品，也常以更接近于天然美玉的温润、含蓄、雅致为最高境界……就是说，在中国传统审美体验中，自然材料的文化品质高于人工材料；人工材料只有模仿甚至超越了自然材料的审美特性，才能进入主流审美体系中，如陶瓷。

在世界通行的现代设计观念中，其实也有相对主流的材料哲学，忠实展现材料的质地和性能才被认为是"最真诚"的设计。有人就此断言，中国古代的审美观念能跨越东西、贯通古今。——但这只是错觉。

中国传统审美体系中，材料审美是有等级差异和社会属性的，也通常是被规范化的。比如，玉石的等级显然高于汉白玉（甚至汉白玉的命名都是在向玉石致敬），金丝楠木高于榆木……这显然与材料的稀缺程度有关，最终也使材料自身的社会等级和文化意义被重构。而陶瓷这类人造程度较高的器物，往往也以自然原料的特征为特征，如龙泉窑的紫金土，元青花的苏麻离青……而在现代设计观念中，人造材料的特性也被给予尊重，应在设计中被体现出来；许多中国传统工艺原料都因不可再生，在现代设计伦理上反而处于劣势；而人造材料因更能体现生产技术水平，在设计中反而使用更广泛，如金属、混凝土、塑料等。因此我们不难理解，许多塑料、金属材料的设计产品在西方社会都能卖到高价，而中国社会仍常以原料的稀缺作为噱头才能吸引更多买家。

中国传统工艺审美观念与现代设计有本质区别，无论其语言表述多么相似，其在本质上仍体现了不同的创作态度、审美习惯和文化观念。对于中国文化传统而言，混凝土这种人工材料的审美模式是完全陌生的，需要不断学习和建构。这也从另一个角度解释了，为什么我们有高超的混凝土建造技术，却缺乏成熟的混凝土审美体系及优秀的展示混凝土材料美学的建筑成品。

（2）流动和冷凝

混凝土拌合物的流动可塑，混凝土硬化后的厚实坚硬，两者对比，令人着迷。

从技术层面讲，混凝土的流动性是指混凝土拌合物在本身自重或机械振捣作用下产生流动，能均匀密实流满模具的性能，它反映了混凝土拌合物的稀稠程度及充满模板的能力。改变混凝土流动性的方法很多，比如：①水灰比或水胶比高；②使用减水效率高的减水剂，掺量大（饱和掺量内）；③骨料级配好，处于最佳砂率；④砂浆含量或胶凝材料含量大时，并可配制自密实混凝土；⑤使用引气剂后；⑥使用需水量比小于100%的粉煤灰；⑦气温高时，流动性损失快。

因为混凝土具有流动性这一特性，所以水泥、砂石、添加剂和其他材料均可被掺入其中，最终根据模具造型成型，必要时可掺入各种矿物颜料或展现不同精细度等。

在我们所熟悉的器物中，还有许多其他物质也是由液态固化和硬化而成的，但它们多是在高温状态下液化，常温或遇冷固化，如金属、玻璃、磁釉、某些塑料，甚至沥青、奶油等；当然水的形态较特殊，高温气态、常温液态、低温固态……所有这些液态到固态的变化均与温度变化相关联。对照起来，混凝土材料便显得特立独行。虽然混凝土的水化和硬化过程并不是与温度毫无关系（如水化热，低温施工时的温度养护等），但混凝土硬化过程基本不以温度变化为先决条件，很多时候还试图减少温度的影响力，特别是需要减少温度应力的发生。

面对一些小型和对强度要求不高的混凝土制品，将水泥拌合物倒入模具搅拌后，我们只需"眼睁睁"地看着她固化、硬化，由可流动的材料变成坚硬的材料。这是一个非同寻常的体验过程。同时，混凝土的这种材料特征也使其便于成为 3D 打印 [1] 的良好原料。

不同种类的快速成型系统因所用成型材料不同，成型原理和系统特点也各有不同。但是基本原理一样，那就是"分层制造，逐层叠加"，即通过逐层增加材料来生成 3D 实体。3D 打印混凝土技术的主要工作原理是将配置好的混凝土浆体通过挤出装置，在三维软件的控制下，按照预先设置好的打印程序，由喷嘴挤出进行打印，最终得到混凝土构件。3D 打印混凝土技术，无需传统混凝土成型过程中的支模过程，是一种无模成型技术。

意大利研究者恩里克·蒂尼（Enrico Dini）发明了世界首台大型建筑 3D 打印机，这台打印机的底部有数百个喷嘴，可喷射出镁质黏合物，在黏合物上喷洒砂子可逐渐铸成石质固体，通过一层层地黏合物和砂子结合，最终形成石质建筑物，并成功使用建筑材料打印出高 4 米的建筑物（图 1-41、图 1-42）。

如果用混凝土材料打印建筑，一般可比传统建筑方式至少节省 30% 以上的材料。在节省材料的同时，内部结构还可以根据需求结合声学、力学等原理做到最优化，所以它的壁厚可以做得很薄，现在常规的建筑一般是 24 厘米宽度，打印建筑可以做到 18 厘米甚至更薄，且强度和保温性能丝毫不会减弱。

图 1-41　恩里克·蒂尼（Enrico Dini）　　　　图 1-42　恩里克的混凝土打印作品

3D 打印可能是混凝土材料研发和施工工艺的一次重大挑战。为满足 3D 打印的要求，混凝土浆体必须达到特定的性能要求 [2]：①首先是可挤出性，因混凝土浆体通过挤出装置前端的喷嘴挤出进行打印，所以配置浆体中颗粒大小要由喷嘴口的大小决定，并须严格控制，杜绝大颗粒骨料的出现。②混凝土浆体要具有较好的黏聚性，一方面，保证混凝土在通过喷嘴挤出的过程中，不会因浆体自身性能的原因出现间断，避免打印遗漏；另一方面，3D 打印

---

1 3D 打印技术的正式名称为"增材制造"，又称为"快速成型技术"，起源于 20 世纪 80 年代，是指通过连续的物理层叠加，逐层增加材料来生成三维实体的技术（增材制造），与传统的去除材料加工技术（建材制造）不同，因此又称为添加制造（Additive Manufacturing, AM），其综合了数字建模技术、机电控制技术、信息技术、材料科学与化学等诸多方面的前沿技术知识，具有很高的科技含量。美国材料与试验协会（ASTM）于 2009 年成立的添加制造技术委员会将之定义为"一种与传统的材料去除加工方法相反的，基于三维数字模型的，通常采用逐层制造方式将材料结合起来的工艺。其同义词包括添加成型、添加工艺、添加技术、添加分层制造、分层制造以及无模成型"。

2 本书涉及的许多混凝土 3D 打印的技术细节，请参见《3D 打印混凝土技术的发展与展望》，马敬畏、蒋正武、苏宇峰，《混凝土世界》，2014 年 7 月。

是由层层累加而得到最终的产品，而较好的黏聚性可以在最大程度上削弱打印层负面的影响。③在 3D 混凝土打印的过程中，必须要求已打印完成的部分状态保持良好，不会出现坍塌、倾斜等中断打印施工的现象，这就对混凝土浆体的可建造性提出了要求。

按照 3D 打印技术的一般模式，混凝土的打印过程中就是混凝土条层层堆积的过程，不可避免地会在打印构件的表面上出现台阶效应。处理这个问题，通常使用两种方法：一是缩小打印喷嘴的口径，降低台阶的高度，但这种方法会降低打印的速度，影响施工效率，同时并不能保证表面达到理想的平整度；二是在成型后进行后续抹平处理，此方法需要进行重复工作，费时费力。

不过也有人想到了其他办法，如美国南加州大学的霍什内维斯（Behrokh Khoshnevis）教授提出轮廓建筑工艺(Contour Crafting)。基本思路是：①整个系统包括轮廓打印系统(Extrusion system) 和内部填充系统（Filling system）两部分。②泥刀保证在打印建筑的同时可以进行表面的平整，很好地解决 3D 打印表面不平整的问题。③更令人欣喜的是轮廓建筑工艺可以在 3D 打印建筑的同时，实现混凝土构件中配筋，于是便可进一步尝试高层建筑的打印建设。

另外，据报道，巴黎 EZCT 建筑与设计研究工作室的建筑师菲利普·莫莱尔（Philippe Morel）在 3D 打印中使用了一种被称为超高性能混凝土（UHPC，Ultra-high-performance concrete）的新型混凝土材料，它使用了钢纤维增强水泥强度，比常规混凝土高 6～8 倍，也轻得多。高密度的结构也保障了该材料具有无气孔和无细微裂缝的优良品质。打印后，各个半模的内侧和外侧分别渗入了环氧树脂，随后胶粘在一起形成一个非常精细的混凝土结构。然后，建筑商可以使用超高性能混凝土进行浇筑，并将各个组件组装起来。

美国军方资助 3D 混凝土打印建筑的研究，更让混凝土技术和研究人员大为兴奋。利用混凝土打印机可以在一天之内造出一座 2500 平方英尺（约合 232 平方米）的建筑。这对军队来说意义重大，士兵们可以在基础设施缺乏的偏远地区迅速拥有永久性建筑，只需要战斗工程部队利用 C-17 等运输机将建筑打印机和混凝土材料运送到位，建筑就可以很快建成。

目前，我国已有企业进行了 3D 混凝土打印的技术探索，冰裂纹的墙面图案较好地体现了工艺优势（图 1-43）。

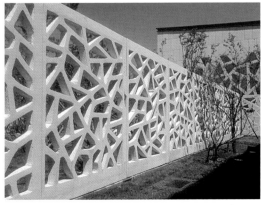

图 1-43　冰裂纹的墙面图案（中国混凝土与水泥制品协会装饰混凝土分会供图）

（3）混凝土的环保价值

几乎所有建筑材料的开采、运输和加工过程等，都会对环境产生负面影响，而且一个使用周期后，它们也很可能因为缺乏有效的回收和处理手段，而成为难以处理的城市垃圾。最近30年来，中国快速城镇化过程，已使混凝土建筑和其他构筑物存量巨大。电视画面中不断出现的混凝土垃圾堆砌场面又增加了人们的担忧。

不过，与我们的一般印象相反，其实混凝土材料本身是一个相对环保的材料。废弃的混凝土材料经过处理后，可以再生成新型骨料进入下一轮建造过程。

我们在电视中看到所谓产能过剩的水泥企业其实有一些细节需要关注：①污染和浪费虽然都是不环保的生产方式，但二者的性质不同。产能过剩企业的生产本身就是能源和资源的浪费，即使其生产过程毫无污染，也是资源浪费过程。②产能不过剩的水泥生产也很难避免粉尘污染等后果，所以生产过程中降低污染程度，的确是水泥生产企业应该研究的课题。

但混凝土制品和混凝土构件的生产过程，污染程度并不那么高。这就是说，在水泥混凝土制品生产中，我们应在满足技术要求的前提下，尽量减少水泥用量，尽量使用再生骨料，这是混凝土利废的一条有效途径。建筑垃圾处理中心是这个链条中非常重要却建设明显不足的环节。作为人工材料的混凝土，如果能从设计建造和垃圾回收两个关键点把控住，就能非常有效地控制建筑垃圾的总量和走向。甚至在进行混凝土制品设计时，尊重混凝土垃圾处理要求，也是完全可以做到的，而这是使用自然建筑材料时无法达成的。

更令人惊喜的是，许多水泥企业在转型过程中，还利用干法水泥窑有效地解决了城市污泥处理的难题。简单说来，将城市污泥和一些生活垃圾置入干法水泥窑以后，高温会使得一些有毒有害物质分解、降害，加热后的某些无毒材料还能成为混凝土渣料来源。

除了材料利废外，混凝土还在其他方面有助于建设环境友好型城市。本书第4.3.2节中专门介绍了一种高承载力透水混凝土地面。这种地面非常平整，下雨时不存水，却能保证雨水渗入土壤，还能收集多余雨水进入城市排水系统。这是建设"海绵城市"的理想地面材料。

还有，因为混凝土既是结构材料，又是饰面材料，当我们使用工厂生产并现场装配方式建造房屋时，非常容易将许多清洁能源的设备与之配合使用。国内已有企业在此领域有成功案例（详见本书第4.2.1节相关内容），其发展前景尚须不断开发。

1.3 工程师和设计师

（1）技术和设计

最近100年间，我们经常听到这样的观点：科技进步推动社会发展！对于现代中国人而言，这似乎已成定律。而且，鸦片战争以来的中国历史，特别是改革开放以来中国的崛起，都在为这个论点做注脚。然而，社会发展到今天，我们发现许多事情用这个过于简单的口号已经无法解释。

首当其冲的便是：如果我们发现科技进步推动社会发展，那么又是什么力量推动了科技进步呢？虽然在学术和政治语言中，我们一直将"科学"和"技术"并置，但科学和技术到底是不是一回事？二者间是因果关系，还是并列关系，或者关系不大？中国历来有发达的技术文化传统，却未能引发现代科学革命，为什么？然后，又是那个著名的"李约瑟之问"：中国早已具有发生工业革命的所有要素，为何工业革命未能最先在中国发生？

如果科技进步起决定性作用，那么我们的社会是否只需要科学家和工程师，而几乎所有的建筑师、工业设计师、室内设计师和平面设计师根本没有生存空间？如果这种假设成立，那么为什么我们所见的科学和技术发达的国家，往往是现代设计也高度发展的国家和地区？

要把这些问题厘清，恐怕需要另外的专著深入探讨。不过在此，我们还是可以从设计史角度有个简要说明，毕竟设计史和文化史中的许多历史事件其实更多地印证了这样的线索：①社会动荡（源自政治、经济、灾害或战争等）往往引发主流观念变化，诱发多种观念产生；②在某一个社会观念的变革时期，总有一些文化精英呼吁革新和革命，当然其范围非常广泛，包括观念上、制度上和技术上等的多种革新；③然而这种呼吁总会因各种因素，或偶然或必然地未能获得最初设想中的成果；④因这种呼吁通常来自于社会上层和文化精英，其观念常被自己、同僚或后辈记录下来以传世，于是这些观念又会对社会思想、制度文化或科学技术领域产生深远影响；⑤最后因缘际会，已有的革新观念会在某个特殊的技术领域，由工程师和投资人引导，迸发出前所未有的能量，于是，变革来临。——现代建筑和现代工程技术的发展史都是这一线索的最佳例证。无论是新观念、新技术、还是新设计，没有一个是"石头缝儿里蹦出来的"；每一个都有产生的源头和流变，每一个也都有自己行业的先锋和导师。

即使是今天，中国经济和社会的快速发展也不应被完全归功于所谓的先进技术；那些呼吁和鼓励中国人放下文化包袱，向西方学习的先人和智者才是开辟民族富强道路的最初英雄。与之恰成对比的是：相较于百年前，今天中国的科学技术水平已有了长足的进步，然而许多行业的从业者却陷入了迷茫，我们的下一个科学和技术高峰到底在哪里？

事实上，技术的引领力量并非科学而是观念，这也解释了为何古代中国在没有完整科学体系支撑的情况下，仍能使技术发展领先世界千余年。在现代社会中，新观念和新技术的最重要结合点就是新设计：对技术而言，因为有了设计，观念不再显得那么弥散而不易掌控；对设计而言，技术是体现和引领观念的同盟；对观念而言，设计使头脑和双手协同一致、表达自身……

现代设计和现代技术一直纠缠共生，二者有时敌对、有时互助。设计是技术发展的"通灵师"；技术是设计极限的"开路人"。

（2）工程师的尊严和设计师的自由

针对今天中国的大学教育，许多人抱怨教育思想陈旧，教育制度僵化，还有教学内容与社会实际情况脱节等。有些观点颇有见地，也有观点似是而非。仅就技术和设计领域的大学教育而言，最大的问题其实并不是知识是否陈旧、管理是否僵化，而在于其最终导致了学科知识体系的割裂和师生思考范围的狭窄。最直接的一种表现就是：工程师和设计师群体互不理解，互不信任。

在任何社会，两个需要经过多年专业训练的群体，在共事过程中无法互相理解，这本身即说明教育的失败，行业的偏狭，也是对社会资源的浪费，同时将会导致两个专业领域的持续割裂、甚至敌视加深。在这个背景下，我们的大学教育通常起了不太积极的作用，因为大学教育不仅没能帮助两个群体互相理解，还灌输给他们一些自以为是、自命不凡的教义，纷纷觉得自己更重要、更高人一筹。工程师认为自己能力超强，为国家和社会立下卓著功勋，设计师是一群光说不练、虚头巴脑的平庸之辈；设计师认为自己是文化代言人，统摄实用艺术的话语权，工程师则是一群毫无艺术细胞、不懂生活品味的乡巴佬……在现实工作中，这种群体间的误解和敌视还有愈发明显之势。

世界近现代设计史一直重复这样的逻辑：工程师没有尊严，设计师就没有自由。今天中国的工程技术领域和设计文化领域，应该正视这一点了。

21世纪以来的中国人，正在尝试从人类文明的整体视角来看待我们的国家命运，从宏观文化视角分析科学技术问题，从打破行业藩篱激发更大潜能的角度来探讨各专业的长远发展和现实出路。工程师和设计师之间在操作层面的矛盾恐怕会一直存在，但这应成为两个领域互相促进发展的张力，而不能成为导致能量互相消解的阻力。

混凝土是一个绝好的、能够统合工程技术、工业设计、工艺品制作和艺术创作各领域的原材料。不同群体针对文化和技术的理解都可在此基础上自由施展。这个典型的"西方"材料与现代的"东方"大国相碰撞，将会激发出更多的思想火花。我们拭目以待！

2 混凝土的前世今生

2.1 古老的混凝土

2.1.1 古罗马混凝土

很多研究者认为，除去早期使用灰泥的历史，人类最早使用混凝土是在约公元前 2 世纪的意大利南部。这种特殊的材料是一种被称为"Pozzuolana"的火山灰，第一次是在那不勒斯湾的波佐利（Pozzuoli）找到的，后被广泛地用作罗马人的水泥（图 2-1、图 2-2）。

图 2-1　那不勒斯湾的 Pozzuoli 港

图 2-2　Pozzuoli 的一座神庙遗址，
可见混凝土墙体遗存

公元前 193 年，古罗马修建了一座大市场（Porticos Aemelia），这种火山灰被用于将天然石材固定在一起，因为火山灰与水之间的化学反应可以固化成为一种岩石状物质。此后，罗马人用这种东西修筑桥梁、码头、下水道排水管、输水道和建筑物。

不过，需要说明的是，罗马水泥与今日的波特兰水泥并不是一回事。因为古罗马水泥不具有流动性，所以不能流入一个模子或某种成形结构中。实际上，在所谓的第一批水泥和具有粘合作用的碎石之间，并没有清晰的分界。罗马的水泥是分层的，灰泥用手工压紧，并围在不同尺寸的天然石材周围，除非级别很低的构筑物，一般墙体的双面均包有黏土砖。这种做法听起来很像在乐高玩具的缝隙间和周边糊满橡皮泥。Pozzuolanic 火山灰虽然是结构材料，但其适用范围有限，只存在于罗马和那不勒斯地区，在意大利北部和罗马帝国的其他地区均未发现使用。

罗马的大多数公共建筑（如万神庙、高级住宅等）都是使用砖饰外表面和混凝土结构的，罗马拱则很好地体现了混凝土的受力特点。今天所见的万神庙建于 2 世纪，其结构之精巧和穹顶跨度之大，使此前及此后约 1 千年的建筑都黯然失色，自然是世界建筑艺术的经典作品（图 2-3 ～图 2-5）。

图 2-3　万神庙鸟瞰

图 2-4　万神庙内景

图 2-5　万神庙剖面模型

2.1.2　古代中国的"水泥"材料

甘肃天水的大地湾遗址距今约 5000 年，在大地湾四遗址中发掘出了一座面积很大的建筑，该建筑由前厅、主室、后室、左右侧室及门前棚廊式建筑六大部分组成，总面积 420 平方米，是目前所见我国史前期面积最大、工艺水平最高的房屋建筑（图 2-6）。面积达 130 多平方米的主室，地面由一种类似于现代水泥的混凝土铺成。经考证化验可知，其化学成分、物理性能及其抗压强度等，均相当于当今 100 号

图 2-6　大地湾四期 F901 号建筑遗址

水泥砂浆地面的强度。专家们认为，这种建筑材料是目前世界上最早、最古老的混凝土。此外，考古工作者在发掘时还发现，大地湾人在混凝土地面之下，还使用了一种可防潮保暖、坚固地基的类似现代"人工合成轻骨料"的建筑材料的雏形。

中国在唐代或唐代以前，没有石灰，仅有白灰，那时砌砖壁体则用黏性黄土灰浆，例如唐朝的砖墙，全部用黄色黏土来砌筑，至今砖墙坚固而不倒塌。这个做法，已成为鉴定与分析砖塔的建造年代的一个有力的证据。而用纯黄黏土做砂浆，则始于唐代的塔。

宋代时砌砖技术更进一步成熟，有石灰生产，用石灰和黄黏土和水之后成为一种白灰黏土浆，这样用灰浆砌塔，就更加坚固耐久了。宋代建造的大量的楼阁式塔，其砖形体，全部

用的是白灰黄土浆。

元明时代，砌体则用纯的"白灰灰浆"，这样更加坚固耐久，例如全国各地的城墙、万里长城、砖墙等，各种壁体全部用白灰灰浆，在灰浆里不再加入黏土，而是纯粹的白灰。尤其是明清时期的一些大的砖石建筑，都大量使用白灰灰浆。白石灰的生产，解决了大量的砖石砌体的一个大问题。

后来到清代，在宫式建筑以及个别的重要建筑之中，往往用糯米煮浆加在石灰里，用它来砌砖缝，这样使灰浆干涸之后非常坚硬，用铁镐头也敲不碎，如在清东陵和清西陵工程中就有这样的使用方式。

中国古代的建筑工匠在 1500 年前即发现混合糯米汤和石灰浆可以制造出一种比纯石灰浆防水更好、也更结实的材料。糯米浆很可能是世界上第一种有机和无机材料制成的混合胶凝材料。研究人员称，糯米浆中的无机成分是碳酸钙，有机成分是胶淀粉。胶淀粉来自糯米汤，它的作用相当于抑制剂，抑制了碳酸钙晶体的增长，使得整体结构致密。

2.2 混凝土向现代转型

2.2.1 混凝土研究的初步探索

在西方世界，随着罗马帝国的解体，古老混凝土的技艺便失传了。当然古罗马混凝土的原料不易获得，可能也是重要原因。混凝土研究的历史显示，自 17 世纪以来，欧洲一代代的发明家和工程师一直在不断试验着"新型"混凝土。现代混凝土材料的开发和研究，若有若现地延续着这样一条线索：初期的混凝土研究往往建立在研究者的个人兴趣或偶然发现基础之上；中期的研究常得益于专利保护和生产开发的经济收益；后期发展的动力则主要来自于大型公共工程的功能要求和市场需求。

1678 年，英国皇家学会会员约瑟夫·莫克森（Joseph Moxon）描述了一个现象：当石灰与水混在一起，会产生一种隐藏的"火"。莫克森是英王查理二世的水道测量专家，有此发现也很正常。不过，显然他没有在混凝土或胶凝材料的发展上有什么作为，因为他并不是工程师，而是数学书籍和地图的印刷商，地球仪和数学仪器的生产商和词典编纂者。他还出版了第一部英文版的数学词典。1678 年，他成为第一位商人出身的英国皇家学会会员。

自此以后，混凝土的研究陷入较长时间的沉寂，直到 1756 年，英国工程师在研究某些石灰在水中硬化的特性时发现：要获得水硬性石灰，必须采用含有黏土的石灰石来烧制；用于水下建筑的砌筑砂浆，最理想的成分是由水硬性石灰和火山灰配成。这个重要的发现为近代水泥的研制和发展奠定了理论基础。不过，关于这件事，历史故事的叙述版本显得更加温和有趣。

18 世纪中叶，英国航海业已较发达，但船只触礁和撞滩等海难事故频繁发生。为避免海难事故，采用灯塔进行导航就显得尤为重要。当时英国建造灯塔的材料有两种：木材和"罗马砂浆"。然而，木材易燃，且遇海水易腐烂；"罗马砂浆"虽然有一定耐水性能，但尚经不住海水的腐蚀和冲刷。由于材料在海水中不耐久，所以灯塔经常损坏，仍然无法保证船只长期安全航行，迅速发展的英国航运业因而遭遇重大困境。为解决航运安全问题，寻找抗海水侵蚀材料和建造耐久的灯塔成为 1750 年代英国经济发展的当务之急。对此，英国国会不惜重金礼聘人才。被尊称为英国土木之父的工程师约翰·史密顿[1]（John Smeaton）应聘承担了建设灯塔的任务。

1756 年，英国普利茅斯港的灯塔不慎失火被毁，这严重影响了船只的航行，港口的收入也明显减少。英国政府命令史密顿负责抢救被毁的灯塔。史密顿对建筑材料也颇有研究。接受命令后，他马上派人收集大量石灰岩运到灯塔对面的一个小岛上，以备配制水泥用。

当时制造水泥时，人们都认为白色石灰岩是最好的材料，修灯塔当然应该用优质水泥，但运来的石灰岩竟全是黑色的。史密顿一看，火冒三丈。但工期迫近，他只能硬着头皮接着干。史密顿反复考虑后，决定就用黑色石灰岩做原料。万万没想到的是，用黑色的石灰岩制得的水泥性能很好，而且比用白石灰岩制成的水泥好得多。

起初，史密顿还担心是偶然现象，于是就研究了"石灰－火山灰－砂子"三组分砂浆中不同石灰石对砂浆性能的影响，发现含有黏土的石灰石，经煅烧和细磨处理后，加水制成的砂浆能慢慢硬化，在海水中的强度较罗马砂浆高很多，且能耐海水的冲刷。他真的做起在石灰岩中掺黏土的实验来。经反复试配，他后来得出这样的结论：用含有 7%～20% 的黏土的石灰岩制得的水泥的性能是最好的。史密顿使用新发现的砂浆建造了举世闻名的普利茅斯港的漩岩大灯塔（Eddystone Lighthouse）（图 2-7～图 2-9）。

图 2-7　约翰·史密顿　　图 2-8　史密顿设计的漩岩大灯塔　　图 2-9　史密顿设计的漩岩大灯塔设计图

用含黏土、石灰石制成的石灰被称为水硬性石灰。史密顿的这一发现是水泥发明过程中知识积累的一大飞跃，不仅对英国航海业做出了贡献，也对"波特兰水泥"的发明起到了重要作用。当时的情况是：一方面，史密顿研究成功的水硬性石灰，并未获得广泛应用，当时大多数工程仍然使用石灰、火山灰和砂子组成的"罗马砂浆"；另一方面，其成果又在水泥制品的先锋人物中广为流传，给了某些水泥研究者和制造商极大的鼓舞——据说，1820 年前

1　约翰·史密顿（John Smeaton，1724—1792），英国土木工程师，负责设计桥梁、运河、港口和灯塔。他也是一个颇有才能的机械工程师和著名物理学家。史密顿是第一个自称为土木工程师的人，所以也常被视为"土木工程之父"。

后，俄国建筑师契利耶夫在莫斯科地区从事建筑施工时，就用这种方法烧石灰，建造了许多建筑，其中最著名的是用它来修复克里姆林宫的墙垣。

2.2.2 帕克水泥

1779 年，一个叫希金斯（Bry Higgins）的发明家登记了一项专利，将他制作的水泥用于室外抹灰。

此后，引人注意的混凝土先锋是英格兰人詹姆斯·帕克（James Parker），他是个教士，也是一位水泥制造商。1791 年，他注册了一项"燃烧砖、瓦和白垩粉的方法"的专利。1796 年，他又申请了一项专利，名为"可用于水中建筑、其他建筑和粉饰灰泥的特殊水泥"。这种水泥外观呈棕色，很像古罗马时代的石灰和火山灰混合物，被命名为罗马水泥或帕克水泥。因为它是由天然泥灰岩作原料，不经配料直接烧制而成的，故又名天然水泥；同时其具良好的水硬性和快凝特性，特别适用于与水接触的工程。后来他在肯特郡还建立了自己的水泥制造厂。

帕克还把他的专利卖给了萨缪尔·怀亚特（Samuel Wyatt）和他的堂弟查尔斯·怀亚特（Charles Wyatt），制造"帕克和怀亚特"（Parker & Wyatt）牌水泥。1797 年，帕克移民美国，不久后便去世了。有证据表明苏格兰的贝尔灯塔即是用怀亚特的罗马水泥修筑而成（图 2-10）。

自 1807 年开始，许多人都在寻找一种生产水泥的人工方法，或一种更严格的水硬石灰，在溶解放热时不会燃烧。在这些人中的佼佼者，有一位名叫詹姆斯·弗罗斯特（James Frost，1780？—1840？）的人，他在 1811—1822 年间共申请了 20 项专利，包括一项名为"不列颠水泥"的专利；另一位名为约瑟夫·阿斯普丁（Joseph Aspdin）的人士，申请了一项现今看来最为著名的专利——"波特兰水泥"（详见本书第 2.2.3 节）。

弗罗斯特发明了一种制造流程，而这最终导致波特兰水泥制造技术得以完善。1807 年，弗罗斯特在英国哈利奇建立了一家生产罗马水泥的工厂，为政府项目提供原材料。他开始为人造混凝土试验配方，若获得成功将为罗马水泥的生产提供一种相对便宜的制造方法。1810 年，他在哈利奇制造出了一种水泥原型，但直到 1822 年专利申请才获得通过，他称这种材料为"不列颠水泥"。1825 年 10 月，他在肯特郡的天鹅谷小镇（Swanscombe）上租了一块地，建了一家工厂，同时生产罗马水泥和新型水泥。

弗罗斯特的关键发明在于对粗料的湿法研磨，这是波特兰水泥早期发展的最重要技术。为了在陶泥机中形成泥浆，他加入了柔和的当地白垩粉、肯特郡梅德韦河口（Medway estuary）的冲积黏土和水，这样粗糙的颗粒能被沉淀下去。良好均质的白垩和泥土颗粒的混合物变干后，在进入窑炉燃烧前即可形成硬度和塑性均匀的材料。这样，他就能模仿泥灰土的自然沉淀过程。

1828 年 12 月，查尔斯·帕斯利[1]（Charles Pasley）参观了天鹅谷，随后他还与弗罗斯特交流，并分享了自己了解的一些技术细节。1832 年，弗罗斯特将天鹅谷的工厂卖给了约翰·贝兹利·怀

1　查尔斯·威廉·帕斯利爵士（Sir Charles William Pasley，1780—1861），英国军人和军事工程师。作为英国皇家工程师在拿破仑战争中服务，他是当时欧洲领先的爆破专家和攻城战专家。

特（John Bazley White）家族，自己移民纽约了。在那里，他成为一名土木工程师。后来，他在《富兰克林学院学报》上发表过几篇论文，专门探讨钙质胶结物混凝土材料。

弗罗斯特的天鹅谷工厂自1840年代开始便实际上已由阿斯普丁家族的约翰逊（I.C.Johnson）公司管理，其第二个生产厂就已经在生产波特兰水泥了，随后成为"蓝环工业"（Blue Circle Industries）的母公司。这家公司经过165年的持续运转，直到1990年才彻底关闭。

从1810年到1820年，在帕克水泥的激励下，"罗马"水泥被广泛用于各项工程。1832年时，在英国的哈利奇附近有5项大工程均使用了此种水泥（图2-11）。自1821年起，人造水泥已经广为推广且成品更加坚固。

1813年，法国工程师路易·维卡（Louis Vicat，1786—1861）发现石灰和黏土按3:1比例混合制成的水泥性能最好。维卡1804年毕业于巴黎综合理工学院，1806年毕业于桥梁与公路学校。维卡研究制造砂浆，这种材料曾非常流行但之后被波特兰水泥取代。维卡还发明了一种测验水泥凝固时间的办法，沿用至今。他的儿子约瑟夫·维卡（Joseph Vicat）创立了"维卡混凝土"（Vicat Cement）公司，至今仍为一家国际化的混凝土生产企业。路易·维卡是法兰西科学院的院士，他的名字与另外71位科学家、工程师和数学家的名字一起被镌刻在埃菲尔铁塔上（图2-12、图2-13）。

图2-10　苏格兰的贝尔灯塔　　　图2-11　英国Lichfield大教堂南门上部　　图2-12　埃菲尔铁塔
（Bell Rock Lighthouse）　　　　的7个雕塑为帕克（Parker）水泥塑造　　拱形的上部即是镌刻
　　　　　　　　　　　　　　　　　　　　　　　　　　　　　　　　　　科学家工程师的位置

图2-13　埃菲尔铁塔上镌刻了72位法国科学家、工程师和数学家的名字，
东南立面上的第6个名字，就是维卡（Louis Vicat）

2.2.3 阿斯普丁和波特兰水泥专利

在建造灯塔的史密顿的新水泥出现后，新型水泥爱好者和发明家们尝试了各种办法。一位名叫约瑟夫·阿斯普丁（Joseph Aspdin，1778？—1855）的英国工匠试图对史密顿的发明进行改进。他联想到古罗马人为增强石灰的粘结力，曾在石灰中加入火山灰的做法，于是产生了新想法：火山灰是岩石高温熔烧后的产物，那么，把陶器、砖瓦的屑片磨成细粉，是不

是也跟火山灰差不多呢？阿斯普丁试了一下，效果果然不错。后来他又由此想到，煤高温燃烧后的煤渣、炼铁高炉里流出的经高温冶炼的矿渣可能也有类似的功能，经试验也证实了他的想法是正确的。

阿斯普丁在反复试验的基础上，总结出石灰、黏土、矿渣等各种原料之间的比例以及生产这种混合料的方法。他将这些原料按一定比例配合后，在类似于烧石灰的立窑内煅烧成熟料，再经磨细制成水泥。这种水泥具有优良的建筑性能，在水泥史上具有划时代意义。

1824 年，阿斯普丁为他的这项发明申请了专利。由于阿斯普丁的水泥在硬结后的颜色和强度，都和当时英国波特兰岛上所产的天然石材差不多，所以人们就称它为"波特兰水泥"。

阿斯普丁家族在波特兰水泥的发展中起到了关键作用。威廉·阿斯普丁（William Aspdin，1815—1864）是约瑟夫·阿斯普丁的二儿子，既是水泥制造商，也是波特兰水泥产业的先锋。1829 年，威廉加入父亲的水泥制造厂。老阿斯普丁的水泥是一种快速成型材料，只能用于砂浆和粉饰灰泥。在此后 10 年间，威廉非常注意研究另一种水泥产品，通过修改水泥配方就能有更广泛的适用性。通过提升混合物中的石灰石成分，能生产出燃烧更困难、凝结速度变慢的水泥，能固化为强度更高的混凝土。这种产品显然制作成本更高，因为需要更多的石灰石原料、更多能耗和难度更高的硬渣研磨成本。从现有资料里，我们无法确定威廉是否在父亲的工厂中生产出了这种产品，不过 1841 年时他的确因与父亲观念不和而离开了公司。

1841 年威廉一到伦敦，就在罗瑟希德（Rotherhithe）建立了水泥制造厂，并且很快生产出新型水泥并在伦敦的用户中引发轰动。他的水泥成品才是今天所称的"波特兰水泥"，在矿物成分上已与他父亲的波特兰水泥完全不同。但是，威廉并没有另外申请专利，或者另起一个名字。他很聪明地意识到，在泰晤士河边他的工厂附近，有许多竞争对手正虎视眈眈，他的任何专利都可能被快速侵权。于是他对外宣称，他的产品仍受到父亲专利的保护，同时对有突破的工艺细节进行保密。他还宣称，他的产品特殊性能来自于不为人所知的"有魔法的成分"，就是在每一个新安置的贮备加热的窑炉中，在原料混合物中撒上几把多色闪亮的结晶体。他故弄玄虚的商业宣传非常成功，这令人印象深刻，也使威廉本人愈发出名，使其生产厂在行业内保持了两年的领先地位。

为了能找到人资助自己的公司，他与几个合伙人签订了合同。在"Maude，Jones & Aspdin"公司中，他获得了位于肯特郡诺思弗利特河（Northfleet creek）的"帕克和怀亚特"工厂，并于 1846 年把自己的工厂搬到了那里。1852 年时，他把自己在诺思弗利特的股票卖掉了，在达勒姆郡的盖茨黑德（Gateshead，County Durham）成立了"Aspdin，Ord & Co"有限公司。1857 年，他再次卖掉公司，搬到了德国居住。1860 年起，他在阿尔托纳（Altona）和拉戈尔多夫（Lagerdorf）建设水泥厂，这些厂子是英国以外最早生产波特兰水泥的工厂。他最后在汉堡附近的伊策霍（Itzehoe）辞世。

诺思弗利特的水泥厂一直生产波特兰水泥直到 1900 年被蓝环公司（Blue Circle）接管，

之后很快就关闭了。盖茨黑德厂被约翰逊（I. C. Johnson）公司购买，一直运营到 1911 年，也被蓝环公司购买并倒闭了。

威廉和父亲一样都没有化学知识背景，他的创新看起来有些侥幸。他最突出的贡献在于：第一次把水泥中的硅酸三钙含量当成可变动的成分——遗憾的是他自己好像对此并不敏感。威廉的资产管理相当混乱，一生至少破产过两次，也常被愤怒的债权人追讨损失。不过，他总能从生意中获得充足的现金，让自己过得非常舒服。

2.3 现代混凝土和工程技术发展

2.3.1 美国伊利运河

1825 年，美国的伊利运河（Erie Canal）是第一个对水泥材料有大量需求的公共工程。运河在美国的经济史和国家景观形成中的作用非常巨大，而水泥材料的特殊属性和一群具有冒险精神的政治家、经济学家和业余工程师们（起初美国还没能培养出自己的职业工程师），使这一梦想完美达成。伊利运河的开通是纽约成为世界经济和金融中心的重要一步。一条运河改变了一个城市的命运，也创造了一个国家的历史。

伊利运河的全长为 584 公里，整条运河为 12 米宽、1.2 米深，总共有 83 个水闸，每个水闸有 27 米 ×4.5 米，最高可以行驶排水量 75 吨的平底驳船。在设计中 1.07 米（3.5 英尺）宽之内的驳船将会由行走于河边步道的马来拉行，并在定点替换马匹。运河的河壁设计为以石块覆盖，而底部则以黏土覆盖。这个庞大的石块建筑物需要引进上百个德裔石砖匠，他们后来在运河完工后也兴建了纽约市许多的著名大楼（图 2-14 ～图 2-17）。

图 2-14　伊利运河位于纽约市锡拉丘兹的
卸货码头，1905

图 2-15　伊利运河位于纽约洛克波特的两个提升桥梁，
2010

图 2-16　伊利运河位于纽约北托纳旺达的港口

图 2-17　伊利运河位于雷克斯福德的莫霍克河渡槽，
这是运河上的 32 个通航渡槽之一

伊利运河是第一条为美国东海岸与西部内陆之间的快速运输的通道，也将沿岸地区与内陆地区的运输成本减少了95%。快捷的运河交通使得纽约州西部更便于到达，因此也造成中西部的人口快速增长。伊利运河带来的一个直接影响就是纽约市的人口开始爆炸性增长。同样令人吃惊的是纽约作为一个港口城市的迅猛发展：1800年，美国的外来商品大约只有9%通过纽约港进入美国，到了1860年，这个比例已经跃升到了62%。

伊利运河将五大连湖串联起来，使得以纽约为代表的商业重镇和西部传统的农业地区直接的运输时间和成本大为缩减，再利用纽约天然良港的优势，打通了美国东西部，并借助与世界相连的水上通道，使得美国农产品畅销世界。

在当时没有火车的情况下，货物运输成本非常高昂。一位有远见的政治家、时任纽约市市长的德威特·克林顿（De Witt Clinton，1769—1828）（图2-18）在考察了各方面情况之后决定在伊利湖与哈德逊河之间修建一条运河。当时美国联邦政府一年的财政支出还不到2200万美元，而要修建该运河的借款就高达700万美元，超过历史上任何公共项目的开支，因此联邦政府拒绝提供任何帮助，市长只能自己想办法。而且即使在纽约，运河的修建计划也遭到了激烈反对，只有运河规划区内的人支持修建计划，而这只占纽约民众的很小一部分。克林顿不愧为一位老练的政治家，他排除万难，使立法机构通过了该计划。1817年，在他当选纽约州长之际，伊利运河破土动工。虽然批评家们嘲笑这项投资有勇无谋，但没过多久，事实便证明那些批评家是多么无知和短视。运河的经济收益相当可观，10年之内就偿清了开凿它所花费的全部成本。

美国在对西部开始拓展之后得到了许多新领地，而这些西部新领地急需一种能够快速载运大量货物的交通工具以连接东岸的大城市。当时已有许多私人修筑的收费公路连通哈德逊河谷与纽约州西部，然而这些道路并不能提供高品质与高效率的运输，而且使用者还必须付高额的过路费。艾尔卡纳·沃森[1]（Elkanah Watson）（图2-19）认为美国不能追随"先有城镇，再建运河"的欧洲模式思考，而必须发挥"建设运河，再让城镇发展"的美国模式思考，因为运河能够将"广大的荒野会魔法般地瞬间转变成丰渥土地。"美国人曾提出过多项运河修建计划，但均未最终成功。由于私人团体受经费的限制，只能够对现有的河流湖泊进行改进，但是在这些私人团体因为技术上的困难与无法负担兴建连接各河流湖泊的水道的成本而纷纷失败之后，最后一个能够负担兴建运河的单位只剩下纽约州政府与联邦政府。

杰西·华利[2]（Jesse Hawley）1805年时还对运河一无所知，他本来在人迹罕至的纽约上州地区种植谷物，试图以一种便捷的交通工具将收成运至东岸的市场贩卖，但是他在尝试各种交通工具时因为资金问题而破产。在躲避债权人时，他想到建造运河的点子，并开始

[1]　艾尔卡纳·沃森（Elkanah Watson, 1758—1842），有远见的旅行者和作家，农业家和运河发起人，银行家和商人。
[2]　杰西·华利（Jesse Hawley），日内瓦和纽约的面粉商人，后来成为伊利运河建设的主要支持者。

在脑中计划着兴建一条经由莫华克河谷的运河。华利的计划得到了大众以及政府的注意，而这个计划得到当地地产商乔瑟夫·艾利卡特（Joseph Ellicott）的大力支持，因为艾利卡特知道一条运河的开通将会提高他所出售的土地的价值。1808 年，纽约州府最初计划了两条路线，一条是经由雪城附近的欧奈达湖（Oneida Lake）通往安大略湖，另一条路线则为经过罗彻斯特附近的杰纳西河（Genesee River）通往水牛城连接伊利湖。但是由于安大略湖的路线会面临法国控制的圣劳伦斯河的竞争（流经现今的加拿大魁北克省），并且在战时会受到英国的威胁，而伊利湖路线不仅没有竞争与战争威胁，亦可以增加纽约州西部土地的价值并增加人口，而在两条路线的建造成本大约相同的条件之下，最后伊利湖路线胜出。

图 2-18　德威特·克林顿　　　　图 2-19　艾尔卡纳·沃森
（De Witt Clinton）　　　　　　（Elkanah Watson）

大众对兴建运河的态度转变并非几个人就能控制，民众的态度由漠不关心转为非常支持，主要是受到开拓西部以及联邦政府交通运输政策的影响。纽约州在 18 世纪中前期向西部开拓一直受阻，因为莫华克河谷居住着美洲大陆最强大的一支印第安部落——易洛魁族（Iroquois）。1749—1810 年，纽约州人口暴涨，主要聚集地为纽约市到奥本尼的哈德逊河谷，来自人口成长的压力带动了对新土地的需求，配合着突破莫华克河谷印第安人的阻扰，加上法国势力的衰退以及莫华克河谷丰渥的土地与自新英格兰源源不绝而来的移民，造成了人口向纽约州西部移动的动力。随着人口的移入，纽约州安大略湖南岸的人口也在 18 世纪时快速增加，到了 18 世纪时，纽约州西部的大型人口聚集地的增加更加强了对与伊利湖连接的路线的需要。因为这些因素，地方人士开始支持兴建运河的计划。伊利运河本身亦提供了非常大的诱因；其位于美国两大需要交通运输的经济区域之间，而且运河路线上的大小城镇亦有大量的经济需求。

兴建工程在 1817 年 7 月 4 日于纽约州奥奈达县的罗马城破土开始，但兴建委员会心中很清楚这只是困难的开始。伊利运河的兴建是由一个 5 人所组成的兴建委员会所控制，最初的委员们分别为狄怀特·克林顿、史蒂芬·范·伦斯勒（Stephen Van Rensselaer）、约瑟夫·艾利卡特（Joseph Ellicott）、麦隆·霍利（Myron Holley）以及山姆·杨（Samuel Young）等人。

当时的美国还没有合格的土木工程师，所有的设计及监工都是由无专业经验的人来担任。运河的路线是由詹姆斯·歌德斯（James Geddes）与本杰明·赖特（Benjamin Wright）所决定的，但是这两位都是法官并不是工程师，他们对土地测量的唯一经验是来自于判决土地界线纠纷时所做的测量，而歌德斯更对使用测量仪器只有几个小时的练习。不过后来陆续有许多人赶来帮忙；一名 27 岁的业余工程师凯维斯·怀特（Canvass White，1790—1834）（图 2-20）说服了纽约州长克林顿让他自费前往英国去学习运河系统，

图 2-20　凯维斯·怀特
(Canvass White)

后来在 1818 年制成可以在水下固化的水泥；尼森·罗伯兹（Nathan S. Roberts）——一名数学老师与土地投资者——也加入兴建工程的行列；约翰·B·哲毕斯（John B. Jervis）在加入时只是一名 22 岁的无知年轻人，8 年后，他成为德拉瓦与哈德逊运河的总工程师，并设计纽约市的引水道，后来更成为铁路工程师。这个"草台班子"最终成功地使运河跨越洛克港市 (Lockport) 附近的尼亚加拉陡坡 (Niagara escarpment)、蜿蜒地跨过艾洛德阔伊特溪 (Irondequoit Creek)，他们还建造了引水道以连接杰纳西河，在小瀑布镇与史内克特地市之间的坚石中挖出一条河道……而最终的所有工程及进展安排都与最初的计划相差无几。

1818 年，美国工程师和发明家凯维斯·怀特在纽约的麦迪逊找到了一种沉淀岩石，这种岩石不需要经过复杂的处理便可制成水泥。怀特的第一份工作即是 1816 年在伊利运河（Erie Canal）项目中为本杰明·赖特工作。1817 年他到英格兰研究英国的运河系统。回国后他申请了一项水凝水泥的专利。直到 1824 年，他都在纽约州工作。1824—1826 年夏季，他成为宾夕法尼亚州联盟运河（Union Canal）的首席工程师。1825 年，成为特拉华至新泽西拉里坦运河（Delaware and Raritan Canaland）的首席工程师；1827 年，他又成为宾夕法尼亚州利哈伊运河（Lehigh Canal）的首席工程师。他也是斯古吉尔河导航公司（Schuylkill Navigation Company）和切萨皮克和特拉华运河公司（Chesapeake and Delaware Canal）的顾问工程师。怀特对美国城市景观的影响非常深远，他参与和指导的多个运河体系成为影响美国早期经济和塑造大地景观的重要元素。而在此过程中，不断进步的混凝土材料影响无处不在。

2.3.2 工业革命和布鲁内尔

伊桑巴德·金德姆·布鲁内尔（Isambard Kingdom Brune，1806—1859）（图 2-21）据说是第一个使用波特兰水泥的工程师，1828 年，他用这种水泥堵上了泰晤士地道的决口。不过，布

鲁内尔及其一家的故事远远超越了混凝土和土木工程领域，我们从他的丰功伟绩可见西方世界的蓬勃发展时期，混凝土材料如何被一步步完善，一代代的工程师在怎样的世界中挥洒自己的才华……

图 2-21　伊桑巴德·金德姆·布鲁内尔

伊桑巴德·布鲁内尔是英国机械和土木工程师，他被看作是在工程技术史上最具天赋和最多产的天才；19 世纪工程技术领域的巨人之一；因其各种突破性设计和杰出的建造设计深刻改变了英国的城市景观；他又被看作是工业革命中最伟大的人物之一。布鲁内尔设计督造了 25 条铁路、超过 100 座桥梁以及 3 艘超出人们想象的巨轮，被誉为"工业领域的拿破仑"，有人更尊其为"现代工业之父"。他的设计远远走在时代前面，彻底改变了公共交通和现代工程。一个半世纪以来，布鲁内尔的许多工程成果仍在使用中。

布鲁内尔 1806 年生于英国港口城市普茨茅斯，父亲是法国大革命时逃到英国的工程师马克·布鲁内尔（Marc Isambard Brunel），在一家砌块成型机械厂工作。这个家庭有两个大女儿和一个小儿子，全家于 1808 年因父亲的工作搬到伦敦。小布鲁内尔的童年虽然家庭经济不宽裕但却很快乐。父亲就是他的老师：从 4 岁起，父亲就开始教他画图和观察技巧，8 岁前的小布鲁内尔已经学完了欧氏几何。在这段时间内，他还学会了流利的法语和工程学基本原理。他还被鼓励绘制自己喜欢的建筑并分辨其结构错误。8 岁时，小布鲁内尔被送至寄宿学校学习。父亲马克年轻时在法国曾接受很好的教育，他希望自己的儿子也能如此。于是，在小布鲁内尔 14 岁时，被送入了法国最有名的高中之一——亨利四世中学。

当小布鲁内尔 15 岁时，父亲马克已累计欠债 5000 英镑，于是被送进监狱。3 个月后出狱无望，马克就说自己正在考虑俄国沙皇的工作邀请。1821 年 8 月，英国政府因担心失去在工程领域的优势，于是就替马克·布鲁内尔偿付了全部债务但要求其承诺不离开英国。这既说明了英国社会对优秀工程技术人才的需求，也说明老布鲁内尔在业内声望卓著，当然也有些老谋深算。

1822 年，小布鲁内尔在亨利四世中学完成学业。父亲本来想让他进入巴黎综合理工大学学习，但因其不是法国人因此不得入学。于是，小布鲁内尔到宝玑制表（Abraham-Louis Breguet）的钟表大师那里学习，大师写信给老布鲁内尔夸奖他的儿子很有潜力。1822 年底，学徒完成后，小布鲁内尔回到了英国。

伊桑巴德·布鲁内尔回到英国的第一个项目就是参与伦敦泰晤士隧道工程，他担任了几年助理工程师。他的父亲马克是此项工程的首席工程师。这一隧道从罗瑟希德（Rotherhithe）到沃平（Wapping），隧道由挖掘机沿水平轴从泰晤士河底的一侧直达另一侧，建造过程中充满了艰辛和危险，于 1843 年竣工。

罗瑟希德河床的地质组成主要是水砂和松散碎石。老布鲁内尔的盾构法隧道施工方法很聪明，能保护工人免受塌方威胁，但还是有两次强烈洪水引发的事故使工程停止了很长时间，几位工人不幸丧命,小布鲁内尔还受了重伤。1828 年又发生了事故,两位非常资深的矿工遇难,老布鲁内尔也是勉强逃生,但受伤严重,不得不休养了 6 个月。这些事件使得工程停工数年。所幸,泰晤士隧道还是在老布鲁内尔的有生之年完成了,不过他的儿子后来就不参与此工程了。然而他一直在罗瑟希德被废弃的工程上继续做试验,试验的想法也来自于其父亲,尽管有些党派议员甚至海军军部都对其感兴趣,但 1834 年,试验还是中止了。1865 年,东伦敦铁路公司(East London Railway Company)花 20 万英镑买下了泰晤士隧道。4 年后第一趟火车穿行而过,之后泰晤士隧道成为伦敦地铁系统的一部分,使用至今(图 2-22)。

1830 年,24 岁的伊桑巴德·布鲁内尔成为英国皇家科学院成员。

1831 年他赢得了对亚芬河上的克里夫顿悬索桥的设计大赛。同年该桥开始修建,但直到 1864 年才完成(图 2-23)。

图 2-22　2005 年时的泰晤士隧道　　图 2-23　亚芬河上的克里夫顿悬索桥

布鲁内尔最为人们铭记于心的是他在大西部铁路的隧道、桥梁和高架桥的连接工作中的贡献。1833 年,他被任命为大西部铁路的总工程师,这是维多利亚女王时代英国的几个工程奇迹之一。铁路从伦敦到布里斯托(Bristol),之后又到艾克赛特(Exeter)。当时,布鲁内尔做了两个有争议的决定:其一,轨道使用了 2140 毫米的宽轨,因为他认为这样火车在高速行驶时能跑得更好;其二,选取了穿过没有重要城镇的马尔博乐北部的路线,尽管它将牛津和格罗斯特潜在地联系起来并能顺着泰晤士河谷到达伦敦。当时全英国都使用的是标准轨,他全线使用宽轨的决定引起了轩然大波。布鲁内尔说,这不过是乔治·斯蒂芬森[1]在制造上第一条客运铁路之前的那条矿山铁路的延续。通过数学计算和一系列的尝试,布鲁内尔设计出的宽轨的规格能给乘客提供最稳定和最舒适的旅行,同时还能承载更大的车厢,具有更强的运输能力。他亲自测量了从伦敦到布里斯托路线的长度,并绘制了草图。大西部铁路包括了一系列的令人印象深刻的工程成就——高耸入云的高架桥、设计独特的车站和当时世界最长的隧道——著名的箱型隧道。布鲁内尔甚至还提出拓展大西洋铁路系统到北美,通过建造蒸汽轮船来跨越大西洋。于是他设计建造了 3 艘船,彻底革新了海军工程学。他设计的"大东方"

1　乔治·斯蒂芬森(George Stephenson, 1781—1848),英国发明家,出生于英国诺森伯兰的一个煤矿工人的家庭里,被称为"火车之父";他主持过英国北部铁路网的大部分建设,促进了铁路建设和运输事业在英国、欧洲大陆和北美迅速发展;倡议建立英国机械工程师学会,并担任第一任主席;他在 1830 年设计的"行星"号铁路机车,被誉为"现代蒸汽机车的真正原型";由车票、站台、铁轨和信号组成的"斯蒂芬森体系"形成了。它满足了因为工业革命而发生变化的新型经济体系的要求。

号巨轮总吨位近 1.9 万吨，在之后的 42 年间一直是世界上最大吨位的轮船。布鲁内尔亲昵地称其为"大宝贝"。

1836 年 7 月 5 日，布鲁内尔和玛丽·霍尔斯利结婚（Mary Elizabeth Horsley），玛丽来自一个功成名就的音乐家庭，是作曲家和风琴演奏家威廉·霍尔斯利（William Horsley）的长女。他们的家安在了伦敦公爵街上。1843 年时，布鲁内尔在给自己的孩子们表演魔术时不小心吸入了一枚金币，而且卡在了气管里。手术钳也未能将其取出。他的父亲建议将其绑在椅子上头朝下晃动，金币真的掉出来了。于是布鲁内尔到廷茅斯（Teignmouth）去休养，他很喜欢这一带，于是在德文郡购置了地产。他在此开始设计"布鲁内尔庄园"，计划在此度过退休时光。不过很遗憾，他在退休之前就辞世了，未见房屋和花园最终完成。

布鲁内尔深爱雪茄、烟不离手，他每天只睡 4 个小时，一天之内能抽 40 多支雪茄。很不幸，1859 年他患了中风，恰在大东方公司（Great Eastern）邀请他初次访问纽约之前。10 天后他就去世了，终年 53 岁。他身后留下了妻子玛丽、两个儿子和一个女儿。他的儿子亨利（Henry Marc Brunel）像自己的父亲和祖父一样，也是成功的土木工程师。

在 2002 年 BBC 组织的"100 名最伟大的英国人"公众投票活动中，布鲁内尔位列第二，仅排在温斯顿·丘吉尔之后。2006 年，英国皇家造币厂为布鲁内尔铸造了 2 英镑的纪念币，纪念他诞生 200 周年。目前英国各地都有布鲁内尔的雕像，人民非常愿意纪念这位伟大的工程师（图 2-24、图 2-25）。2012 年，在伦敦奥运会开幕式的第二章"绿色而愉悦的土地"中，英国的莎士比亚戏剧演员肯尼斯·布拉纳扮演了布鲁内尔。

图 2-24　伦敦坎萨尔公墓内　　　图 2-25　伦敦的布鲁内尔
　　　布鲁内尔的家族墓地　　　　　　　青铜雕像

在现代化进程中，英国出现了一大批工程师世家且多有创建、成绩斐然，包括布鲁内尔祖孙三代、斯蒂芬森父子、阿斯普丁父子和后文将提及的兰塞姆父子……这条线索在我们的工程技术现代化进程中并不明显。在如隧道、桥梁、铁路、船厂等各种大型、新型的工程领域内，水泥和钢铁的使用量惊人。遗憾的是，我们目前无法逐一确认这些原材料的成分和出处，混凝土的材料特征、采集条件和运输方式等。不过我们已经看到，在西方世界的快速发展时期，一大批工程狂热分子是那个时代英才辈出、创新不竭的基本保证。而我们在改革开放 30 余年中，仍未能培养出"工程精神"和"工程理想"，说明工程建设精神和工程师理想仍不自由、仍不独立。材料的使用量并非其价值的最高体现，文化性的思考、精神性的表达才是关键。

2.3.3 令人惊艳的混凝土船舶

1850 年代前后，约瑟夫 - 路易·朗博（Joseph-Louis Lambot，1814—1887）成为第一个在造船中使用加固混凝土材料的人。朗博先生是法国南部一位颇有身份的农场主，他用铁棒和金属丝网来加固他的小船，他也想把此方式用于建筑中。后来，他在法国和比利时注册了这项专利。

朗博是钢丝网水泥的发明家，后来的工程师和发明家在此基础上发展出了今天人们所熟知的钢筋混凝土结构。朗博曾在巴黎学习，他的叔叔是波旁公爵的副官，对他很关照。

1841 年，他回到法国南部家人所在的米哈瓦酒庄（Chateau Miraval），在那里他开始从事农业生产。大概也就是在这个时期，他开始用水泥砂浆和铁条来搭建储水柜，这是一种由铁条形成的铁丝织网形式。这种结构最早于 1844 年在英国被发明出来制作船运的箱体，也很像一种桶箍结构（图 2-26）。1848 年，朗博建造出了他的第一艘相同结构体系的船，在他们家的湖面上进行测试。1855 年 1 月，这种船获得了专利，并出现在了 1855 年巴黎的世界博览会上。不幸的是，他的专利没能更进一步，而且后来被约瑟夫·莫尼埃（Joseph Monier）的专利取代了（详见本书第 2.4.1 节）。朗博设计的原型被保存在布里尼奥勒博物馆（Museum of Brignoles）。

按照我们今天日常认知来看，用混凝土材料造船颇为匪夷所思，不过在工程技术和材料科学大发展时期，热情的工程师和发明家努力拓展混凝土的适用范围，尝试新材料的各种使用方法，其实是再正常不过的事情了。而且，后来的历史证明，混凝土船舶也自有其施展空间。

混凝土船是用钢材和钢筋混凝土建造的船只，而不是仅用像钢和木头这样的传统材料。钢丝网水泥砂浆模式的优点在于材料便宜且易获取，但人工成本和经营成本较高。这种结构的船体较厚，这意味着需要更大的动力，且装货量降低。

19 世纪后期，欧洲的确存在过混凝土驳船，后来在一战和二战期间，钢材短缺时，美国军方还曾下令建造跨洋航行的由混凝土船只组成的小型舰队，这种船也曾被用来当作运油船。一战期间，真正建造完成的混凝土船数量不多，但在二战期间的 1944—1945 年间，混凝土船只和驳船被用在欧洲和太平洋地区服务于美国和英国军队。1930 年代后期，还有混凝土船只被用作游船的记录。

1860 年代开始，混凝土驳船开始在欧洲的运河中航行。约 1896 年，一位名叫卡洛·加布里尼（Carlo Gabellini）的意大利工程师开始用水泥制造小船。

1908—1914 年间，更大的混凝土驳船开始在德国、英国、荷兰、挪威和美国的加利福尼亚建造。今天还可在英国的肯特郡看到一艘这样的英国混凝土船，这是一艘 1919 年修建名为"维奥莉特"（Violette）的备用商船。

1917 年 8 月 2 日，挪威人尼克雷·福格内（Nicolay Fougner）驱动第一艘自推力的混凝土船进行远洋航行。这艘船名为"纳姆森峡湾"（Namsenfjord），84 英尺（25.6 米）长，排水量 400 吨。随着这艘船的首航成功，其他的混凝土船舶订单便紧随而至。1917 年 10 月，美国政府邀请福格内带领团队找到一种在美国建造混凝土船只的可行性。后来福格内混凝土造船公司（Fougner Concrete Shipbuilding Company）提出的报价显示：自纽约的法拉盛湾（Flushing Bay）至北卡罗来纳的恐怖角（Cape Fear），混凝土船舶运输费用为 290 美元 / 吨。

大约在同一时间，加利福尼亚商人莱斯利·科明（W. Leslie Comyn）开始自行研究混凝土船。他成立了旧金山造船公司（San Francisco Ship Building Company, in Oakland, California），雇佣了艾伦·麦克唐纳（Alan Macdonald）和维克多·珀斯（Victor Poss）来设计美国第一艘混凝土蒸汽船，船名为"忠诚"（Faith）（图 2-27），排水量 6.125 吨。此船于 1918 年 3 月 18 日下水，建造费用为 75 万美元，被用来运输散装货物，直到 1921 年。此后被卖掉并在古巴被粉碎用作防波堤。

图 2-26 朗博（Lambot）发明的混凝土
造船系统

图 2-27 "忠诚"（Faith）号
混凝土蒸汽轮船

1918 年 4 月 12 日，伍德罗·威尔逊总统宣布紧急舰队公司（Emergency Fleet Corporation）计划为战争督造 24 艘混凝土船。但 1918 年 11 月，一战就结束了，只有 12 艘船尚在修建中且均未完工。当然，这些船最后还是建成了，但很快被卖给了私人公司，用来做仓库或堆放废料了。

其他国家在这一时期也开始深入研究混凝土船舶的建造，如加拿大、丹麦、意大利、西班牙、瑞典和英国等。

两次世界大战之间，无论是商业还是军方，对混凝土船的兴趣都不大。因为其他方法建造船只更加便宜、更省人工、也更易操作。但是 1942 年，美国宣布参战以后，军方发现他们的承包商手中的金属材料短缺。于是美国政府与费城的麦克洛斯基（McCloskey & Company）公司签订合同，建造 24 艘自动力的混凝土船。工程自 1943 年 7 月开始。工厂位于佛罗里达州的坦帕湾（Tampa），高峰时期曾雇佣 6000 工人。美国政府还和加利福尼亚的两家公司签订合同建造混凝土货船。这些船船体很大但缺少动力系统，只能用拖船拖拽行驶。

在欧洲，混凝土货船在二战中起到了重要作用，特别是在诺曼底登陆那天，它们被用来运输燃料和弹药，还可被用作浮船，是桑港防线（Mulberry harbour defenses）的重要组成部分。其中一些被安装了动力系统用来作为移动餐厅或军队转移之用。后来，有些船被遗弃在泰晤士河口，有两个被保留下来做民用，成为威斯敏斯特的系泊用具。

1944 年，加利福尼亚的一家混凝土公司建议建造一种货船型的潜艇，他们声称时速可达到 75 节[1]。最后战争结束使任何进一步研究都被放弃了。不过人们在回顾这段历史时也认为当初提出的这个速度实在是太夸张了。

2.3.4 伦敦下水道系统和巴泽尔杰特

1859—1867 年，波特兰水泥被用于伦敦下水道系统工程中。这一工程是现代工程学和城市发展史中的一件大事，波特兰水泥的使用是其中的重要一环。

英国的工业革命虽带来了经济繁荣和国力强盛，却也导致空气污染形成"雾都"，污水横流、疫情频发。直至 1848 年伦敦爆发霍乱疫情时，人们还理所当然地认为，病因就是空气中难闻的气味，而空气中恶劣气味的来源就是各种污物。因此，当时的伦敦人认为，只要把各种污物用水冲走，就解决问题了。于是，流经伦敦的泰晤士河成为最大的下水道。1849 年霍乱爆发，伦敦死亡超过 14000 人，坟场不够用，死人只能曝尸街头，停尸房尸体成堆，有些尸体只能暂放家中。为了祛除尸体气味，伦敦甚至流行用洋葱包裹尸体。显然当时的人们仍不了解霍乱病因。

1849 年 8 月，霍乱结束后，首都污水治理委员会任命约瑟夫·巴泽尔杰特（Joseph Bazalgette，1819—1891）为勘察工程师（图 2-28、图 2-29）。当时的伦敦，抽水马桶已经普及，但城市排水系统却未随之跟进，仍沿用原来排放雨水的老系统。人们"自扫门前雪"，只要自家的粪便排掉了，谁也不理会它究竟去到哪里。于是，伦敦排水系统严重堵塞，甚至出现从地板下回灌进居民家中的情况。《泰晤士报》曾经发动民众，征集污水处理方案。有人建议用火车拉走，有人建议在泰晤士河下再修一条地下河流。巴泽尔杰特当时接受的工作即是查明这个旧系统的负荷，以便确定未来的城市排水系统应如何改进。

1853 年，霍乱卷土重来，另一位划时代的人物出现。1854 年，约翰·斯诺[2]（John Snow）

1　1 节 =1 海里 / 小时，1 海里 =1.825 公里。

2　约翰·斯诺(John Snow, 1813—1858)，英国麻醉学家、流行病学家，被认为是麻醉医学和公共卫生医学的开拓者。1836 年起，在伦敦威斯敏斯特医院学习，1843 年获伦敦大学学士学位，次年获博士学位，曾为维多利亚女王的私人医生，代表著作有：《论乙醚》《论氯仿》《论霍乱的传染方式》等。斯诺从 1831 年从事医学活动起就注意对霍乱的调查研究。1854 年，伦敦霍乱流行。斯诺通过调查证明霍乱由被粪便污染的水传播，他认为霍乱是由一种能繁殖的由水传播的活细胞所致，还提供了一份流行病学文件。绘制地图已成为医学地理学及传染病学研究中的一项基本方法，"斯诺的霍乱地图"因此成为一个经典案例。斯诺对伦敦西部西敏市苏活区霍乱爆发的研究被认为是流行病学研究的先驱。

055

（图 2-30 ～图 2-32）通过调查证明霍乱由被粪便污染的水传播，他认为霍乱是由一种能繁殖的由水传播的活细胞所致。为此，他提供了一份流行病学文件，证明了霍乱的流行来源于宽街（Broad Street）的水泵。他推荐了几种实用的预防措施，如清洗肮脏的衣被、洗手和将水烧开饮用等，效果良好。斯诺的一本小册子《关于霍乱的传播方式》是统计学、公共卫生和法医学史上最重要的文献之一，也是 19 世纪最重要的文献之一。然而斯诺的成果应者寥寥，他至死都没看到自己在这个领域中的几乎所有观点最终都被证明是正确的。

图 2-28　约瑟夫·巴泽尔杰特爵士　　　　　　图 2-29　维多利亚堤岸上
（Sir Joseph Bazalgette）　　　　　　　　巴泽尔杰特的纪念浮雕

图 2-30　约翰·斯诺　　　图 2-31　约翰·斯诺纪念馆　　图 2-32　伦敦布朗公墓中的
（John Snow）　　　　　　　　　　　　　　　　　约翰·斯诺纪念碑

　　不过，英国人很幸运，斯诺在公共医疗系统中未完成的事业，被巴泽尔杰特通过工程技术体系实现了。由于个子太矮，无缘戎马生涯，于是年轻的巴泽尔杰特接受训练成了一名铁路工程师。但后来他的主要成就都在公共卫生事业中，在此领域从未出现过一位比他更伟大的勇士，凡是关于排水和排污的事情，都逃脱不了他的目光。那时候伦敦几乎没有公共厕所，他为此感到很不安，编制了一个在全市各关键地点设置公共厕所的计划。再也没有一项工程，能在改善公共卫生、交通、市内交通管理、娱乐和河道管理方面，比得上这项工程。巴泽尔杰特建造的排污系统至今仍在使用，仅是在今天的伦敦市，除了公园以外，这些河堤仍是城市最惬意的休闲环境。

1856 年，巴泽尔杰特承担设计伦敦新的下水系统的任务时，他计划将所有的污水直接引到泰晤士河口，全部排入大海。从现代观点看，这个设计只是将污水排得更远一点而已，毕竟他当时并不知道斯诺医生的研究结论。巴泽尔杰特最初的设计方案中，地下排水系统全长 160 公里，位于地下 3 米的深处，需挖掘土方量为 350 万吨。但是他的方案遭到伦敦市政当局的否决，理由是该系统不够可靠。巴泽尔杰特修改后的计划也连续 5 次被否决。

1858 年夏，伦敦市内的臭味达到有史以来最严重的程度，国会议员们和有钱人大多都逃离伦敦。伦敦市政当局在巨大的舆论压力下，不得不同意了巴泽尔杰特的城市排水系统改造方案。从巴泽尔杰特第一次提出方案到获得通过，前后历经 7 年时间。

1859 年，伦敦地下排水系统改造工程正式动工。但是，工程规模已经扩大到全长 1700 公里以上，下水道在伦敦地下纵横交错，基本上是把伦敦地下挖成蜂窝状。因此，有人担心地下被挖空的伦敦会突然坍塌。于是新型水泥大显身手：为了解决承重问题，工程部门特地研制了新型高强度水泥；而且，为了保证水泥的质量，巴泽尔杰特发明了一套检验方法，成为现代各种商品水泥质量检验的先驱。他们用这种新型高强度水泥，一共制造了 3.8 亿块混凝土砖，构成了坚固的下水道。本书第 2.2.2 节提及的申请了"不列颠水泥"专利的詹姆斯·弗罗斯特（James Frost）在 1832 年时，将自己创立的天鹅谷水泥工厂卖给了约翰·贝兹利·怀特（John Bazley White）家族，自己移民纽约了。怀特家族就用这些专利为泰晤士隧道提供了水泥材料。

巴泽尔杰特的才能还体现在工程施工和安全管控等方面，在地下施工经验难与今天工程技术条件相比的背景下，在面对多次事故——例如挖坏煤气管道、与地铁工程打通、塌方等——时，整个施工过程中，因事故而造成的死亡人数不超过 10 人。

1865 年，工程终于完工（图 2-33 ～图 2-35）。工程实际长度超过设计方案，全长达到 2000 公里。工程完成的当年，伦敦的全部污水都被排往大海，伦敦上空的臭味终于消失了。但是，也就在这一年，霍乱再次降临伦敦。臭味消失了，空气干净了，为何霍乱还在？市政部门和卫生官员这才想起 12 年前斯诺医生的结论。深入调查最终印证了 7 年前便已辞世的约翰·斯诺医生的专业判断和远见卓识。自此，伦敦再也没有发生过霍乱。

图 2-33　伦敦这条下水道原是一条河，改造后连接海德公园和斯隆广场，流入泰晤士河，最终汇入大西洋

图 2-34　1862 年，巴泽尔杰特（右上站立者）正在检查下水道的修建进程

图 2-35　1865 年 4 月，威尔士王子巡视伦敦下水道

2.4 钢筋混凝土结构应运而生

2.4.1 约瑟夫·莫尼埃（Joseph Monier）

1854 年，在英国泰恩河边的纽卡斯尔，威廉·威尔金森（William B. Wilkinson）建起了一座二层的仆人房舍。他用铁棒和金属绳索来强化混凝土地面和屋顶，然后，他还在英格兰注册了一个专利，随后他又修建了几个这种结构的建筑，这被认为是第一批钢筋混凝土建筑。

1865 年的一天，法国园艺师约瑟夫·莫尼埃（Joseph Monier，1823—1906）（图 2-36）在观察植物的根系时，发现植物根系在松软的土壤里互相交叉、盘根错节，形成一种网状结构，能把土壤抱成团。莫尼埃由此得到启示：如果在做水泥花坛时，先加上一些网状的铁丝，再将黏合性更好的水泥、砂子、小石子浇灌一起，应能增加花坛抗拉强度，更加结实，不易被人踩坏。1867 年，莫尼埃申请了一项加强花盆强度的专利，后又增加了梁柱的加固专利。

此前，莫尼埃对常规的花盆材料一直很不满意，陶器容易打碎，木质的又易受天气影响，还常被植物根系破坏。于是莫尼埃开始制作水泥花盆和种植桶，但最终花盆强度和性能并不稳定。为了提升花盆强度，莫尼埃尝试在混凝土中加入铁质网格。他并不是第一个尝试钢筋混凝土技术的，但他看到了这一技术的潜在可能，且不断拓展其使用范围。

1867 年巴黎博览会上，莫尼埃展出了他的新发明，并于同年 7 月 16 日获得了自己的第一个在园艺学中使用铁质材料强化混凝土的专利。之后，他继续寻找材料新的使用领域并获得了更多专利：1868 年，铁质强化混凝土用于制作水盆和水管；1869 年，建造建筑立面可用的铁质强化混凝土镶嵌板；1873 年，用铁质强化混凝土建造桥梁；1878 年，铁质强化混凝土横梁；1875 年，莫尼埃在夏兹列（Chazelet）城堡中设计建造了世界上第一座铁质强化混凝土桥梁。

莫尼埃理念中最有价值的部分在于将金属材料和混凝土结合在一起，这时每一种材料的特性都能被很好地显示和利用起来。混凝土材料较易获得且容易成型，较能承受压力但抗剪能力和抗拉能力较弱。金属材料则正相反，易成型且强度高，但若置于其他材料中满足工作要求则有一定技术难度且费用较高。单独的混凝土材料因缺少抗拉强度不适合制作横梁、混凝土板和薄墙面；但是，如果混凝土墙内部设有少量钢杆网格加强结构，其抗拉强度将大大提升。

于泽（Uzès）是法国东南部的一个小镇，约瑟夫·莫尼埃出生在于泽公爵领地的园艺师家庭，家中有 10 个孩子。庄园生活中所有人都得干活儿，所以莫尼埃未能进入学校学习。直到 17 岁，他在园艺方面的才华展露出来，公爵便给他提供了一份在自己巴黎豪宅中的工作。于是，于泽有机会在巴黎的夜校中学习阅读和写字。当听取了公爵朋友的建议后，他开始拓展自己职业领域，开始签订一些更高水平的工作合同，这为他以后的职业生涯开辟了道路。1846 年，他离开了公爵，在卢浮宫附近的杜勒里花园（Tuileries Gardens）找了一份工作，主要负责柑橘园。因为柑橘园中的柑橘冬季须移至温室内，天气暖和后再搬至户外，所以他想找一种更加持久耐用的柑橘树种植器。他起先是用砂子、煤渣和耐火砖碎片制作水泥，再将铁质网格置于其中。当时的普遍观点认为：热膨胀和内部铁质结构的收缩很容易导致混凝土开裂。莫尼埃的确花费了好几年的时间来解决这个问题。

在市政供水系统尚未建立起来的时代，莫尼埃意识到他设计的容器可以收集和储藏园艺栽培需要的水。他继续学习园艺学和景观园林的相关课程。1849 年，在未离职的情况下，他自己开了一间事务所,开始承接景观设计项目。这些工作使得其影响力远至德国的斯特拉斯堡。当时建园的潮流还受洛可可风格的影响，假山、石窟等是园林中的常见构筑物。为保证造型的随意多变，常以普通混凝土作原材料，为了降低造价甚至做成中空的。莫尼埃也在园林里设计建造了一些亭子，亭子表面做过特殊处理，模仿乡村木质的质感。1867 年 7 月，他在第二届巴黎世界博览会上展出了他的设计；同月，他获得了第一个混凝土容器的专利。弗朗索瓦·埃内比克（François Hennébique）在巴黎博览会上看到了莫尼埃的混凝土花盆和容器深受启发，也开始试验适合工程建设的新材料。也是在 1867 年，埃内比克成立了一家自己的公司，1892 年，他注册了一项完整的新材料建筑系统（详见本书第 2.4.7 节）。

莫尼埃不断开发混凝土材料的新用途，如水管、观赏水池等。他的设计项目包括 20 立方米的蓄水池和一个屋顶平台。1869 年，他的企业包括办公室、工作室和花房，还有 8 匹军马和 3 匹拉车用马。同年 9 月他又获得了一项建造房屋的混凝土板材专利。

本来一切都很顺利，但1870年，他的事业遭受重创：拿破仑三世与普鲁士的战争结局悲惨，巴黎被围困了4个月。12月时，饥饿的巴黎市民闯入莫尼埃的产业，抢走了所有食物和马匹。他的看门人为了阻拦入侵者还不幸丧命。1871年1月，仅剩的财产又毁于普鲁士的炮轰中。莫尼埃无奈只能和家人们抱在一起挨过这个冬天。1871年3月时，尽管和平条约已缔结，但巴黎市民拒绝承认。莫尼埃和他的工人们不得不在严酷的条件下开始重建家园。

幸运的是，当生活恢复平静后，他的生意又马上兴隆起来。莫尼埃的声望因口耳相传而很快攀升。这一时期，他建设了一大批储液罐。虽然大多数比较小，但 1872 年在巴黎附近的布吉瓦尔（Bougival），他还是建造了一个带圆屋顶、容积为 130 立方米的储液罐。在法国东北部的塞夫尔（Sèvres）地区修建了 2 个 1000 立方米的贮水池。在法国西南部的佩萨克（Pessac）建造了一个两层的储液罐，10 立方米的储液罐置于 20 立方米的贮水池之上，用 3 个像树干一样的柱子作支撑。

莫尼埃通常能与客户保持长期友好的关系，以确保他的作品使用良好。

1873 年，莫尼埃获得了建造混凝土桥梁的专利。1875 年，他建造起了他的第一座也是世界上第一座铁质钢筋混凝土桥，雇主为杜勒里侯爵。桥的跨度为 14 米，横跨于城堡的护城河上（图 2-37）。这座桥的大梁构造是一体的，上面附有混凝土板，栏杆用混凝土模仿了木质乡村风格。——这是一个设计史上的有趣阶段，新型材料不断模仿常规材质……

约在 1875 年，莫尼埃建造了一个从他的工作室到楼上办公室的混凝土楼梯，并且用这种结构申请了一个专利。1878 年，又有了在铁路枕木上使用钢筋混凝土材料的应用。这一系列的研究不断推进。人们逐渐认识到了这一点：水泥能保护铁质材料免除锈蚀。1878 年，混凝土还被用在了 T 字梁上。

随着城市输水系统的改造，输水管道的需求量大幅上升，但对储液罐的需求降低了。莫尼埃不得不另寻客户。1886 年，他又获得了一种住宅系统的专利。专利中有对这一技术的图片描述，从住宅待建、修筑地基、建造完成一直到倒塌的全过程。莫尼埃说明这个住宅能抵抗地震、结冰、潮湿、炎热并防火。于是他获得了一项在法国尼斯修建住宅的委托，当然很可能因为当地最近发生过一次地震。莫尼埃的二子保罗参与了这个项目。不幸的是，1887 年 11 月 24 日，保罗从脚手架上掉下来摔死了。而此前长子皮埃尔已与家庭关系不佳，还与父亲在家中大吵，父子俩闹掰了，于是此时的约瑟夫突然发现居然没有儿子能在生意上帮助自己。

1888 年 6 月，莫尼埃的公司破产了，1889 年 4 月财产清算。不过，1890 年他又成立了一个新公司。1891 年，他的专利又有了另外的用处，为电话线和电线作导管。在此期间，莫尼埃建造了他最后一件重要作品，为克拉马尔（Clamart）一家养老院修建的储水罐（图 2-38）。这个储水罐有 10 米高，直径 8 米，地板 8 厘米厚，屋顶 5 厘米厚。室外装饰是新古典风格的，由建筑师普洛斯珀·伯宾（Prosper Bobin）设计。这个储水罐一直使用到 2010 年。

图 2-36 约瑟夫·莫尼埃　　图 2-37 夏兹列（Chazelet）　　图 2-38 克拉马尔（Clamart）
　　　　　　　　　　　城堡中世界上第一座铁质　　　一家养老院修建的储水罐，
　　　　　　　　　　　强化混凝土桥梁　　　　　　　　1891 年

此后，莫尼埃便处于半隐退状态，和他的三位姐姐和第二任妻子生活在一起。

莫尼埃的长子皮埃尔在跟父亲决裂后搬到了努瓦永（Noyon），结了婚并进入了跟父亲相同的生意领域，公司名字为"莫尼埃之子"（Monier fils）。他可能于 1889 年回到了巴黎，并在巴黎博览会上参展。他公司的项目包括钢筋混凝土洗衣房、污水处理厂等。不幸的是，皮埃尔不到 1900 年就过早去世了，还没来及和父亲修复关系。这一年，他的公司被卖掉。不过已有的项目委托还是在这个公司中完成了，如穆蒂耶尔镇（Vimoutier）的一个储水罐；蓬托尔松镇（Pontorson）的标志性的高位水库（iconic elevated reservoir）表面为乡村风格；1900 年巴黎世界博览会上的柬埔寨亭；两个架高的储水罐及其配套泵房……

退休以后，约瑟夫·莫尼埃总是被法警和税务人员骚扰，理由是他应该已经从外国专利中获取大量佣金。他只能到与第二任妻子生的儿子吕西安那里寻求避难。1902 年，许多已从他的专利中获利的外国公司呼吁法国总统给莫尼埃支付退休金，并把他描述成钢筋混凝土的发明者，是他们的"师傅"。约瑟夫·莫尼埃于 1906 年 3 月 13 日辞世，被埋在巴黎西郊的比扬古（Billancourt）城市公墓中。

与莫尼埃的职业生涯差不多同时还发生着一些其他事情。如 1868 年，有据可考的第一艘船运波特兰水泥到达美国。1879 年，德国工程师古斯塔夫·阿道夫·瓦伊斯（Gustav Adolf Wayss，1851—1917）购买了莫尼埃混凝土技术的德国专利。1881 年，在他的公司（Wayss & Freytag）中开始了钢筋混凝土的商业用途拓展。到 1890 年代为止，瓦伊斯和他的公司为莫尼埃钢筋混凝土系统的推广做出了重要贡献，并将其发展成为成熟的科学技术系统。

2.4.2 弗朗索瓦·夸涅（François Coignet）

1850—1880 年间，第一个在建筑中广泛使用波特兰水泥的人是法国实业家、建筑师和营造商弗朗索瓦·夸涅（François Coignet，1814—1888）。夸涅是把铁质钢筋混凝土（iron-reinforced concrete）结构当成建筑构造技术的第一人，也是发展预制钢筋混凝土结构的先驱。他在英格兰和法国建设了好几幢混凝土建筑，还第一次在地板中加入了铁杆，但后来改用弯曲的构件。

1846 年，夸涅和他的弟弟路易和史蒂芬接管了家族企业，这是一间在里昂的化工厂。1847 年，他建造了一些混凝土房子，这些房子是用水泥浇筑的，但没有金属强化结构。

1851 年，夸涅决定到巴黎附近的圣丹斯定居。1852 年，他获得了一份水泥熟料的专利，并在此开设了第二家工厂。建造这家工厂时，夸涅使用了暴露的石灰墙；还采用了夯筑法施工工艺。这是他第一次在混凝土施工中使用这个方法。基于这些工程实践，他又在英格兰获得了一项专利，专利中提供了许多这方面的建造技术细节。

1852 年，夸涅开始试验铁质钢筋混凝土，也是第一个会用这种材料盖房子的建造师。为了宣传混凝土生意，他决定建造一座钢筋混凝土房屋。1853 年，他建起了一座铁质钢筋混凝土的四层房屋（图 2-39），在查理·米歇尔街，位置离他在圣丹尼斯的家族水泥厂不远。建筑是由本地建筑师西奥多·拉齐（Theodore Lachez）设计的。

这座房子在 1855 年时被一个由 14 位建筑师组成的委员会进行检查，负责人是建筑师亨利·拉布鲁斯特[1]。在拉布鲁斯特的报告中，他说房屋的所有构件都是由水泥和人造石头建造的。检查还显示，夸涅使用了几种价格较便宜的材料，并将它们与石灰和水混合起来，做成装饰造型和建筑檐口。建筑的栏杆也是用水泥建造的。报告还显示，夸涅还制成了一种混凝土混合料，包括煤灰、矿渣和石灰，把这些混合泥料用于夯土材料中。报告说，夸涅的技术稳固性还不确定，也许还有危险。于是房屋被弃置许多年，流浪汉占据了这里。虽然情况有些糟糕，但房屋安稳地进入了 21 世纪。1998 年时，这座房子被列入世界文化和历史遗产名录。1855 年 3 月，夸涅获得了一项专利，是一种用并不昂贵的骨料来制造混凝土的技术。之后，他又继续修建了几个混凝土房屋，至今还在。

1855 年，夸涅还参加了巴黎世界博览会，展示了他的钢筋混凝土技术。在这次博览会上，

1　亨利·拉布鲁斯特（Henri Labrouste，1801—1875），出身于法国巴黎美术学院的著名建筑师。他是第一批大面积使用铁质构件并认识到其前景广阔的建筑师之一。不过其作品在设计史中常被列为"新古典主义风格"，但同时代人认为其设计具有"革命性"。前文 1.2.3 节已有提及。

他预见到这项技术将使混凝土取代石头成为结构材料。1856 年，他申请了一项铁质混凝土技术专利。1861 年，他出版书籍专门介绍他的技术。

夸涅是成型混凝土（moulded concrete）的发明家。他使用这种混凝土建造过许多房屋。他成了著名的建筑承包商，也展示了他的许多设计，包括巴黎附近的勒文森内小镇（Le Vésinet）的圣马古埃利教堂（Sainte-Marguerite）（图 2-40）。教堂修建于 1862—1865 年间，有 130 英尺（近 40 米）高的尖顶，这是用混凝土建造的第一个现代纪念碑，也是法国第一个非工业化建造的混凝土建筑。

夸涅建造的夸涅建造的 Saint-Jean-de-Luz 海堤（1857—1893）见图 2-41。

夸涅最大的一个项目是 87 英里（约 140 公里）长的输水渠（aqueduct de la Vanne），其中超过 4 英里（6.436 公里）为拱桥形式，拱跨高度超过 100 英尺（30.48 米）（图 2-42）。

图 2-39 夸涅建造的世界上第一个铁质钢筋混凝土结构建筑，1853 　图 2-40 圣马古埃利教堂（Sainte-Marguerite），1862—1865 　图 2-41 夸涅建造的 Saint-Jean-de-Luz 海堤，1857—1893

图 2-42 夸涅建造了 87 英里长的输水渠（巴黎水利系统的一部分），其中超过 4 英里（6.436 公里）为拱桥形式，拱跨高度超过 100 英尺（30.48 米），1867—1874

2.4.3 美国水泥工业博物馆

1871 年，戴维·塞勒（David Saylor，1827—1884）在美国建成了第一家波特兰水泥生产厂，隶属于科普雷水泥制造公司（Coplay Cement Company）；同年，日本也开始建造水泥厂。

美国的水泥工业博物馆又称塞勒公园工业博物馆，其所在地原为科普雷水泥制造公司的一部分，位于宾夕法尼亚州利哈依郡（Lehigh County）。这个博物馆的主要内容是 1892—1893 年间，9 个被修

图 2-43 美国水泥工业博物馆的立窑

建起来用于制造波特兰水泥的窑炉。这些窑炉是用当地出产的红砖建造的，现在被称为沙弗立窑（图 2-43）。它们在 1904 年停工。1975 年，柯普雷公司把这些立窑及周边一些土地捐给了利哈伊郡，建成了一个水泥工业博物馆。这个博物馆由两家机构经营，其一是利哈伊郡政府，他们有义务保护这一场地；其二是利哈伊郡历史协会，负责在博物馆中提供教育服务工作。1980 年，这个博物馆入选《美国国家史迹名录》。

水泥博物馆给戴维·塞勒带来了荣誉，他被誉为"美国波特兰水泥工业之父"，因为正是他把水泥工业带入利哈依山谷和美国。利哈依郡自然就成为了水泥制造业中心。水泥是由含石灰的岩石、二氧化硅和氧化铝混合而成，而利哈依郡石灰石被称为"水泥岩石"，因其本身就含有以上 3 种成分。1866 年，戴维·塞勒帮助建立了柯普雷水泥公司。1871 年，他获得了第一个美国的波特兰水泥专利，按照这种专利生产出来的水泥强度比本地从前使用的水泥强度提升很大。塞勒的波特兰水泥被用来建造桥梁、码头、防波堤、道路、输水道、地铁和摩天大楼……1900 年时，利哈依山谷生产着美国 72% 的波特兰水泥。

柯普雷水泥公司的第一个窑炉是馒头窑，这种窑比较低效而且还时不时就出故障。1893 年，柯普雷水泥公司建造了另一个厂，其中就包括今天依然挺立的沙弗窑炉。原来还包括一个大型建筑。但很快，一种更有效的回转窑投入使用后，这个厂区的沙弗窑炉就立刻过时，于是在 1904 年便停产了。柯普雷水泥便把那个大型建筑用来做堆料库了。

2.4.4 沃德和美国第一个钢筋混凝土建筑

第一个在美国建造钢筋混凝土建筑的人，是美国机械工程师威廉·沃德（William E. Ward）。1871—1875 年，他建造了一个住宅，当地人称之为"沃德城堡"（Ward's Castle）（图 2-44），位于纽约州的莱伊布鲁克（Rye Brook）和康涅狄格州的格林威治（Greenwich）之间。

他之所以想造一幢混凝土的房子是因为他的妻子（一说母亲）很怕火灾。于是他在 1870 年聘请建筑师罗伯特·穆克（Robert Mook）来做设计，沃德和穆克在这个建筑上合作超过了 3 年。就像夸

图 2-44　美国的第一个钢筋混凝土建筑
"沃德城堡"（Ward's Castle）

涅的建筑一样，这幢建筑也被建造成类似砖石结构的外表，以获得更多的社会认可。沃德先生非常勤奋，他亲自指挥与建筑相关的所有工作，并研究和记录所有文件；他还自己处理所有的技术和结构事务，负责长期荷载检测和其他实验。

沃德城堡全部都为钢筋混凝土建造，从地基、两层房屋到折线形屋顶，整个建筑都由波特兰水泥和铁工字梁和铁质拉杆建造，连屋顶都如此。木材只用作门窗框架。东南角有一个顶部女儿墙成雉堞形的 4 层高塔。较低的二层建筑在转角处也有仿隅石的处理。一层高的伸展翼屋向西延伸。

主建筑的南立面一层由一个长长的、圆柱支撑的连廊包围着。屋顶被古典风格的山墙窗户和两个混凝土烟囱穿过，第三个烟囱在西面。北侧有一个两层的服务用房，还连接着一个造型很像主屋高塔的水塔。东侧还有一个小小的翼房，能俯瞰花园。

首层有一个中央走廊，两侧是客厅、接待室和餐厅。翼房中有早餐室和阳光室。二层有一个中厅，还有三个卧室和一间图书室，装修风格是伊丽莎白式。最顶层是卧室和储藏室。

穆克的建筑设计符合当时流行的审美习惯。主屋和屋顶是第二帝国建筑风格，高塔更具哥特风格特点。水塔能为住宅提供饮用水，还提供消防用水，水塔部分已把混凝土裸露在外了。

建筑出版物在此住宅建成之前就在介绍它了。1876年它建造完成时，还有更长的文章来分析它，甚至还有海外出版。7年以后，沃德在《美国机械工程师协会》杂志上发表了自己的论文，题目叫《作为建筑材料的、与金属混合的混凝土》。

1974年时，莫特·沃克尔（Mort Walker）花了6万美元买下了这座破旧但尚未被改造的建筑，他是连环画《甲壳虫贝利》的作者。从1976—1992年，他和他的家人一起在此经营一个卡通博物馆，最多时每年的参观人数达7.5万人。

1976年，沃德城堡被列入了《美国国家史迹名录》。第二年，又被美国混凝土学会和美国土木工程师学会指定为"国家土木工程与混凝土工程的历史地标"。

2.4.5 兰塞姆和水泥回转窑

现代的回转窑按处理物料不同可分为水泥回转窑、冶金化工回转窑和石灰回转窑。水泥回转窑是石灰窑的一种，是水泥熟料[1]干法和湿法生产线的主要设备。

1877年，英国人托马斯·罗素·克兰普顿（Thomas Russell Crampton，1816—1888）（图2-45）发明了回转炉；1885年，弗雷德里克·兰塞姆（Frederick Ransome）将其进一步改进，并注册了专利。

托马斯·克兰普顿并不是混凝土材料的拥趸，他的成就很像后来的爱迪生，都是因缘际会才在混凝土发展史中留下了印记。

克兰普顿生于肯特郡的布罗德斯泰（Broadstairs），父亲是一位水管工和建筑师。他接受的是私人教育。他的第一任太太路易莎（Louisa Martha Hall）是个颇为有名的歌手。他们育有6个男孩和2个女孩。大女儿4岁时早夭，最小的女儿后来嫁给了霍勒斯·鲁姆伯特爵士，他是英国驻荷兰大使。

1839年开始，克兰普顿作为马克·布鲁内尔的助手开始在大西洋铁路公司工作，之后又担任丹尼尔·古奇（Daniel Gooch）的助手，参与新式火车头的设计开发。1843年，克兰普顿获得新机车的设计专利。1845年，他获得了第一个车头制造的订单。他一生最为人所知的发明是克兰普顿火车头。不过这种火车头在法国、德国和意大利都比在英国本土更受欢迎。

---

1 关于水泥生料和水泥熟料的区分和工艺，详见本书第3.1.5节相关内容。

后来，克兰普顿加入了东南铁路公司（South Eastern Railway）。到 1851 年时，克兰普顿已在这里制造了 10 个新式的克兰普顿火车头。其中一个（第 136 号）还参加了 1851 年伦敦举办的第一届世界博览会（图 2-46）。

1851 年，克兰普顿负责了多佛海峡（Strait of Dover）第一个国际海底电缆的铺设工程。第一次信息传输发生在 1851 年 11 月 13 日，电缆一直使用到 1859 年。

1854 年，克兰普顿成为土木工程师学会的成员。1855 年，开始接手柏林自来水厂建设工作。1856 年，克兰普顿获得普鲁斯的红鹰勋章[1]（Order of the Red Eagle）。

1859 年，克兰普顿成立了布罗德斯泰水务公司（Broadstairs Water Company），建造了一个 80 英尺（24.38 米）高的水塔（图 2-47），现在那里是克兰普顿水塔博物馆。水塔可以容纳 83000 加仑（380000 升）的水。1901 年，这个水务公司被布罗德斯泰市区议会（Broadstairs Urban District Council）接管。

图 2-45　托马斯·克兰普顿　（Thomas RussellCrampton）　　图 2-46　参加第一届世界博览会的第 136 号火车头，名为"福克斯通"（Folkstone），1851　　图 2-47　布罗德斯泰的克兰普顿水塔

1860 年，克兰普顿设计了布罗德斯泰圣三一教堂（Holy Trinity church）的钟塔（图 2-48），不过显然狄更斯对此建筑评价不高，将其描述为"燧石建造的可怕寺庙，一个石化干草堆"。克兰普顿给教堂捐了一个时钟，还捐建了一座铁艺桥，并以其最小的女儿路易莎来命名这座桥。1883 年，克兰普顿被选为机械工程师学会副主席。

图 2-48　布罗德斯泰的圣三一教堂

1　红鹰勋章（Order of the Red Eagle）：普鲁士王国颁发的骑士荣誉，既可被授予军人也可被授予平民，表彰内容包括作战英勇、军事领导才能卓著、长期为王国尽忠职守或其他成就。

克兰普顿还设计了一个自动液压隧道掘进机，以用于海底隧道的建设。现代钻井技术便是受到这项发明的启发发展而来的。

克兰普顿死后也被葬入伦敦的坎萨尔公墓（Kensal Green Cemetery），与他事业起步时的恩师布鲁内尔一家同在一个公墓内。

比较而言，弗雷德里克·兰塞姆（Frederick Ransome，1818—1893）对水泥回转窑的改进及成果获得，就是顺理成章的事情了。兰塞姆是英国发明家和实业家，创造了兰塞姆人造石。他的父亲詹姆斯·兰塞姆是兰塞姆钢铁公司的成员，也是伊普斯维奇（Ipswich）的农业设备制造家族的一员。

1844年，弗雷德里克·兰塞姆用砂子、燧石粉放在碱性溶液中发明了人造石。将其在一个封闭的高温蒸汽锅炉中加热，材料中的硅质颗粒便结合在一起，可以被塑造成型。因其性能几乎等同于天然石材，所以可被广泛用于制造过滤板、花瓶、墓碑、建筑装饰构件、砂轮和磨石等领域。1852年，兰塞姆创立了"专利硅质石材公司"，来制造和销售这种石头。他拥有一群出色的支持者，其中甚至包括查尔斯·达尔文。1865年，他又成立了"专利混凝土石材公司"。遗憾的是，兰塞姆的人造石材后来还是被慢慢弃用了，因为用波特兰水泥可现场浇注混凝土，使用更简便。

1866年，兰塞姆把人造石制造厂从伊普斯维奇搬到了格林威治镇的布莱克沃尔（Blackwall Lane），从这个地段坐上电车就能到泰晤士河的码头。公司的装饰用石头被用于建造布莱顿水族馆（Brighton Aquarium）、伦敦码头、印度法院、白厅（Whitehall）[1]、圣托马斯医院，加尔各答大学和一些其他的印度建筑。它也能被用来制作地砖和纪念墓碑题刻。

不过，弗雷德里克·兰塞姆最重要的发明还是水泥回转窑。尽管他的这项发明并没获得商业成功，但它的设计是1891年美国水泥窑成功的基础，当然，随后也传遍全世界。

1848年，兰塞姆成为英国土木工程师协会的非正式会员。1893年他死在东达利奇，葬于诺伍德墓地。

弗雷德里克·兰塞姆他的儿子欧内斯特·莱斯利·兰塞姆（Ernest Leslie Ransome，1852—1917）出生于英国，后移民美国，他是工程师、建筑师和钢筋混凝土建筑技术的早期革新者。他设计出了当时最为复杂的混凝土结构。——这又是一个子承父业获得成功的传奇故事。

欧内斯特早年在父亲弗雷德里克的伊普斯维奇工厂中当学徒。1870年代，他移民美国成为旧金山太平洋石材公司（Pacific Stone Company）的管理者。1884年，在试验了钢筋混凝土人行道后，他申请了一个美国专利，因为他发明了一种用扭曲的铁棍提升金属杆件与水泥结合度的办法——这就是今天螺纹钢筋的原型；然后，他又在此基础上发展出一种非常实用的钢筋混凝土结构体系，被称为兰塞姆专利系统。1886年，兰塞姆在旧金山的金门公园建

---

1 白厅（Whitehall）是英国伦敦市内的一条街，它连接议会大厦和唐宁街，在这条街及其附近有国防部、外交部、内政部、海军部等一些英国政府机关设在这里，因此人们用白厅作为英国行政部门的代称。

成了两个小地道桥，这两座桥至今仍在，也是北美最早和世界第三或第四座钢筋混凝土桥梁（图 2-49）。

建于 1894—1897 年间的纽约州布法罗市的伯克利公寓[1]，也是欧内斯特一个具有历史价值的作品（图 2-50）。

获得一大堆成就后，兰塞姆仍常常遇到怀疑和阻力。他的太平洋海岸硼砂厂（Pacific Coast Borax）成立于 1897 年，位于新泽西州的巴约纳。1902 年时，工厂经历了一场大火，火焰燃烧时散发的热量足以熔化黄铜，但火灾后发现混凝土框架只有轻微损坏，这足以证明混凝土框架建筑被证明比当时的全钢和铁质框架结构有一个关键性的优势。因此他的混凝土建筑技术被证明可靠有效，不必再怀疑。

太平洋海岸硼砂厂是欧内斯特在美国东海岸的第一个作品，也是第一座全部使用钢筋混凝土结构的工厂建筑。大火的结果和兰塞姆作为发明家和结构工程师不断攀升的声望合二为一，给了钢筋混凝土材料一种魅力，成为新型工业时代的代言人。面对众多强而有力的新型工程特性，兰塞姆被看成是这种有些不可思议材料的阐释者和开发者。

同样地，兰塞姆在斯坦福大学的两个实验楼在 1906 年旧金山大地震中幸存，但其周边建成不久的传统砖石结构建筑却全部崩塌。后来，工程师约翰·伦纳德（John B. Leonard）的调研分析也公开发表，说明了这种建构的安全性。于是这种新材料和新结构便在 1906 年旧金山地震后在本地和全国推广。斯坦福大学博物馆也采用了相同结构和材料（图 2-51）。

图 2-49　欧内斯特·兰塞姆设计的奥沃湖桥是美国第一座钢筋混凝土桥，1889

图 2-50　纽约州布法罗市的伯克利公寓，1894—1897

图 2-51　兰塞姆的最大作品是斯坦福大学博物馆，后改为女生宿舍，1891

在职业生涯的后期，欧内斯特·兰塞姆集中研究了搅拌设备、建筑用模板和建筑整体结构系统等内容。1912 年，兰塞姆和亚历克西斯·索布里（Alexis Saurbrey）合著的一本书出版了，名为《钢筋混凝土建筑》。

兰塞姆体系暴露结构和使用玻璃面板，更多地是出于经济考虑；但在格罗皮乌斯、柯布西耶和密斯·凡德罗的演绎下，自 1920 年代以后，成为国际现代主义的标准式样。

1　伯克利（Berkeley Apartments）也被称为"灰岩酒店"（1912 年以后），位于纽约州布法罗市，是一座有历史价值的公寓酒店。它建于 1894—1897 年间，是最早使用钢筋混凝土材料建造的大型多层建筑。设计师是本地建筑师卡尔顿 T. 斯特朗和工程师欧内斯特·L·兰塞姆。不过，建筑的外观并不像其材料和结构那么具有革命性，而是采用了意大利文艺复兴式样。——革新的内在，复古的外部，这是建筑变革时期的常见形式。1987 年，这座建筑别列入《美国国家史迹名录》。

2.4.6 最早的钢筋混凝土摩天大楼

世界上第一座钢筋混凝土摩天大楼英格尔斯大厦（Ingalls Building）（图2-52）就是采用了兰塞姆系统建造而成。

英格尔斯大厦位于俄亥俄州辛辛那提市，建于1903年。这座16层的建筑是由辛辛那提的本地建筑设计事务所埃尔兹内和安德森（Elzner & Anderson）设计，并以最初的投资人英格尔斯（Melville E. Ingalls）的名字命名。这一建筑在当时被认为是一项大胆的工程壮

图 2-52　英格尔斯大厦，1903

举，而且它的成功的确促进了美国高层建筑中钢筋混凝土结构被普遍接受。

1902年以前，最高的钢筋混凝土结构也只有6层楼高。由于混凝土的抗拉强度很低，无论是公共舆论还是工程师群体中都有很多人认为像英格尔斯大厦这种高度的混凝土高塔在风荷载、甚至自重情况下就可能坍塌。当这座大楼完工并拆除脚手架后，据说还有一位记者整夜守候，就是为了第一个报道大楼一晚便坍塌、消失不见的新闻。

但是，投资人英格尔斯和工程师亨利·胡珀(Henry N. Hooper)都对建筑的安全性很有信心，因为欧内斯特·兰塞姆系统中混凝土板中加入铸造的扭曲钢杆、横梁、托梁等，能够形成更加坚固完整的刚性结构。建筑师们还估算出这种钢框架结构使结构具有防火优势并能节约成本。最终，经过两年的游说，市政府终于给英格尔斯大厦颁发了开工许可证。

英格尔斯大厦至今仍在。1974年，它被美国土木工程师学会指定为"国家历史性土木工程建筑"；1975年，它又被列入《美国国家史迹名录》。

1907年，法国的比埃利用铝矿石的铁矾土代替黏土，混合石灰岩烧制成了水泥。由于这种水泥含有大量的氧化铝，所以叫做"矾土水泥"[1]。20世纪，人们在不断改进波特兰水泥性能的同时，研制成功了一批适用于特殊建筑工程的水泥，如高铝水泥、特种水泥等。全世界的水泥品种已发展到100多种，2007年全球水泥年产量约20亿吨。

1916年，波特兰水泥联盟成立；1917年，美国标准化办公室和美国材料测试学会为波特兰水泥制定了标准。中国迟至1952年才制订了第一个全国统一标准，确定水泥生产以多品种多标号为原则，并将波特兰水泥按其所含的主要矿物组成改称为矽酸盐水泥，后又改称为硅酸盐水泥至今。

2.4.7 弗朗索瓦·埃内比克（Francois Hennebique）

19世纪晚期，三种钢筋混凝土结构在欧美并行，德国和奥地利的是瓦伊斯（Gustav

1　铝酸盐水泥以往曾被称为高铝水泥、矾土水泥，它是用优质天然铝矾土和石灰石为原料，经回转窑高温煅烧磨细而成的一种水硬性胶凝材料。以铝酸钙为主要矿物，是铝酸盐水泥类的主要品种。

Adolf Wayss）体系，美国的是兰塞姆（Ernest L.Ransome）体系，法国的是埃内比克（François Hennebique）体系。

如前所述，1879年，德国营造商古斯塔夫·阿道夫·瓦伊斯，购买了约瑟夫·莫尼埃（Joseph Monier）体系的专利权，率先在德国和奥地利建造了钢筋混凝土的房屋，并将此系统提升为瓦伊斯—莫尼埃（Wayss-Monier）体系。

也是在1870年代，法国人弗朗索瓦·埃内比克（Francois Hennebique）注册了Hennebique系统专利，他的贡献是使钢筋混凝土水泥炉被广泛接受，大范围推广。在生产高峰期，埃内比克每年能获得1500个合同。他的成就与钢筋混凝土在欧洲的发展密不可分。

弗朗索瓦·埃内比克（François Hennebique，1842—1921）是法国工程师和自学成才的建造师。1892年，他拥有自己的钢筋混土结构系统专利，能将本来各自独立的建筑元素，如柱和梁，集成为一个完整的结构。埃内比克的系统是现代钢筋混凝土结构方式的首次展示。

埃内比克的钢筋混凝土系统开始于将混凝土用作熟铁梁的防火保护材料，最早使用是在1879年的一个比利时住宅项目中。然而很快他就意识到，在楼板建造中，如果把铁质材料只用在地板有拉力的一侧，而压力较大那一侧主要由混凝土材料来抵抗，建造过程将更加经济。他的解决方案就是只在钢筋混凝土板的底边加上钢质杆件。这是今天钢筋混凝土预制板受力模式的原型。

他的生意发展很快，1896年在布鲁塞尔时雇员仅有5人，两年后事务所搬到巴黎时已有25人。另外，他有一个迅速扩大的代理公司网络系统，在英国、德国等地都有业务代理事务所。

第一个使用埃内比克结构系统建造起来的建筑是韦弗大厦（Weaver Building），位于斯旺西码头区。但在1984年，因为要给海洋开发区建设让路，建筑被拆除了。原有建筑的一个片段仍被保留下来了在塔威河一侧，那里有一块饰板，记载着埃内比克和他的成就。从1892到1902年间，超过7000个构筑物按照埃内比克系统建造出来，包括建筑、水塔和桥梁。这些工程中的大多数是获得了专利许可的其他公司的作品，当然埃内比克自己也有一些设计成果，其中包括1899年的沙泰勒罗大桥（Châtellerault bridge）（图2-53～图2-55）。

图2-53　弗朗索瓦·埃内比克建造的沙泰勒罗大桥是钢筋混凝土结构，1899　　图2-54　埃内比克设计的1号大楼，巴黎丹东大街　　图2-55　埃内比克住宅，雷内小镇

2.4.8 勒·夏特列的混凝土配方

法国人在混凝土试验和制造方面的能力，令人印象深刻。1887年，法国人亨利·勒·夏

特列（Henri Le Chatelier，1850—1936）（图2-56）为确定生产波特兰水泥的石灰量，制成了第一份氧化比率。

1850年，亨利·勒·夏特列出生于巴黎的一个化学世家，父亲是材料工程师，爷爷也是颇有影响力的人物，最重要的成就是促进了"法国铝业"的诞生。这个家庭家教很严，比如按时起床、把盘子里的东西吃光、提前做好各项准备……于是在孩子的信念中，任何事情都必须按规则行事，这是文明社会的一项重要内容。这种信念对夏特烈后来的科学研究影响极大。

当时法国许多知名化学家是他家的座上客。因此，他从小就受化学家们的熏陶，中学时代他特别爱好化学实验，一有空便到祖父开设的水泥厂实验室做化学实验。

大学时代勒·夏特列因普法战争而中途辍学参军。战后他决定去专修矿冶工程学。既然父亲曾任法国矿山总监，所以这个决定不足为奇。

1875年，他以优异的成绩毕业于巴黎工业大学，1887年获博士学位。尽管上学时学习的是工程技术，而且本人的兴趣也在工业领域，但勒·夏特列还是选择了化学教师的职业。1887年，他被任命为巴黎高等矿业学校预科课程中基础化学的负责人。他于1884年和1897年先后多次申请理工学院的化学教师职位均未成功。在法兰西学院，勒·夏特列成为无机化学的教授，后来又在索邦大学任教。经过4次不成功的申请，1907年，勒·夏特列当选为法国国家科学院的院士；同年，还当选瑞典皇家科学院成员。也是在1907年，他还兼任法国矿业部长，在第一次世界大战期间出任法国武装部长，1919年退休。

图2-56　亨利·勒·夏特列
（Henri Le Chatelier）

作为化学家的亨利·勒·夏特列，研究过水泥的煅烧和凝固、陶器和玻璃器皿的退火、磨蚀剂的制造、也为防止矿井爆炸而研究过火焰的物化原理以及燃料、玻璃和炸药的发展等问题。几乎所有的研究内容都要求他去研究热和热的测量。1877年，他提出用热电偶测量高温。热电偶由两根金属丝组成，一根是铂，另一根是铂铑合金，两端用导线相接。一端受热时，即有一微弱电流通过导线，电流强度与温度成正比。他还利用热体能发射光线的原理，发明了一种测量高温的光学高温计，可顺利地测定3000℃以上的高温。此外，他对乙炔气的研究，使他发明了氧炔焰发生器，迄今还用于金属的切割和焊接。

显然勒·夏特列对科学和工业之间的关系特别感兴趣，还致力于研究怎样从化学反应中得到最高的产率[1]。

对热学的研究很自然将他引导到热力学的领域中去，在合作者贾斯珀·罗西（Jasper Rossi）的帮助下，他在1888年宣布了一条使他闻名遐迩的定律——勒·夏特列原理，大意是说：

1　产率指在化学反应中（尤其在可逆反应当中），某种生成物的实际产量与理论产量的比值。

如果改变影响平衡的一个条件（如浓度、压强或温度等），平衡就向能够减弱这种改变的方向移动。关于这个原理的描述非常有趣，也非常概括，人们甚至不得不怀疑这是否在暗喻人类社会的行为方式。

勒·夏特列原理因可预测特定变化条件下化学反应的方向，所以有助于化学工业的合理化安排和指导化学家们最大程度地减少浪费。例如哈伯借助于这个原理设计出他的从大气氮中生产氨的反应，这是个关系到战争与和平的重大发明，而勒·夏特利比哈伯早约20年就曾预料过同样的结果。

2.4.9 美国的混凝土街道

1891年，乔治·巴塞洛缪（George Bartholomew）（图2-57）在美国俄亥俄州的贝尔方丹（Bellefontaine）建成了世界上第一条混凝土街道（图2-58），这条街道至今存在。

图 2-57　贝尔方丹混凝土街道上的　　　　　　图 2-58　贝尔方丹街道上的纪念碑
　　　　　巴塞洛缪（Bartholomew）雕像

乔治·巴塞洛缪是美国发明家，混凝土路面的发明者。1886年，学完水泥制造技术后，巴塞洛缪搬到了俄亥俄州的贝尔方丹。他在这一带找到了很好的石灰石和黏土，希望能用这些原料制造铺路所用的人造石。巴塞洛缪创立了七叶树波特兰水泥公司（Buckeye Portland Cement Company）并开始研制一种新型的人行道水泥路面。

1891年，贝尔方丹市议会批准了在洛根县法院外的主街上按巴塞洛缪的新发明铺设一条步道。这个尝试很成功，议会又批准了在法院大道上使用这种路面。直到今天，法院大道的一部分地面仍按照巴塞洛缪的水泥配方铺就，以此来纪念美国的第一条水泥铺就的街道。

1893年，巴塞洛缪的发明在芝加哥举办的"哥伦比亚世界博览会"（World Columbian Exposition）上为其带来荣耀，获得的奖项名称为"工程技术进步在铺路材料中的第一次应用"。这个奖使巴塞洛缪的技术更具可信度，于是很快便在全美推广开来，后来影响至全世界。

也是在1893年，日本人远藤秀行和内海三贞二人发明了不怕海水的硅酸盐水泥。

2.4.10 中国早期水泥制造厂

1889 年，中国河北唐山开平煤矿附近，设立了用立窑生产的唐山"细绵土"厂；1906 年，袁世凯命令周学熙从英国人手中收回重办，改名为"启新洋灰公司"，年产水泥 4 万吨。

在 1860—1870 年代，英国等发达国家已经步入了第二次工业革命时期，资本主义大工业逐步走向成熟，向国外输出设备和技术已经成为发展的需要。而此时，两次鸦片战争失败的大清政府正在推行一系列"自强""求富"的革新政策，就是我们后来所称的"洋务运动"。洋务派提出"中学为体、西学为用"，主张学习西方工艺技术，先后创办了近代军事工业和民用工业，唐山细绵土[1]厂就是其中之一。

作为近代最优秀的企业家之一，唐廷枢[2]（图 2-59）很早就注意到了水泥的重要作用。1877 年（光绪三年），时任开平煤矿督办的唐廷枢在给李鸿章上的节略中就说，水泥是修筑炮台楼房等项的"必须之物"，"至于桥梁、闸坝、河工海塘各项工程更是合宜"。他当时已经知道唐山的大城山石灰石可以烧制水泥，并且还在暗地里搜寻原料进行试验。

1882 年（光绪八年），随着工矿企业的开办和各种军事工程的建设，水泥的需求量大增。而彼时所需水泥全部依赖进口，价格昂贵，每桶（约 170 公斤）为银洋 20 元，大约相当于普通工人三个月的工资。精明的唐廷枢看到了经营水泥产业将获利丰厚，便开始进行筹备细绵土厂的前期准备工作。

1886 年（光绪十二年），唐廷枢了解到，澳门细绵土厂采用澳门之泥与广东英德县石灰石作原料，已成功烧制出水泥。他凭直觉认为唐山所产石灰石和广东香山里河的河滩泥应该是烧制水泥的最好原料。返回唐山后，他就将唐山石灰石与香山里河河滩泥送往澳门试烧，并获得成功。为了掌握更可靠的试验数据，1888 年（光绪十四年），唐廷枢又将原料送到英国检测，数次试验的结果表明其为"最佳"原料。

作为洋务派的统领成员，李鸿章与唐廷枢在创建细绵土厂一事上，步调惊人地一致，并在实际操作中给予了唐大力支持。1889 年（光绪十五年）11 月 24 日，李鸿章责成唐廷枢访察洋灰原料，筹建细绵土厂。11 月 27 日，唐廷枢就向李鸿章汇报寻找原料经过及试验结果，并表态：为了能在唐山建造细绵土厂，他已经研究 10 年之久了，到当年秋季已经胸有成竹。接到唐廷枢的汇报后，李鸿章批示，应"迅速妥议章程，克期开办，以资应用"。不久之后，李鸿章又给唐廷枢下达批示：现在工程大量需要水泥，抓紧筹集款项，制订方案，尽快开办，以满足需要。

---

1 "细绵土"一词的来源，正是英文"水泥"（cement）一词的音译。

2 唐廷枢（1832—1892），初名唐杰，字建时，号景星，又号镜心，生于广东香山县唐家村(今广东省珠海市唐家湾镇)，清代洋务运动的代表人物之一。他创造了许多个"中国第一"：中国第一家民用企业轮船招商局、第一家煤矿开平矿务局、中国民族保险历史上第一家较具规模的保险公司仁济和保险公司、第一条铁路唐胥铁路（唐山至胥各庄）、钻探出第一个油井、铺设了中国第一条电报线……

1889 年（光绪十五年）12 月 1 日，唐廷枢向李鸿章上奏汇报筹办情况，他提出，设厂资本拟合资开办，计军械所各局出资 2 万两，开平矿务局出资 2 万两，香山堂地主出资 2 万两，共银 6 万两，专为制造细绵土之用。厂址选在大城山南麓，主要原料石灰石就地开采，土料由广东香山地主雇人挖取，制成砖式晾干运到澳门堆存，再雇船或用开平煤矿运煤船赴香港，顺便到澳门将泥捎回，所用煤炭由开平按成本供给。

1890 年（光绪十六年），细绵土厂从英国购置机器、锅炉，化验师、炼土匠、工头均由英国细绵土厂选雇而来，其余司事工匠由开平矿务局调拨。第二年，占地 60 亩的唐山细绵土厂建成并投产。

建成伊始，该厂有石窑 4 座及锅炉、晾土机、挖土机等生产设施，日产量不足 30 吨。唐山细绵土厂作为我国第一家机械化生产水泥的厂家，采用的是立窑生产，窑磨小而落后，制灰又不得法，再加上土料由广东香山运进，导致成本居高不下，亏赔严重。1892 年，唐廷枢病故，接替唐廷枢的江苏候补道张翼见细绵土厂亏赔款项巨大，于 1893 年（光绪十九年）奏请政府关闭。

甲午战争后，民族危机日益严重，在"设厂自救"的呼声中，1900 年（光绪二十六年），开平矿务局会办、著名实业家周学熙[1]（图 2-60）着手恢复细绵土厂。同年，由于开平矿务局被英国资本家骗占，细绵土厂也落入英国资本家之手，1906 年（光绪三十二年），在周学熙的努力下，细绵土厂被收回自办。

1907 年（光绪三十三年），唐山细绵土厂（图 2-61）更名为"唐山启新洋灰股份有限公司"，水泥制品商标定为"龙马负太极图"牌（俗称马牌）（图 2-62），并购置丹麦史密司公司先进的回转窑、球磨机等设备代替立窑等落后设备，开创了我国利用回转窑生产水泥的历史。由于产品质量提高，启新生产的"马牌"水泥经英国亨利菲加公司和小吕宋科学研究会试验，其细度、强度、凝结、涨率和化学成分均优于英美两国的标准。

图 2-59　唐廷枢　　图 2-60　周学熙　　　　图 2-61　唐山细绵土厂

1　周学熙（1866—1947），字缉之，号止庵，安徽至德（今东至）人，中国近代著名实业家，是继盛宣怀之后，声名最隆、成就最大的官商。周最初在浙江为官，后为山东候补道员，1900 年入袁世凯幕下，主持北洋实业，是袁世凯推行新政的得力人物。1903 年赴日本考察工商业，回国后总办直隶工艺总局；1905 年，出任天津道，办商品陈列所、植物园、天津铁工厂、滦州煤矿公司、天津造币厂、唐山启新洋灰公司、天津高等工业学堂等，其中 1906 年创办的启新洋灰公司、滦州煤矿公司，获利颇丰；1907 年任长芦盐运使，又官至按察使；1908 年创办京师自来水公司；袁世凯窃国后，于 1912 年和 1915 年为陆征祥内阁和 1915 年徐世昌内阁财政部长；1916 年 4 月脱离政界，任华新纺织公司总经理，先后创办华新所属的天津、青岛、唐山、卫辉四家纱厂；1919 年创办中国实业银行，任总经理；1922 年与比利时商人合办耀华玻璃公司；1924 年成立实业总汇处，任理事长，管理所属各企业。周学熙兴办实业成绩卓著，与南方实业家张謇齐名，有"南张北周"之说。周投身实业，实际上是在追寻一个强国之梦，但因时代和个人生存背景的限制，其在经济史上的地位评价不一。但近年来，随着人们对民族实业家早期探索经历理解日渐深入，周学熙的实业救国事迹已经被收入高中历史教科书中。

1911 年，启新水泥获意大利都朗博览会优等奖。1912 年，启新洋灰公司向美国洛杉矶出口水泥 1 万余桶——这是我国第一次出口水泥。1915 年，启新水泥获巴拿马国赛会头奖，农商部国货展览会特等奖。1919 年，启新在国内所销售的水泥占全国总量的 92.02%，成为当时我国最大的水泥厂（图 2-63、图 2-64）。

图 2-62　启新洋灰厂产品　　　　　图 2-63　启新洋灰公司　　　　　图 2-64　启新洋灰
　　标识，俗称"马"牌　　　　　　　　报纸广告　　　　　　　　　公司办公楼

启新洋灰公司自成立后的 30 年间先后进行了三次大的扩充改造：1911 年（宣统三年），向丹麦史密斯公司购旋窑两台，生料磨和水泥磨各一台，采用半湿法生产，内称乙厂；1921 年（民国十年），购丹麦史密斯公司大型旋窑两台，四台生料磨，两台水泥磨，谓丙丁厂；1932 年（民国二十一年），自制旋窑一台，谓戊厂。至此，启新洋灰公司日产水泥量已由成立时的 700 桶上升到了 5500 桶。在此过程中，1926 年新增的三台余热发电锅炉和 1933 年开始使用纸质包装袋都是在中国国内首开先河。

1914 年一战爆发，初期两三年水泥销量受到一些影响，但后期销量增加很快，并于 1926—1937 年间创造了解放前产销量最高记录，只是由于国内军阀混战，启新的发展受阻，处于停顿状态。1919 年以前，启新为中国独家水泥厂，此后 15 年间新增华商水泥公司、中国水泥公司、广东西村士敏土厂等，湖北水泥厂开办于 1907 年，4 年后启新即取得该厂管理权。1923 年，由于华商、中国两大公司的投产，在江浙市场上与启新展开了激烈的竞争。

1937 年，"七七事变"揭开了日本全面侵华战争的序幕。早在此前三年，由于赋税沉重和外货入侵，启新洋灰公司的经营已由高潮逐渐开始走下坡路，同时由于国内不少新建水泥厂纷纷上马，也使得启新原有的广阔市场受到了严重影响。抗日战争的开始则在很大程度上改变了启新的命运。

1933 年 5 月，唐山沦为保留中国行政权的日本控制地区。启新董事会为了应对战局的变化，原打算将工厂迁往南京，也算是全力支持抗战，并且也开始筹建南京江南水泥厂，但由于时局的突变，所有计划付诸东流。"七七事变"后，因战争需要，1939—1940 年间，日本丸红株式会社开始介入启新，此后水泥产量反比战前有了不小的提升，并且于 1941 年新增水泥窑、生料磨和水泥磨各一台，以期进一步提高产量。这一时期启新厂的产品对日本侵华战争起了事实上的帮助和支持作用。二战结束后，水泥厂的经营者因惧怕对帮助日本人一事进行清算，这一时期的相关史料悉数被毁，真情已无可考。

唐山市的中国水泥工业博物馆就是在启新水泥厂旧址上建成的，是中国首个以水泥工业为主要内容的博物馆。我们可从中看到中国近代工业的缩影，也能通过一家工厂的兴衰来反思一个国家的命运。

2.5 工程师的混凝土

2.5.1 爱迪生的加入

我们对于爱迪生的了解一直都在电灯、留声机、蓄电池发明等方面，但其实他和水泥产业的发展也有渊源。1902 年，大名鼎鼎的托马斯·爱迪生（Thomas Edison，1847—1931）成为窑炉继续发展的先锋。

爱迪生电气公司是建立在直流电技术之上的，为了诋毁交流电，他还做了许多不太入流的事情。但毕竟交流电更适合远距离传输，利润更大成本更低，自然比直流电更具竞争优势，爱迪生电气公司渐渐丧失市场份额，财务状况也急剧恶化。1892 年，在美国"金融巨头"摩根的主导下，爱迪生通用电气公司与汤姆逊·休士顿电力公司合并，去掉了"爱迪生"，成为"通用电气公司"，爱迪生黯然出局。

公司合并后，爱迪生开始拓展新生意。他在新泽西州买了上万英亩的低品位铁矿，发明了巨型的机器碾碎矿石。爱迪生采用新的选矿法，不仅铁矿质量比旧式机械生产的要好，而且售价低了许多。他乐观地估计：不出七八年，就可以每年生产出价值 1000 万～1200 万美元的矿石，净赚 300 万美元。但他运气不佳，1898 年，明尼苏达州又发现了大铁矿，不仅品位高、分布广，而且可以露天采掘，成本低廉，铁矿石的价格陡降了三分之一，这样爱迪生就不得不亏本生产，200 万美元的投资打了水漂，51 岁的爱迪生不仅耗尽全部财产，还负债很多。

采矿事业失败了，但他已有的机械设备还可利用，于是爱迪生转向水泥业——他从矿场运来了石灰石，利用粉碎铁矿石的机器粉碎石灰石。与其他水泥厂相比，爱迪生的水泥厂最大特点莫过于全面机械化，所以他的水泥厂获利甚高。1905 年，该水泥厂成为全美五大水泥厂之一，而且爱迪生开采铁矿所欠下的债不出三年也全部还清。

爱迪生设计的混凝土长窑让水泥工业实现了彻底的变革。他的无心插柳反而促成了美国水泥产业的一次大进步。伴随着生产的发展，他还宣称：建筑不用钢筋混凝土，而是用砖头和钢铁，那建筑师肯定是太愚蠢了。

2.5.2 尤金·弗雷西内（Eugene Freyssinet）

1927 年，法国结构和土木工程师尤金·弗雷西内（Eugene Freyssinet，1879—1962）（图 2-65）成功地发展了预应力（Pre-stressed）混凝土技术。弗雷西内与下文介绍的罗伯特·马耶尔（Robert Maillart）被并称为"混凝土双子星"。他们在工程技术领域所展现出的非凡想象力，至今激动人心。

弗雷西内一生完成了大量的设计作品，包括自锚悬索桥、混凝土拱桥、预应力混凝土梁桥、刚构桥等。弗雷西内的公司培养出了米歇尔·维罗热（Michel Virlogeux）、让·穆勒[1]（Jean Muller）、米歇尔·普拉西第（Michel Placidi）等优秀的法国结构工程师。国际结构混凝土协会（FIB）的结构混凝土奖章就是以弗雷西内（Freyssinet）的名字命名的。

弗雷西内 1905 年毕业于法国国立路桥学校。第一次世界大战前，他还在这所学校工作，并设计过几座桥梁。从 1905 年开始，他在穆兰（Moulins）担任公共工程的主管。自 1904—1907 年，他还为法国军队服务，此后又于 1914—1918 年在军队中作道路工程师。

一战结束后，他为克劳德·利穆赞工作到 1929 年，在此期间他设计了许多钢筋混凝土构筑物，包括位于维勒纳沃跨度 96.2 米的桥梁（Villeneuve-sur-Lot）（图 2-66），几个巨大的混凝土薄壳屋顶，如位于奥利（Orly）的飞机机库。他还建造了混凝土货船。

弗雷西内的早期桥梁中最著名的是修建于 1911 年，位于维希（Vichy）附近的三跨勒弗尔德尔桥（Pont le Veurdre）。当时，72.5 米的跨度已经是最大的结构跨度了。弗雷西内的解决方案是采用了三个跨度的钢筋混凝土桁架桥，这个设计明显比标准的砌体拱桥设计便宜。这个设计要用千斤顶抬升和连接拱门，能将预应力元素有效地引入这一体系。这座桥也让弗雷西内有机会发现了混凝土的徐变现象[2]。弗雷西内自己对这座桥感情特殊，他写道："我爱这座桥胜于我的其他桥梁和所有被战争摧毁的桥，只有这座桥的损毁引发了我的真正悲哀。"

1919 年时，弗雷西内在圣皮埃尔（St Pierre du Vauvray）设计的空心拱桥又将跨度记录提升到 132 米。这座桥梁于 1923 年完工。

他设计的最大的桥是普卢加斯泰勒桥（Plougastel Bridge）（图 2-67），有 3 跨，每一个跨度都达到了 180 米。这座桥于 1930 年完工。弗雷西内在这里又研究了混凝土徐变的更多细节，并发展出他的预应力思想，并于 1928 年获得了专利。他首次在拱顶采用扁千斤顶落架并预加应力，在拱趾处采用混凝土铰。他的最大贡献是对混凝土收缩和蠕变[3]的定量估算，并认识到只有采用高强度钢筋，才能在混凝土中获得足够的永存预应力。

1935 年，他使用预应力技术加固了勒阿弗尔（Le Havre）的海事站，本来这个项目有无法修复的可能。弗雷西内使用了预应力混凝土横梁，并抬高了造船厂建筑。随着这个项目的成功，他加入了 Campenon-Bernard 公司并设计了几个预应力桥梁。

1　让·穆勒（Jean Muller，1925—2005）法国工程师，为桥梁分段预制悬拼施工、体外预应力桥梁、结合梁等作出了杰出的贡献，创建了 Jean Muller International Muller & Figg International 等世界著名桥梁公司。

2　混凝土徐变是指在荷载作用下，混凝土结构或材料随时间增长而增加的变形。一般建筑物的徐变在一个月后完成 50% 左右，2 年左右徐变基本完成。

3　蠕变是指固体材料在保持应力不变的条件下，应变随时间延长而增加的现象。它与塑性变形不同，塑性变形通常在应力超过弹性极限之后才出现，而蠕变只要应力的作用时间相当长，它在应力小于弹性极限施加的力时也能出现。许多材料（如金属、塑料、岩石和冰）在一定条件下都表现出蠕变的性质。由于蠕变，材料在某瞬时的应力状态，一般不仅与该瞬时的变形有关，而且与该瞬时以前的变形过程有关。许多工程问题都涉及蠕变。在维持恒定变形的材料中，应力会随时间的增长而减小，这种现象为应力松弛，它可理解为一种广义的蠕变。

1938 年，在他发明了一套张拉和锚固钢丝的工具后，预加应力法才在全世界得到普遍采用。此外，弗雷西内还著有《混凝土应用技术的革命》《预应力混凝土的原理和应用》等书。

1957 年，弗雷西内获英国土木工程师学会金奖。

图 2-65　尤金·弗雷西内　　图 2-66　弗雷西内设计的位于维勒纳沃　　图 2-67　弗雷西内设计的普卢加斯
(Eugene Freyssinet)　　　　　　跨度 96.2 米的桥梁，1914—1922　　　　泰勒桥，1922—1930

事实上，弗雷西内并不是预应力混凝土结构的发明人，至少一位名叫德林的工程师早在 1888 年便已获得了预应力的专利，弗雷西内的导师拉布也建造过预应力混凝土的枕梁。弗雷西内最重要的贡献在于他认识到只有高强预应力钢丝才能抵消徐变和松弛的影响；同时他还意识到，发展锚固和其他技术还能使系统具有足够的柔性，使混凝土材料能被用于更多的结构类型中。

在弗雷西内的时代，他的许多设计都是崭新和复杂的，而且许多是之前人们从未修建的，如高达 2300 英尺的"世界灯塔"，是为 1937 年巴黎的世界博览会设计的。他的作品至今仍被人们使用（图 2-68 ～图 2-70）。他的创造力、发明和研究能力，以及对现有思想和学说的离经叛道，使他成为工程史上最值得铭记的工程师之一。

图 2-68　"弗雷西内敞厅"，现为"法国数字经济的一面大旗"，1927—1929

图 2-69　弗雷西内设计的唐卡维尔　　图 2-70　弗雷西内设计的格拉迪
大桥，1955—1957　　　　　　　斯维尔大桥，1961—1964

2.5.3 罗伯特·马耶尔（Robert Maillart）

罗伯特·马耶尔（Robert Maillart，1872—1940）（图 2-71）是瑞士土木工程师，也是混凝土结构的先驱。

在那个钢筋混凝土快速发展的年代，马耶尔赋予了混凝土结构灵性和活力，他革新了钢筋混凝土结构的使用方式，使用了三铰拱、甲板加筋拱、无梁楼板和蘑菇天花板，这些都是工业化时代建筑和桥梁的标志性构造。他完成的萨尔基那山谷桥（salginatobel bridge，1929—1930）（图 2-72）和施瓦巴赫桥（Schwandbach，1933）（图 2-73），戏剧性地改变了桥梁美学和桥梁施工工程，并对其后几十年间的建筑和工程领域影响深远。

图 2-71　罗伯特·马耶尔
（Robert Maillart）

图 2-73　马耶尔设计的施
瓦巴赫桥，瑞士，1933

图 2-72　马耶尔设计的萨尔基那山谷桥，瑞士，1929

马耶尔一生共设计了 47 座桥梁，很多桥梁已经连续使用超过 80 年，几乎完好无损。他对图解分析的娴熟应用，依然能够带给当代工程师以启发和创意。

马耶尔生于瑞士伯尔尼，毕业于苏黎世联邦理工学院（Eidgenössische Technische Hochschule Zürich，简称 ETH Zürich）。马耶尔并不擅长学术理论研究，但在利用假设和想象力来分析结构时天赋异禀，这使得他与同时代的工程师非常不同，因为当时计算结构和受力方式的常规方法是按照 20 世纪之前的构造形状来展开的，显然这种做法使计算工作更加方便，毕竟那个时代用数学方式分析结构问题，只能依据静力学原理手工推演。

　　这种过度使用数学计算的方法令马耶尔颇为恼火，他更喜欢安安静静地运用常识对混凝土性能进行全面预测。他也很少在施工之前测试他的桥梁，认为只要在施工完成后对桥梁进行检测就足够了。他时常自己穿越桥梁测试桥体。这种对待桥梁设计和施工的态度看来能为他带来创新性的设计理念。

　　回到伯尔尼后，1894—1896 年间，马耶尔为潘平和赫尔佐格（Pümpin & Herzog）事务所工作，之后为苏黎世政府工作两年，再之后还为其他的私人公司工作过几年。

　　1902 年，马耶尔开办了自己的事务所（Maillart & Cie）。1912 年，他和家人一起搬到了俄罗斯。当时的俄国正在瑞士投资的帮助下进行工业化，马耶尔筹备在哈尔科夫、里加和圣彼得堡建设几个大型工厂和仓库。不幸的是，他对一战的爆发毫不知情，战事开始后他和家人就在俄国被捕了。1916 年，他的妻子去世，1917 年，俄国革命和国有化使得马耶尔失去了他的项目和债券。当鳏夫马耶尔和他的三个孩子一起回到瑞士时，他身无分文且负债累累。于是，他不得不另谋生路，为其他公司工作。所幸，生活的磨难并未扼杀他的才华，此后他的优秀设计还是接踵而至。1920 年，他迁到了日内瓦的一个工程办公室，后来又在伯尔尼和苏黎世开设了设计工作室。

　　第一座将混凝土作为主要结构材料的桥梁修建于 1856 年。法国多拱结构的大总管输水道（Grand Maître Aqueduct）即是用混凝土建造的。这时的混凝土材料还只是单纯的浇筑成型，尚未加入钢筋。19 世纪晚期，工程师拓展了将钢筋混凝土作为结构材料来使用的可能性。他们发现混凝土能承载压力，而钢筋能承载拉力，这使得钢筋混凝土成为一种非常好的结构材料。

　　20 世纪早期，钢筋混凝土已成为从前由天然石材、木材和钢材作为结构材料的各种构筑物的替代材料。像约瑟夫·莫尼埃（Joseph Monier）（详见本书第 1.4.1 节）这样的人已经发展出设计和施工的有效技术，但还没有一个人能创造出足以展示钢筋混凝土本性和美感的新形式。

　　罗伯特·马耶尔拥有挖掘混凝土美感的直觉和天分。他设计的三铰拱能把板材和拱肋结合一处，构成紧密相连的整体，后来又演变到有着薄钢筋混凝土和混凝土板的肋拱形式。萨尔基那山谷桥和施瓦巴赫桥是马耶尔三铰拱桥和甲板肋拱桥的经典样式。这些设计已经超越了马耶尔时代混凝土设计的常规边界。马耶尔能为最大限度地发挥材料性能而简化设计，还能将结构的自然美感融入自然。马耶尔的萨尔基那山谷桥方案是从 19 个入围方案中选出的，部分原因是因为他的投标方案造价低廉。

　　马耶尔也因其在许多建筑中具有革命性的柱子设计而闻名。他在苏黎世建造了第一个蘑菇天花板的仓库（图 2-74），在此结构中，混凝土被处理为一块板，而不再用钢筋混凝土梁。他最著名的一个设计是在瑞士罗夏建造的水过滤厂的柱子（图 2-75）。马耶尔决定放弃常规方法，以创造"建造更理性和更美丽的欧洲方法"。马耶尔的柱子设计包括使柱子顶部向外张开形成火焰形，以减少梁柱之间梁的弯矩。因有张开的火焰造型柱顶，柱子之间形成了微微的拱形，更利于把天花板的荷载转移到柱身。马耶尔设计的柱基部分也张开以减少压强。

他之前的许多先辈也曾用木头和钢材做过类似的事情，但是马耶尔的创新之处是用混凝土来做这个结构。

图 2-74　马耶尔设计的一个仓库，这是第一个
蘑菇柱楼板建筑，瑞士，1910

图 2-75　马耶尔设计的瑞士联邦的
粮食仓库，瑞士，1912

1936 年，马耶尔被选为英国皇家建筑师学会院士；1947 年，纽约的现代艺术博物馆展出了罗伯特·马耶尔的桥梁和建筑设计成就；萨尔基那山谷桥被列入《瑞士国家遗产名录》；1991 年，美国土木工程师学会宣布萨尔基那山谷桥为国际土木工程里程碑；2001 年，英国贸易杂志针对桥梁与工程设计进行投票，马耶尔的萨尔基那山谷桥被评为"20 世纪最美丽的桥梁"。

19 世纪下半叶，设计理论的许多领域取得重大进展，如图解静力学的成熟，材料强度的信息已可获得等。在 19 世纪即将结束之时，铁路的发展是桥梁设计需要科学研究的最主要因素。工程师必须知道桥梁构件的精确应力水平，以便设计能够满足承受火车行驶中的力学需求。1847 年，斯夸尔·惠普尔（Squire Whipple）成为第一个获得设计解决方案的人。他的主要突破是，桁架构件可以作为一个平衡系统进行分析，在这个系统被称为"节点法"，如果桁架中的两个力已知，那么桁架中的其他应力就可以获得。下一个设计上的进步是"截面法"，1862 年时由威廉·里特尔（Wilhelm Ritter）提出。里特尔简化了荷载的计算方式，他发展出了一个非常简单的公式，可以通过横截面来确定交叉构件上的受力情况。

罗伯特·马耶尔学习了他那个时代的结构分析方法，但显然他的导师威廉·里特尔的设计原则对其影响最大；第一，尊重基于简单分析的价值计算方法，基于常识做出适当假设；第二，应认真考虑结构的施工全过程，不应只是针对最终成果；最后，测试一个结构应始终以满荷载来测试。所有这些原则都简便易行，但却是建立在对从前建造结构非常仔细的研究基础之上的。

马耶尔和里特尔的时代，其他设计师更喜欢在以前成功的结构和设计中发展他们的设计。当时的德国工程师和科学家们已经开发出复杂的数学技术，并对其结果很有信心。他们的桥梁设计通常不需要实操性的荷载测试。然而，这些办法并不能鼓励设计师探索非常规的形态，因为这些形状不能完全用现有的数学手段进行分析。而里特尔的理论则允许非常规形态的存在。

弗雷西内和马耶尔的后裔仍活跃在今天的桥梁设计领域。

克里斯蒂安·梅恩（Christian Menn，1927—），极为优秀的瑞士桥梁工程师，任教于瑞士苏黎世联邦理工学院，研究领域主要集中在预应力混凝土。此外也有大量的工程实践，主要以混凝土桥见长，尤擅板式斜拉桥、矮塔斜拉桥等，建成作品有一百多座，代表作包括瑞士瓦莱州的甘特尔大桥（Ganter Bridge）（图 2-76）、瑞士克洛斯特斯的森尼贝格桥（Sunniberg Bridge）（图 2-77）。2009 年，梅恩获国际桥梁与结构工程协会奖章。

图 2-76　梅恩设计的甘特尔大桥，
　　　　　瑞士，1976

图 2-77　梅恩设计的森尼贝格桥，瑞士，1998

　　米歇尔·维罗热（Michel Virlogeux，1946—）（图 2-78），法国桥梁设计大师，毕业于法国巴黎高科桥路学院。维罗热的职业生涯起步于 Freyssinet 的工程公司，是一位非常杰出的桥梁工程师，尤其擅长体外预应力、斜拉桥，代表作有世界第一高的米约高架桥、诺曼底大桥、瓦斯科·达伽马大桥等（图 2-79 ～图 2-81）。1996 年，维罗热获英国结构工程师学会金奖；1999 年，获莱昂哈特奖；2000 年，当选法兰西科学院院士，国际桥梁与结构工程协会副主席；2003 年，获国际桥梁与结构工程协会奖章。

图 2-78　米歇尔·维罗热
　　　　　（Michel Virlogeux）

图 2-79　维罗热设计的米约高架桥，
　　　　　法国，2004

图 2-80　维罗热设计的诺曼底大桥（Pont de Normandie），法国，1995

图 2-81　维罗热设计的瓦斯科·达伽马大桥，
　　　　　里斯本，葡萄牙，1998

2.5.4 爱德华·托罗哈（Eduardo Torrojay Miret）

钢筋混凝土结构的发展导致了一种新的建筑造型结构的出现——薄壳结构。

爱德华·托罗哈（Eduardo Torrojay Miret，1899—1961）是西班牙结构工程师，混凝土壳体结构的先驱。他的第一个大型项目是 1926 年位于西班牙赫雷斯 - 德拉弗龙特拉瓜达莱特的坦普尔斜拉结构引水渠 (Tempul cable-stayed aqueduct)，在这个项目中，他使用了预应力梁。

1930 年，聪明的托罗哈设计出一种低矮的圆屋顶，3.5 英寸厚（约 8.89 厘米），跨度为 150 英尺 (45.72 米)。这种屋顶用在了阿尔格萨拉斯市场 (Algeciras Market Hall)（图 2-82）中，其中还有钢铁绳索来解决强度问题，这是世界上第一个薄壳屋顶，这个设计使托罗哈名声大噪。

1935 年，托罗哈还为马德里赛马场设计了安静优雅的悬臂体育场顶（图 2-83）。

托罗哈是一位混凝土诗人，国际薄壳结构与空间结构协会 (IASS) 的创始人和第一任主席。协会的终身成就奖就是以托罗哈的名字命名的，颁发给对空间结构工程作出贡献的结构工程师。托罗哈相信，结构应遵循设计师的个性。托罗哈对结构的关注并没有减少其作品的美学价值。在西班牙工程师群星中，他上承高迪，下启坎德拉。托罗哈擅长混凝土壳体、悬挑、空间网格壳体、预应力混凝土的设计和分析，在西班牙内战前后等困难时期用最少的材料、最低的造价完成了很多优美的作品（图 2-84、图 2-85）。他在世界上许多地区都设计了创新性的混凝土结构，包括摩洛哥和拉丁美洲。他的著作有《结构哲学》和《爱德华·托罗哈的结构》。

图 2-82　托罗哈设计的西班牙阿尔格萨拉斯市场　　　　图 2-83　马德里萨苏埃拉赛马场

图 2-84　艾尔河（Aire）高架桥　　　图 2-85　马德里拉米罗（Ramiro）学院的混凝土棚的亭子

托罗哈的壳体结构有自己的后裔。

海因茨·艾斯勒（Heinz Isler，1926—2009）1996 年时获得国际薄壳结构与空间结构协会 (IASS) 托罗哈奖，2006 年获得弗雷西内奖。艾斯勒也是苏黎世联邦理工学院（ETH）的毕业生，一生致力于混凝土壳体的设计和建造，守护着混凝土薄壳最后的荣耀，在美丽的瑞士留下了许多出色作品。他对模型设计无比钟爱，很多工程的设计都是用缩尺模型进行研究，比如一张薄膜，按照支撑条件吊挂好，然后浇上水放在室外，第二天早上，水都冻成了冰，把这个薄膜反过来，这块冰的形状就是混凝土壳体的初始合理构型。据说，艾斯勒的小院子里堆满了各种小模型，还修了一个小铁路模型，搭配小桥梁模型，玩具火车每天穿行其中……

2.5.5 皮埃尔·奈尔维（Pier Luigi Nervi）

皮埃尔·奈尔维（Pier Luigi Nervi，1891—1979）（图 8-26）是意大利工程师和建筑师，也被称为"混凝土诗人"。

1891 年，奈尔维生于意大利北部小镇桑德利奥，1913 年从博洛尼亚大学土木工程系毕业后在博洛尼亚市混凝土学会工作两年。1915—1918 年在意大利工程兵部队服役，1920 年同奈比渥西合组工程公司，1932 年起同巴托利合作，组织奈尔维 - 巴托利工程公司，1947 年任罗马大学教授。

图 2-86　皮埃尔·奈尔维（Pier Luigi Nervi）

奈尔维的突出贡献在于完善了混凝土的设计理论，借助着二战之后百废待兴、大兴土木的形势，他成功地让混凝土成为了主流的建筑结构材料，让高层混凝土剪力墙体系成为主流解决方案。作为结构工程师，奈尔维以混凝土薄壳、肋壳、折板薄壳见长，并且对混凝土预制化有着深刻理解。他设计建造的壳体，不仅美观、受力合理、用料节省，而且工期短、预制化程度非常高。奈尔维具有把工程结构转化为美丽建筑形式的卓越本领。他的主要贡献是，认识到了钢筋混凝土在创造新形状和空间量度方面的潜力。他的作品大胆而富有想象力，常通过探索新的结构方案而形成新的建筑形态。他是运用钢筋混凝土的大师，他的作品形式优美，具有诗一般的非凡表现力。

奈尔维的混凝土创造开始于 1923 年，代表作是著名的薄壳结构意大利空军飞机修理库。1940 年代，他发展了钢筋混凝土思想，帮助重建了西欧的许多建筑物和工厂，他甚至设计了钢筋混凝土船体。

奈尔维其他代表作还包括罗马小体育宫（1956—1957，与 A. 维泰洛齐合作）（图 2-87）、大体育宫（1958—1960）（图 2-88）、皮瑞里大厦（1956—1959，与蓬蒂合作）（图 2-89）、都灵展览馆 B 厅（1947—1949）等，而最富戏剧性和令人震惊的一件新结构是 1971 年建于梵蒂冈城的梵蒂冈会堂的内部空间。奈尔维的大多数建筑成就都在意大利，国外的作品并不多。他的第一个美国项目是华盛顿大桥巴士站（George Washington Bridge Bus Station）（图 2-90）。他设计了一个由三角片组成的屋顶，这座建筑至今仍在使用。1963 年美国哈佛大学授予他荣誉学位，其后他又获得美国建筑师学会金质奖章。1971 年建成的圣玛丽教堂造型与常规教堂不同，它不追求高直感，但充分体现了混凝土材料特征（图 2-91）。

奈尔维强调，设计中既需要数学又需要直觉，特别是在薄壳体结构中尤其如此。他借鉴罗马和文艺复兴时期的建筑风格,采用肋状结构和拱形结构来提高强度和取消空间中的立柱。他将简单的几何造型和预制方法结合起来,创造出新的设计解决方案。

图 2-87　罗马小体育宫,意大利,1958

图 2-88　罗马大体育宫,意大利,1959

图 2-89　米兰的皮瑞里大
厦,意大利,1950

图 2-90　纽约的乔治华盛顿桥汽车站,美国,1963

图 2-91　旧金山的圣玛丽教堂,
美国,1971

2.5.6 菲利克斯·坎德拉（Felix Candela）

毫无疑问,混凝土壳体的大师是西班牙出生的墨西哥数学家、工程师和建筑师菲利克斯·坎德拉（Felix Candela,1910—1997）（图2-92）。他对建筑界的贡献和对钢筋混凝土建筑薄壳结构的开发,几乎把混凝土壳体的美丽和优雅发挥到了极限。

菲利克斯·坎德拉1910年生于马德里;1927年,坎德拉进入马德里高级建筑技工学校学习;1935年毕业。此间他还到德国进一步深造。他一入学即显现出对几何形态的敏锐感知能力,而且开始给其他同学上私人课程。到三年级时,他在视觉形态的感知能力、画法几何和三角函数方面的才华引起了材料学教授路易斯·维加斯

图 2-92　菲利克斯·坎
德拉（Felix Candela）

(Luis Vegas) 的注意。教授让坎德拉担任自己的助手。在此期间，坎德拉参加了许多建筑竞赛而且大多数都获胜了。与他的同行不同，在校期间坎德拉几乎没有显现出在美学上的追求，他甚至也不喜欢纯数学。

1936 年，西班牙内战爆发，坎德拉的学习就结束了。当坎德拉回到西班牙参战时，他站在共和派一边，反对佛朗哥政权。很快坎德拉成为了西班牙共和国的上尉工程师。不幸的是，因为参加内战，坎德拉被关押在法国的佩皮尼昂集中营直到 1939 年战争结束。坎德拉因为反对过佛朗哥，所以只要西班牙还是佛朗哥掌权，他就不能留在这里。于是他就离开西班牙，到墨西哥开展自己的新事业去了。

一到墨西哥，坎德拉就开始了建筑师工作。到了 1949 年，他开始利用他著名的薄壳设计来发展许多混凝土结构。从 1950 年代到 1960 年代晚期，坎德拉的大部分工程设计作品都在墨西哥。在这一时期，他负责和参与了 300 多个工程和 900 个项目。他的许多大项目都是墨西哥政府指派的，如宇宙射线亭 (Cosmic Rays Pavilion) （图 2-93）。1956 年，墨西哥总统阿道夫·路易斯·寇丁斯说："再没有什么事情，比坐在我们正要建造的这座建筑的阴影中更加庄重的了。"鲁伊斯·寇丁斯拿出了一个资金预算来确保他的建筑宣言得以成真，总计 8120 万比索，这笔资金的数量超过了前一年（1955 年）此项费用的总额，资金中的 2030 万比索被用于公共建筑。坎德拉很幸运，得益于寇丁斯在教育领域投放的预算。后来，坎德拉在墨西哥成为了一名教授。1971—1978 年，他又到美国芝加哥在伊利诺伊大学任教。

坎德拉的一生都在努力工作，在结构工程领域证明混凝土的真实特征和潜在可能性。钢筋混凝土在建造圆顶和壳体时非常有效，这种形态能消除混凝土中的拉力。他用最简单的办法去解决问题。关于壳体设计，他倾向于依靠壳体的几何性质进行分析，而不是使用复杂的数学手段。1950 年左右，当坎德拉的公司开始设计层状结构时，他开始尽可能多地寻找研究期刊和工程论文进行研究。由此，他开始质疑钢筋混凝土的弹性假设，并得出完全不同的结论。不过，坎德拉曾多次表示，分析混凝土结构仅是他的个人爱好。

他为墨西哥城大学设计的宇宙射线实验室就是用了 5/8 英寸（2.1875 厘米）的薄壳屋顶。他采用双曲面抛物线的形式作为他作品的"标识"，而且人工费价格又总让人满意，于是便在墨西哥城中和附近，用这种形式修建了许多工厂和教堂。他最具有震撼力的作品是 1958 年竣工的位于霍奇米尔科的泉水餐厅 (Los Manantiales) （图 2-94），有 6 个形式鲜明的抛

图 2-93　墨西哥大学的宇宙
射线实验室，1951

图 2-94　泉水餐厅，墨西哥
霍奇米尔科，1958

物线拱顶，花瓣形壳体跨度 30 米，厚度仅 4 厘米，令人叹为观止。其他的著名设计还包括 1968 年墨西哥城奥运会场馆（图 2-95）、西班牙城市艺术和科学馆中的水族馆（L'Oceanogràfic）（图 2-96 ～图 2-99）等。

图 2-95　夏季奥运会场馆，墨西哥墨西哥城，1968

图 2-96　城市艺术和科学园中的水族馆，西班牙瓦伦西亚，2002

图 2-97　塞尔瓦娱乐场酒店餐厅，墨西哥库埃纳瓦卡，1956

图 2-98　圣莫妮卡教堂，墨西哥墨西哥城，1963

图 2-99　地铁坎德拉利亚站的入口处顶部薄壳结构，墨西哥墨西哥城，1969

1960 年，坎德拉荣获英国结构工程师学会（IStructE）金奖。

2.6 建筑师的混凝土

2.6.1 奥古斯特·佩雷（Auguste Perret）

如果说是埃内比克使得钢筋混凝土成为构造材料，那么真正使得钢筋混凝土被接受而成为建筑材料的非奥古斯特·佩雷（Auguste Perret，1874—1954）（图 2-100）莫属了。佩雷是法国建筑师，也曾是世界钢筋混凝土施工领域的大师，他的作品不仅包括了工厂、公

图 2-100　奥古斯特·佩雷（Auguste Perret）

寓大楼，还有博物馆、教堂和剧院。他在巴黎一带较知名的作品是弗兰克林大街上的一幢公寓大楼（图 2-101），完成于 1903 年；几年后，他又修建了体积庞大、厚重感强、空间巨大的香榭丽舍剧院（图 2-102）；1922 年建成的兰西圣母教堂（图 2-103）成为建筑设计的经典，这是此前用混凝土建成的建筑所未达到过的高度，高耸的拱顶，纤细的柱子，强烈地表明了这种刚刚被接受的建筑材料的威力。

图 2-101　巴黎弗兰克林大街上的公寓楼，法国，1902—1904

图 2-102　香榭丽舍剧院，法国巴黎，1913

图 2-103　兰西圣母教堂，法国，1923

奥古斯特·佩雷，生于比利时伊克塞勒（Ixelles），卒于巴黎，父亲和祖父是石匠，他的弟弟古斯塔夫也是建筑师。佩雷早年曾在巴黎美术学院学习建筑，未毕业即随其父在巴黎从事营造业。

1903 年，他们建造了巴黎最早一座钢筋混凝土结构公寓建筑——巴黎富兰克林路 25 号公寓。这是一座 8 层钢筋混凝土钢架结构，框架间有褐色墙板，组成朴素大方的外表，虽然一切装饰都被去除，但建筑立面并不显得单调乏味。

1922—1923 年在巴黎附近勒兰西建造的圣母教堂成为建筑设计的经典。这座建筑对建筑发展和革新影响很大，解决了建造大体量钢筋混凝土结构建筑的问题。

自 1940 开始，佩雷开始在巴黎美术学院任教；1948 年，他赢得了皇家金奖；1952 年，获得了美国建筑师联合会金奖。

第二次世界大战后，佩雷任勒阿佛尔市重建工程总建筑师，著名的建筑有市政厅和圣约瑟教堂等，这些建筑于 2005 年被联合国教科文组织列为世界文化遗产。

奥古斯特·佩雷对于混凝土的精细化使用非常有研究，他甚至在同一栋建筑的不同部位使用不同比例的混凝土，混凝土的骨料也各不相同，这样就形成了丰富的、富有表情的建筑立面。

　　佩雷的设计可被看作是对新古典风格的新诠释。他沿袭了19世纪的理性主义传统，是维欧勒·勒·杜克[1]（Viollet Le Duc）思想的后裔。佩雷努力用新材料追随历史类型的做法，后来被年轻的建筑师勒·柯布西耶（Le Corbusier）所超越。柯布西耶曾是佩雷的雇员，他自己也承认佩雷在混凝土手法上使其获益匪浅。佩雷的观点听上去颇具"现代主义"特征："装饰常有掩盖结构的缺点。"最初影响柯布西耶的是著名的建筑大师奥古斯特·佩雷，并教会他如何使用钢筋混凝土，并使其成为了现代主义的先驱。混凝土与现代主义的关系既有技术层面的也有价值观和意识形态层面的。

2.6.2 勒·柯布西耶（Le Corbusier）

　　勒·柯布西耶（Le Corbusier，1887—1965）（图2-104）年轻时曾在佩雷的工作室中兼职，在混凝土的使用上，佩雷绝对是他的老师。柯布西耶的作品几乎都以钢筋混凝土为材料：1931年建成的萨伏伊住宅是代表作之一，这是一种平板结构，整幢房子建在一个桩基之上（图2-105）。1957年建成朗香教堂（图2-106），1959年的拉·图雷特修道院（图2-107），1961年印度昌迪加尔议会大楼等，都是以钢筋混凝土为材料，而混凝土多变的表面为他的这些构想提供了可靠的材料支撑。

图2-104　勒·柯布西耶（Le Corbusier）

图2-105　柯布西耶的萨伏伊别墅，法国普瓦西，1931

图2-106　柯布西耶的朗香教堂，法国，1950—1954

1　维欧勒·勒·杜克（Eugène Emmanuel Viollet le Duc，1814—1897），法国建筑师、理论家和画家，出生于巴黎，在瑞士洛桑过世。法国哥特复兴建筑的中心人物，其作品和观念对后来的现代主义影响极大。研究西方建筑史和设计思想史时必须关注的灵魂人物之一。

　　勒·柯布西耶于 1887 年出生在瑞士小镇拉绍德封（La Chaux-des-Fonds），查尔斯·艾都阿德·吉纳瑞特（Charles Edouard Jeanneret）是他出生时的姓名。他在老家当学徒时，学习的是如何给表蒙子上釉，1902 年柯布西耶在都灵国际装饰展上以一只雕刻手表获奖。多亏他的老师慧眼识珠，劝他去当建筑师，他才离开了家乡，踏上建筑师之旅。

图 2-107　柯布西耶的拉特雷修道院，法国里昂，1956—1960

　　1907 年 9 月，他第一次离开瑞士，去了意大利。当年冬天，他旅行到布达佩斯、维也纳。他在维也纳待了 4 个月，在那里遇到了克里姆特[1]（Gustav Klimt）和霍夫曼[2]（Josef Hoffman）。大约在 1908 年，他到了巴黎，他在奥古斯特·佩雷（Auguste Perret）的工作室找了一份工作。1907—1908 年的旅行和工作，使他逐渐形成自己的建筑观念。1910 年柯布西耶结束旅行回到母校，并受学校之托再次出行到柏林研究德国装饰艺术。1910 年 10 月到 1911 年 3 月间，他在柏林的贝伦斯[3]（Peter Behrens）工作室工作。他在这里遇到了路德维希·密斯·凡·德罗[4]（Ludwig Mies van der Rohe）和沃尔特·格罗皮乌斯[5]（Walter Gropius）。在此期间，他不仅德语变得很流利，更重要的是他参观了艾玛山谷的卡尔特修道院（Charterhouse of the Valley of Ema），这次参观对其一生的建筑哲学产生了深刻而长久的影响。他坚信所有人都应有机会生活在美丽平和的环境中，就像保护区中卡尔特修道院中的修士们一样。1911 年柯布西耶再次到中欧和东方旅行，并于年底回到母校——拉香·德·芳艺术学校。1917 年，柯布西耶定居巴黎，1922 年与堂兄在巴黎开设建筑事务所，1930 年加入法国籍。

　　1920 年，查尔斯·艾都阿德·吉纳瑞特改用笔名勒·柯布西耶，并同奥占芳以及其他的一些诗人、画家、雕刻家等人共同出版了《新精神》杂志。

1　克里姆特（Gustav Klimt，1862—1918），奥地利著名象征主义画家，他参与创办了维也纳分离派，也是所谓维也纳文化圈的代表人物。

2　约瑟夫·霍夫曼（Josef Hoffman，1870—1956），德国建筑师，其作品在欧洲现代建筑发展早期占有重要地位。霍夫曼曾在维也纳跟随现代建筑观念的倡导者建筑学教授瓦格纳（Otto Wagner，1841—1918）学习建筑，1899 年，霍夫曼协助成立建筑革新组织——维也纳分离派。

3　彼得·贝伦斯（Peter Behrens，1868—1940），德国现代主义设计的重要奠基人之一，著名建筑师，工业产品设计的先驱，德意志制造联盟的首席建筑师，被誉为"第一位现代艺术设计师"。他出生于汉堡，曾在艺术学院学习绘画，1891 年后在慕尼黑从事书籍插图和木版画创作，后改学建筑。1893 年成为慕尼黑"青年风格"组织的成员，期间他接受了当时的激进艺术的影响。1900 年黑森大公召他到达姆施塔特艺术新村，在那里他由艺术转向了建筑。1903 年他被任命为迪塞尔多夫艺术学校的校长，在学校推行设计教育改革。

4　路德维希·密斯·凡·德罗（Ludwig Mies van der Rohe，1886—1969），原名玛丽亚·路德维希·密夏埃尔·密斯（Maria Ludwig Michael Mies），德国建筑师，也是最著名的现代主义建筑大师之一，与赖特、勒·柯布西耶、格罗皮乌斯并称四大现代建筑大师。密斯坚持"少就是多"的建筑设计哲学，在处理手法上主张流动空间的新概念。青年时，他在父亲的雕塑店里工作，1908—1912 年间，密斯在彼得·贝伦斯的设计工作室工作了 4 年。1930—1933 年，任德绍和柏林包豪斯学校校长。密斯没有受过正式的建筑学教育，他的建筑思想是从实践与体验中产生的。

5　沃尔特·格罗皮乌斯（Walter Gropius，1883—1969），德国现代建筑师和建筑教育家，现代主义建筑学派的倡导人和奠基人之一，公立包豪斯（BAUHAUS）学校的创办人。他积极提倡建筑设计与工艺的统一，艺术与技术的结合，讲究功能、技术和经济效益。1945 年同他人合作创办协和建筑师事务所，发展成为美国最大的以建筑师为主的设计事务所。第二次世界大战后，他的建筑理论和实践为各国建筑界广为推崇。

1923年柯布西耶将《新精神》杂志上的文章汇集出版，书名定为《走向新建筑》。

1928年，他同W·格罗皮乌斯、L·密斯·范·德·罗等人组织国际现代建筑协会(CIAM)。

1931年建成的萨伏伊别墅是现代主义建筑的经典作品之一，确立了欧洲新型中产阶级的生活形态、建筑造型和时尚标准。萨伏伊别墅共三层，底层三面透空，由支柱架起，内有门厅、车库和仆人用房；二层有起居室、卧室、厨房、餐室、屋顶花园和一个半开敞的休息空间；三层为主人卧室和屋顶花园，各层之间以楼梯和坡道相连，建筑室内外都没有装饰线脚，用了一些曲线形墙体以增加变化。

萨伏伊别墅采用了钢筋混凝土框架结构，平面和空间布局自由，空间相互穿插，内外彼此贯通。别墅轮廓简单，像一个白色的方盒子被细柱支起。水平长窗平阔舒展，外墙光洁，无任何装饰，但光影变化丰富。别墅外形简单，但内部空间复杂，如同一个内部精巧镂空的几何体，又好像一架复杂的机器。1926年，柯布西耶出版了《建筑五要素》，他提出新建筑的五个重要特点是：底层的独立支柱，屋顶花园，自由平面，自由立面，横向长窗。萨伏伊别墅就是这五个特点的具体体现，对建立和宣传现代主义建筑风格影响很大。

巴黎人很喜欢这幢"从不同角度看都会获得不同印象"的房子，一位法国商人说："我从未见过其他的建筑，能够像它一样用如此简单的形体给人巨大的震撼和无穷的回味。"

柯布西耶设计的马赛公寓（图2-108），不但是野性主义风格的代表作，更是现代主义设计的经典。这所原来可容纳1600名马塞工人居住的公寓楼，如今已是许多德国中产阶级向往的居所。这幢公寓外形方正，似乎略显沉重，但是外观钢筋水泥土的裸露的毛糙，展现了一种男性的力量。这是设计史上一个著名的化腐朽为神奇的范例。

图2-108　柯布西耶的马赛公寓，法国，1947—1951

这座建筑非常好地解决了生活隐私和社会交往间的关系：一方面马赛公寓拥有绝对的个人私密性，家庭的每个成员都拥有像修道士一样的小私室，每一个公寓单元都是隔声的，也都像住在山洞里一般；另一方面它与周围的山光水色保持直接的接触，同时社交的功能被大大夸张了，空间布局中有多达26种不同的社交空间。

朗香教堂（也称洪尚教堂）是现代主义建筑中最具影响力的作品之一，也是柯布西耶的里程碑式作品。自从1945年它首次对公众开放以来，朗香教堂已经成为建筑师、学生和旅游者前来朝觐的圣地。这座著名的建筑坐落在法国东部毗领瑞士边界附近的一座小山顶上，取代了在第二次世界大战中被毁的旧教堂。

这是一座位于群山之中的小天主教堂，它突破了几千年来天主教堂的所有形制，超常变形，怪诞神秘，如岩石般稳重地矗立在群山环绕的一处被视为圣地的山丘之上。朗香教堂建成之时，即获得世界建筑界的广泛赞誉，它表现了柯布西耶职业生涯的后期对建筑艺术的独特理解、娴熟驾驭体形的技艺和对光的处理能力。混凝土材料的可塑性和粗糙质感，很好地诠释了柯布西耶的空间哲学。无论人们赞赏与否，都得承认柯布西耶非凡的艺术想象力和创造力。

柯布西耶擅长使用混凝土来创造新的建筑形式和新的空间关系，其他代表作品如图 2-109 ～图 2-112 所示。他手中的混凝土材料和他的工业时代的设计理念一直互为表里，即使在其设计观念有所改变以后，混凝土依然是建筑师思想的最佳表达材料。

图 2-109　柯布西耶的柏林公寓，
德国，1957

图 2-110　柯布西耶的昌迪加尔秘书楼，
印度，1953

图 2-111　印度昌迪加尔议会大楼，1959—1961

图 2-112　柯布西耶的昌迪加尔
高等法院，印度，1952

2.6.3 弗兰克·劳埃德·赖特（Frank Lloyd Wright）

弗兰克·劳埃德·赖特（Frank Lloyd Wright）（图 2-113）是美国第一位真正具有一流国际影响力的建筑师。

赖特很早就宣称，钢筋混凝土是他的设计赖以成形的材料基础，但在很长时期内，他并未在此领域中进行探索，直到职业生涯的中后期，这种情况才有所改变。1936 年他建成了流水别墅，这是世界上第一个暴露悬臂的建筑（图 2-114），而正是钢筋混凝土的材料属性使这个设计成为现实。赖特是第一个以薄板作为建

图 2-113　弗兰克·劳埃德·
赖特（Frank Lloyd Wright）

筑元素来使用的建筑师，薄薄的板面向外延伸，似乎已超出了其可能性的极限。

图 2-114　赖特设计的流水别墅，美国宾夕法尼亚雄溪，1935—1937

流水别墅是赖特为实业家卡夫曼家族设计的别墅。悬空的楼板铆固在后面的自然山石中，构思大胆，是无与伦比的世界最著名的现代建筑。在材料的使用上，流水别墅也是非常具有象征性的，所有的支柱，都是粗犷的岩石。水平线条的天然石材和垂直线条的支柱，产生强烈对比；混凝土的水平构件，贯穿空间，飞腾跃起，赋予了建筑最高的动感与张力。赖特对于国际形式主义、空谈机能主义的态度，在起居室通到下方溪流的楼梯中充分表现出来。这个著名的楼梯，关联着建筑与大地，是内、外部空间不可缺少的媒介，且总会使人们禁不住地一再流连其间。

此前，密斯·凡·德罗对这种混凝土薄板的探索已有多年。1919 年，密斯为超高层建筑提出了一种结构设想：建筑有一个结构核心筒（Structrual Core），每层以薄板分隔，但因为技术原因他并没能实现这个构想。直到 1947 年，赖特丰富了他的想法，并将成果用在了威斯康星州拉辛市约翰逊制蜡公司大楼（Johnson Wax Tower）上（图 2-115）。这幢建筑被认为是赖特最好的设计之一。后来，赖特追求的"有机建筑"及他对像钢筋混凝土这样天然具有可塑性材料暴露表现的愿望，又达到了一个新高度，这就是 1956 年落成的古根海姆博物馆，那种带有纪念性的螺旋形式，至今仍是纽约的标志之一，夜晚来临时更是光感出色（图 2-116）。

图 2-115　赖特设计的约翰逊制蜡公司总部大楼，美国威斯康星州拉辛市，1936

图 2-116　古根海姆博物馆，美国纽约，1959

　　赖特对于传统的重新解释，对于环境因素的重视，对于现代工业化材料的强调，特别是钢筋混凝土的采用和一系列新的技术（比如空调的采用），为以后的设计家们提供了一个探索的、非学院派和非传统的典范，他的设计方法也成为日后建筑设计新探索的重要借鉴内容。

　　赖特从小就生长在威斯康星峡谷的大自然环境之中，在农场生活的艰苦劳动中了解了土地，感悟到蕴藏在四季之中的生命力量，体会自然界固有的旋律和节奏。赖特认为住宅不仅要合理安排卧室、起居室、餐橱、浴厕和书房，使之便利日常生活，而且更重要的是增强家庭的内聚力，他的这一认识使他在新的住宅设计中把火炉置于住宅的核心位置，使之成为必不可少又十分自然的场所。今天看来，赖特的观念其实是一种美国乡村的家庭观念，这是许多研究赖特的中国设计师常常忽略的地方。

　　赖特的建筑作品充满着天然气息和艺术魅力，其秘诀就在于他对材料的独特见解。乡村生活使得他对材料的天然特性非常尊重，他不但注意观察自然界浩瀚生物世界的各种奇异生态，而且对材料的内在性能，包括形态、纹理、色泽、力学和化学性能等仔细研究，"每一种材料有自己的语言……每一种材料有自己的故事"，"对于创造性的艺术家来说，每一种材料有它自己的信息，有它自己的歌"。特别值得注意的是，赖特对材料的关注并不因其是自然材料或人造材料而有差异。他对所有材料的本质和特性一视同仁，而钢筋混凝土材料因可塑性强，既利于工程实施又利于空间形态的塑造，可能还获得了更多的"关照"。

　　赖特的父亲是一位音乐家、传教士，赖特17岁时，父亲即离家出走再无音讯，这成为其一生的阴影。他的母亲来自于威斯康星州绿泉（Spring Green）附近的威尔士家庭，是一位教师；赖特有两个妹妹。赖特尚未出生，他的母亲就决定培养其成为建筑师。

　　赖特在威斯康星大学攻读土木工程，但成绩平平，差3个月毕业时即离校。1887年前往芝加哥寻找工作。1888年进入建筑师丹克马尔·阿特勒[1]（Dankmar Adler）和路易斯·沙利文[2]（Louis Sullivan）的建筑事务所，并深受他们的影响。1889年，赖特结婚，与第一任妻室育有6个孩子。1893年独立开设事务所，共设计出800余座建筑物，其中建成的大约有400处。

　　1905年，赖特到日本旅行。1909年爱上一位客户的妻子，与第一任妻室分居，这使得赖特在上流社会中声誉受损严重，于是他带着情人到欧洲与日本旅行，以躲避社会舆论的指责。1911年赖特回国居住在其家乡威斯康星州塔里埃森。1914年赖特情人与她的孩子在塔里埃森

1　丹克马尔·阿德勒（Dankmar Adler，1844—1900），生于德国的著名美国建筑师。他设计的芝加哥中央音乐厅的声学系统建筑（1879年建成，1900年拆除）为他赢得了广泛的声誉。1881年路易斯·沙利文成为他的搭档，直至1895年。搭档期间，阿德勒专攻工程，沙利文负责设计。

2　路易斯·沙利文（Louis Sullivan，1856—1924），芝加哥学派的代表人物，第一批设计摩天大楼的美国建筑师之一，在美国现代建筑革新中起过重要作用，强调装饰对建筑的重要性。沙利文1856年出生于波士顿，最初曾为费城著名的建筑师弗兰克·弗尼斯（Frank Furness，1839—1912）工作，他被认为是当时美国最有影响力的建筑师之一。1873年，沙利文来到芝加哥，受雇于素有"摩天大楼之父"之称的建筑师威廉·勒巴隆·詹尼（William Le Baron Jenney，1832—1907）。随后，沙利文在巴黎学习一年，再返回芝加哥，成为约翰·埃德尔曼（John Edelman）的绘图员，其奢华有机的装饰设计对沙利文产生了深远影响。1879年，沙利文进入丹克马尔·阿德勒（Dankmar Adler）事务所，后成为合伙人。

被意外的大火烧死。此事颇为蹊跷，据说是一位发疯的仆人所为。赖特的情人、她的两个孩子和其他四个人死于火灾中。虽然受到沉重打击，但赖特还是很快振作起来，并重建了在塔里埃森的家。

1922 年建成的日本东京帝国饭店（图 2-117）以经受住 1923 年东京大地震的考验而闻名于世。赖特对抗震措施，从轻型屋顶到混凝土灌注浅而密的桩基，乃至管弯接，都经过仔细考虑。建筑略带"和风"，反映出赖特对当地文化的尊重和有机建筑的风格。在设计东京的帝国饭店时，赖特遇到了后来成为他妻子的女雕塑家米里亚姆·诺尔（Miriam Noel，1927 年离婚）。

图 2-117　赖特设计的东京帝国饭店，日本，1923

赖特设计并于 1923 年建成的爱丽丝·米拉德住宅（Millard House）（图 2-118），是他组织理性混凝土砌块体系开始在其建筑中真正得到运用的标志作品，预制的砌块墙体上充满厚重的神秘的古埃及式图案。同样令人印象深刻的还有于 1924 年建成的位于洛杉矶的恩尼斯住宅（Ennis House，Los Angeles）（图 2-119）。

图 2-118　赖特设计的爱丽丝·米拉德住宅，美国洛杉矶，1923

图 2-119　赖特设计的恩尼斯住宅，美国洛杉矶，1924

1928 年，赖特和黑山共和国的首席法官的女儿奥尔加（Olga Lazovich）结婚。1932 年，他和妻子一起在塔里埃森创立了一个建筑学校。1936 年，他完成了几个重要的设计任务，其中包括：拉辛市的约翰逊制蜡公司总部大楼（Johnson Wax Administration Building）；宾夕法尼亚州乡村里的流水别墅（Fallingwater）；首幢美国草原式（Usonian）风格的建筑雅各布斯住宅（Jacobs House）。

赖特一生共作了 1100 个设计，其中近三分之一是在他最后的十年内完成的。赖特有令人惊讶的自我更新能力并且在建筑设计上不知疲倦地努力工作，他创造了真正的美国式建筑。通过他的作品、他的著作和他培养的上百位的学生，他的思想被传播到世界各地。

2.6.4 安东尼奥·高迪（Antonio Gaudi i Cornet）

图 2-120　安东尼奥·高迪（Antonio Gaudi i Cornet）

对于许多艺术爱好者而言，他们心目中的混凝土大师还是非高迪（Antonio Gaudi i Cornet，1852—1926）莫属（图 2-120）。混凝土在他的手中不再是建筑材料，而是艺术创作材料，其作品至今激励着年轻艺术家们不断探索：1887 年建成的文森之家；1889 年的古埃尔宫；1904 年的卡佛之家；1906 年的巴特罗公寓；1910 年的米拉公寓；1914 年的古埃尔公园；1926 年的圣家族大教堂……他的所有作品都是精品，有 17 项被西班牙列为国家级文物，有 7 项被收入《世界文化遗产名录》。

安东尼奥·高迪是西班牙建筑师。关于高迪的建筑风格，说法不一，有说他的设计属于现代主义建筑风格，也有说属于塑性建筑流派，还有书籍将其列入新艺术运动行列。这都是从其所处的时代或建筑造型特征而言的。事实上，高迪的建筑不属于任何时代和风格，他就是他自己，而助其完成难以想象的迷幻风格的材料即是——混凝土。在高迪作品中，混凝土的角色非常多变，有时作为结构材料，表面饰以瓷砖或石砾；有时又可裸露出来，带有特殊的朴拙之气。天然石材和混凝土的灵活混用，也源于高迪对材料性格和性质的极好理解和把控。

安东尼奥·高迪 1852 年 6 月 25 日诞生于离巴塞罗那不远的加泰罗尼亚小城雷乌斯。父亲是一名锅炉工，母亲在家操持家务。他们敦厚善良，是虔诚的教徒，过着简朴、平静甚至有些寂寞的生活。安东尼奥排行第五，也是老小。虽然家境并不宽裕，但高迪的才华还是生逢其时——就在他出生前不久，国王刚签署了全面改建巴塞罗那的诏令。工商界的富豪们纷纷斥巨资投入巴塞罗那的改建工程。他们在营造新的建筑时都喜欢别出心裁，争奇斗妍。那时，建筑师的职业十分吃香，人们趋之若鹜。那时的男孩都想快些长大，造出奇妙的建筑来，以扬名天下。

安东尼奥也渴望成为建筑师，但如何建造，他的想法与众不同。他不想挖空心思地去"发明"什么，他只想"仿效"大自然，像大自然那样去建造点儿什么。年轻的他在日记中这样写道："只有疯子才会试图去描绘世界上不存在的东西！"他的整个身心都充满了对大自然的爱，而且可以说，还是疾病帮助他培育起了这份情愫。还在很小的时候他就患有风湿病。他不能和其他小朋友一起玩耍，只能一人独处，他唯一能做的事就是"静观"。哪怕一只蜗牛出现在他的眼前，他也能静静地观察它一整天的时间。

到了青年时期，他还是那样孤僻内向、不爱交际。他学习中等，只是画图特别棒。他最早的作品是替中学生自办的手抄本杂志《滑稽周刊》画一批插图，杂志每期出 12 份，算是相当多的了。

1870 年，安东尼奥·高迪进入巴塞罗那建筑学校就读。在校的头两年，灾难接踵而至：先是医学院刚毕业的大哥不幸去世，接着是母亲病故，再后是姐姐撒手人寰，留下一个幼小的女儿。老父只好带着外孙女搬到巴塞罗那来与儿子同住。安东尼奥不得不一边学习，一边赚钱养家糊口。

还是学生的时候，高迪便参加了巴塞罗那若干"奇观"的建造。名义上他是几位大建筑师的助手，但是交给他设计的几个部分全是他自己独立完成的。

1877 年，高迪为一所大学设计礼堂，这也是他的毕业设计。方案出来后，引起很大争议，但最后还是被通过了。建筑学校的校长感叹地说："真不知道我把毕业证书发给了一位天才还是一个疯子！"

1878 年是高迪职业生涯中最为关键的一年。这一年，他不仅获得了建筑师的称号，更主要的是结识了欧塞比·古埃尔（Eusebi Güell i Bacigalupi，1846—1918）这位后来成为他的保护人和同盟者的朋友。古埃尔既不介意高迪那落落寡合的性格，也不在意他那乖张古怪的脾气，因为他深信，站在他面前的是一位建筑天才。看来，他也已认同了这样一个真理："正常人往往没有什么才气，而天才却常常像个疯子。"事实证明，古埃尔的判断是正确且极具远见的，两人毕生惺惺相惜，成为艺术史上的佳话。古埃尔之于高迪，相当于洛伦佐·美蒂奇之于米开朗基罗。

高迪的每一个新奇的构思，在旁人看来都可能是绝对疯狂的想法，但在古埃尔那里总能引起欣喜若狂的反应。由高迪设计和古埃尔出资建筑的古埃尔庄园、墓室、殿堂、公园、宅邸、亭台等，都成了属于西班牙和全世界的建筑艺术杰作。高迪在此中得到的是每个创作者所渴望的东西：充分自由地表现自我，而不必后顾财力之忧。

除了工作，高迪没有任何别的爱好和需求。他常年留着大胡子，成天是一副阴沉沉、让人捉摸不透的表情。除了古埃尔，他没有别的朋友。他只说加泰罗尼亚语，对工人有什么交代就得通过翻译。他只带了两个学生在身边，多一个他都嫌烦。他似乎觉得，只要与这两个学生交往，就能保持他与整个世界的平衡。他吃得比工人还简单随便，有时干脆就忘了吃饭，他的学生只得塞几片面包给他充饥。他的穿着更是随便，往往三年五年天天穿同一套衣服，衬衫又脏又破。看着他那副穷酸样子，还真有人拿他当乞丐施舍。

古埃尔把高迪引入巴塞罗那上流社会后，爱赶时髦的富人们纷纷请他设计建造公馆、别墅等，从此他就忙开了。他先是为一位工业家的遗孀建造富丽堂皇的巴洛克式宅邸，后又设计建造了造型奇特的巴特罗公寓，再后又建造了像哥特式城堡的贝列斯瓜德别墅。

巴特罗公寓（也译为巴特罗之家）虽然不是高迪首建，但却是经过高迪从外到里全部改头换面的工程（图 2-121）。巴特罗之家最引人注目的，便是那以圣乔治和恶龙的故事为背景的屋顶及正立面，上釉的波状麟片瓷砖如恶龙背部，使得刺在龙脊上的十字架格外耀眼；

而屋子的外观，则以受难者的骨头为窗饰，增添童话故事般的氛围。再以海蓝缤纷的磁砖拼贴出"海洋"的主题，所营造出的海洋味儿正象征加泰罗尼亚人与海为伍，冒险犯难、追寻自由和乐观进取的民族精神。屋子内部的设计，同样令人惊奇。高迪利用不同深浅的蓝色瓷砖、陶瓷，拼凑出如在深海中的天井，而以流线的柚木，做为家具、楼梯扶手、窗框、书桌、椅子等豪华家具，雍容华贵。

图 2-121　高迪设计的巴特罗之家，1904—1906

古埃尔跟高迪一样也是一位幻想家。1900 年他突发奇想，决定建造一座花园式城市。这是一个极为宏大的计划。为此，他在巴塞罗那郊区买了一座光秃秃的山头，打算就在这里建设"古埃尔公园"——成为巴塞罗那上流社会的富人居住区（图 2-122）。高迪满腔热情地支持古埃尔的这一计划。自然，当时他们俩谁也没考虑到，这个选址毕竟离市区太远，地势也太高了。就是今天，人们除了使用两部大型升降梯代步外，还得走很长一段陡峭的山路才能到达那里。难怪当时就有不少人认为，选择这样的地方建住宅区简直是发疯了。

入口处，远景　　　　　　　入口处，近景　　　　　　　贴有瓷砖的长椅

高架桥　　　　　　嵌有马赛克的屋顶　　　多色马赛克装饰的蝾螈

图 2-122　高迪设计的古埃尔公园，1914

高迪把这一大片山地划分成十几块单独的地块并用大圆石作了标记，接着浩大的建筑工程就开工了。正是在古埃尔公园里，高迪成功地将大自然与建筑有机地结合成一个完美的整体。这里的一切——小桥、道路和镶嵌着彩色瓷片的长椅，都蜿蜒曲折，好像一直在漂荡流动着，构成诗一般的意境。按建筑师的意图将成为未来居民休憩场所的中央广场，建有柱廊，但其中的柱子没有一根是笔直的，全像天然森林中的树干。这里处处能带给人惊喜。整座公园像一个童话世界，又像一件悬挂在空中的巨型艺术作品。即使高迪不曾建造任何其他建筑，单单这座公园就足以使他名垂青史了。

古埃尔公园从建筑艺术上说是一个伟大的成就，但从经济上说却是一大失败。园内规划为私人住宅建筑用地的 16 块土地，仅售出了一块。原因很简单：巴塞罗那人不想天天爬山越岭，他们不是山羊！

在巴塞罗那帕塞奥·德格拉西亚大街上，坐落着一幢闻名全球的纯粹现代风格的楼房——米拉公寓（图 2-123）。老百姓多把它称为"石头房子"。它与高迪的另外两件作品一起，在 1984 年被联合国教科文组织宣布为世界文化遗产。

佩雷·米拉是个富翁，他和妻子参观了巴特罗公寓后羡慕不已，决定造一座更加令人叹为观止的建筑。米拉找到了红极一时的中年建筑师高迪，请他来设计建造，并答应给他充分的创作和行动自由。不过事后他才发觉，他的这一允诺真是有欠考虑。工程热火朝天地展开了。

米拉却在工地上忧心如焚地打转转，因为他心里有许多问题百思而不得其解：为什么工程已开工却不见图纸？为什么没有预算？为什么没有设计方案？如此等等。高迪默不作声——语言不是他表达意见唯一的和最好的方式。不过，终于有一天，他沉不住气了，从口袋里摸出一张揉得皱巴巴的纸片，冲着米拉说："这就是我的公寓设计方案！"可怜的米拉时而抓住自己的钱包，时而又揪住自己的胸口，高迪却若无其事似地微笑着。他显得挺得意地搓着双手，对米拉说："这房子的奇特造型将与巴塞罗那四周千姿百态的群山相呼应。"

图 2-123　高迪设计的米拉公寓，1910

　　米拉公寓的屋顶高低错落，墙面凹凸不平，到处可见蜿蜒起伏的曲线，整座大楼宛如波涛汹涌的海面，富于动感。高迪还在米拉公寓房顶上造了一些奇形怪状的突出物，有的像披上全副盔甲的军士，有的像神话中的怪兽，有的像教堂的大钟。其实，这是特殊形式的烟囱和通风管道。后来它们与古埃尔公园和圣家族大教堂一样，也成了巴塞罗那的象征。

　　米拉公寓里里外外都显得非常怪异，甚至有些荒诞不经。但高迪却认为，这是他建造的最好的房子，因为他认为，那是"用自然主义手法在建筑上体现浪漫主义和反传统精神最有说服力的作品"。今天人们认为，米拉公寓堪称高迪落实自然主义最成熟的作品。

　　圣家族大教堂是另一处享誉世界的高迪建筑（图 2-124）。大教堂位于西班牙加泰罗尼亚地区的巴塞罗那市区中心，始建于 1884 年，按照高迪的设计，保守估计竣工时间为 2050 年，最乐观的估计也要在 2026 年才能看到成品。尽管这是一座未完工的建筑物，但丝毫无损于它在国际上的声望。教堂主体以哥特式风格为主，细长的线条是主要特色，圆顶和内部结构则显示出新哥特风格。这是高迪一生中最主要的作品、最伟大的建筑，也可以说是他心血的结晶、荣誉的象征。

全景

局部　　　　　　　　　　　　　　顶部

人物

远视图

新旧装饰的对比

基督诞生

乌龟造型柱础

侧面

神圣家族雕像

图 2-124　高迪设计的圣家族大教堂

世人对巴比伦塔总有一种奇怪的偏爱，高迪也未能例外。他为教堂圣殿设计了三个宏伟的正门，每个门的上方安置 4 座尖塔，12 座塔代表耶稣 12 个门徒。还有 4 座塔共同簇拥着一个中心尖塔，象征 4 位福音传教士和基督本身。截止至 2012 年 9 月已完工两个门共 8 座高塔。

在设计教堂内部装饰时，他想方设法把《圣经》故事人物描绘得真实可信。为此，他煞费苦心地去寻找合适的真人做模特。譬如，他找到一个教堂守门人来描绘犹大，又好不容易找了一个有 6 个指头的彪形大汉来描绘屠杀儿童的百夫长。此外，为了在一座门的正面表现被残暴无道的犹太国王希律下令屠杀的数以百计婴儿的形象，他还特地去找死婴，制成石膏模型，挂在工作间的天花板下面，工人见了都感到毛骨悚然。

170 米的高塔、五颜六色的马赛克装饰、螺旋形的楼梯、宛如从墙上生长出来的栩栩如生的雕像……庞大的建筑显得十分轻巧，有如孩子们在海滩上造起来的沙雕城堡。不过教堂显得有些令人恐怖，难怪有的民众称之为"石头构筑的梦魇"。但当罗马教皇利奥十三世宣布支持建筑这一教堂时，巴塞罗那人马上便喜欢上这座教堂，也爱上它的建筑师高迪了。

1926 年 6 月 10 日，巴塞罗那举行有轨电车通车典礼，全城喜气洋洋。装饰着彩旗、鲜花的电车在欢快的乐曲声和雷鸣般的掌声中开动了……突然，电车把一位老人撞倒了！

起初，没有人知道他就是高迪，因为此人穿着寒酸，形容枯槁，人们以为这个糟老头子只是个乞丐罢了。他被送到医院后不久就断了气。像所有横尸街头的流浪汉一样，过几天就该送到公共坟场草草埋葬了。没想到有一位老太太竟然认出这个老头就是安东尼奥·高迪。天哪，他可是巴塞罗那最伟大的建筑师和最杰出的公民，整个西班牙的骄傲啊！出殡那天，巴塞罗那全城的人都出来为他送葬致哀！

高迪被安葬在圣家族大教堂的地下墓室。高迪知道，这项工程开工时没有他，完工时（如果能完工的话）也不会有他。也许，使这座教堂成为一个永恒的建筑工程，成为像大自然一样永恒的过程，正是天才高迪留给世人的礼物！

2.6.5 安藤忠雄（Tadao Ando）

今天被人们所津津乐道的混凝土材料的建筑天才是日本建筑师安藤忠雄（图 2-125），他将混凝土的艺术性及其引发的文化思考推进到了更高层次。安藤的成就给了我们很大启示：一位东方建筑师，选择了混凝土这种极具西方历史、文化和技术特点的建筑材料，与日本的传统工艺思想和工艺美学完美结合，这既是混凝土材料的魔力，也是文化融合的魅力。

图 2-125　安藤忠雄

据说安藤忠雄从未受过正规科班教育，他开创了一套独特、崭新的建筑风格。他 1941 年出生于大阪，比自己的弟弟早出生几分钟，但因父母离异，兄弟被迫分开，安藤被送去和祖母生活。1957 年左右，开始练习职业拳击。高二时，他看到赖特设计的帝国饭店深感震惊，于是决定结束自己的拳击生涯，改学建筑设计。他参加了夜校学习绘图，并上了室内设计的函授课程。1959—1961年，考察日本传统建筑；1962—1969年，游学于美国、欧洲和非洲；在1968年返回大阪开办自己的事务所之前，他跑去参观许多著名建筑师的作品，如柯布西耶、密斯·凡·德罗、弗兰克·赖特和路易斯·康。1969年，安藤创办了"安藤忠雄建筑研究所"（Tadao Ando Architecture&Associates），由此设计了许多个人住宅，其中位于大阪的"住吉的长屋"（图2-126）获得很高的评价；1980年代在关西周边设计了许多商业设施（图2-127）、寺庙、教会等；1987年，担任耶鲁大学的客座教授；1988年，担任哥伦比亚大学的客座教授；1990年代之后，公共建筑、美术馆及海外的建筑设计案开始增加；1989年，担任哈佛大学的客座教授；1995年，获得普利兹克建筑奖，他把10万美元奖金捐赠予1995年神户大地震后的孤儿；1997年，执教于日本东京大学建筑系，并担任东京大学工学部教授；1997—2003年，从东京大学退休，转任名誉教授；2005年，获得东京大学终身特别荣誉教授的名誉。

图2-126　住吉的长屋用混凝土诠释了日本人的　　　图2-127　大阪商业
空间和生活形态，1976　　　　　　　　　　街廊，1988

日本是一个受宗教和传统风格影响极大的国家，这在安藤忠雄的建筑设计中均能找到烙印。安藤的建筑似乎一直都在强调虚无和空白代表的简单美丽。他喜欢设计复杂的流通空间，同时保持简单的外观。作为建筑师，他认为建筑可以改变社会，所以他相信"改变住所就能改变城市并改革社会"。

安藤的建筑强调感觉和身体体验的概念，而且都是受到日本文化的重要影响。禅宗追求一种简朴的观念，集中精力在内心体验而非外在表现。禅宗影响生动地展示在安藤的作品中，成为其显著标志。为了实践禅宗的意境，安藤选择了清水混凝土作为达成他所有精神、功能和构造要求的材料。

除了日本的宗教建筑，安藤还设计了基督教堂，如教堂三部曲。虽然日本宗教建筑和基督教堂属性不同，但安藤对它们的设计手法处理却非常相似。安藤认为，设计宗教建筑和住宅时，没什么本质不同。

人们居住在房子中，不仅是满足功能要求，也是一种精神寄托。家勾勒着心灵的轨迹，也勾勒出神的轨迹。住在一所房子是一个寻找心灵神祇的过程，就像去教堂去寻找神一样。教会的一个重要的角色是提高这种精神。在精神世界中，人们能在头脑中获得的安宁，也能在他们的家园中获得。

除了谈到建筑的精神，安藤还强调自然和建筑之间的关系，他试图通过建筑让人们轻松体验到精神世界和自然之美，他相信建筑应标明场所的态度并使其呈现出来，这不仅解释了他认为建筑应具有社会意义的理论，还说明了他为何花费如此多的时间来研究建筑中的身体体验课题。

清水混凝土是物质发展到一定程度，工艺要求极高的产品，素面朝天看似简单，其实比金碧辉煌、银装素裹还难弄得多。虽然它与生俱来的厚重与清雅是一些现代建筑材料无法效仿和媲美的，但因施工难度大，可变因素多，又使其始终难以被国内的业主和建筑师所采用，也就更鲜有成功的范例。

安藤的清水混凝土在灌浆、撤除模板后，不再粉刷或是装饰、贴砖，保留下混凝土原本的质感，直接呈现出建筑材料真实的面貌。这方面的尝试，早在安藤的第一个成名作品——住吉的长屋就有所展现，位于混乱的老旧市区住吉的长屋，是安藤故乡很多老建筑中平凡的一间。安藤运用清水混凝土墙围出一座方盒子，将周边嘈杂喧闹全部隔绝在墙外。中间的天井可做房间的采光或通风之用，光线从天空洒落在光洁的混凝土墙壁上，留下了时间的影子，成为建筑中的一项生动元素，于是，安藤"清水混凝土诗人"的称号由此展开，此项作品更赢得了1979年度的日本建筑学会奖。

安藤认为真正后现代文化不应存在于消极、享乐，以过度的服务来满足消费文化的需要，而是应包含在禁欲主义的"道"中。住吉的长屋的原型，即是安藤对当时生活方式所作的反省与抗议。他认为在现代社会中，消费主义的抬头使精神渐趋没落，必须加以抗拒，并希望在生活中保有传统形式，并在这个基础上发展、超越，进而能创造新的文化。素混凝土本身即带有"禁欲主义"的色彩，一种介于经典现代主义和当代中心审美之间的味道。

安藤相信构成建筑必须具备三要素：

第一要素是可靠的材料，要真材实料，材料既可以纯粹朴实的水泥，也可以是刷漆的木头等物质。

第二因素是正宗完全的几何形式，这种形式为建筑提供基础和框架，使建筑展现于世人面前；它可能是一个主观设想的物体，也常常是一个三度空间结构的物体。当几何图形在建筑中运用时，建筑形体在整个自然中的地位就可很清楚地跳脱界定，自然和几何产生互动。几何形体构成了整体的框架，也成为周围环境景色的屏幕，人们在上面行走、停留、不遇期的邂逅，甚至可以和光的表达有密切的联系。借由光的影子阅读出空间疏密的分布层次。经过这样处理，自然与建筑既对立又并存。

最后一个因素是"自然"；这里所指的自然并非是原始的自然，而是人所安排过的一种无序的自然或从自然中概括而来的有序的自然——人工化的自然，或者说是建筑化的自然。他认为植栽只不过是对现实的一种美化方式，仅以造园及其中植物之季节变化作为象征的手段极为粗糙，应该将抽象化的光、水、风纳入其中。这样的自然是由素材与以几何为基础的建筑体同时被导入后，所共同呈现出来的。

安藤把原本厚重、表面粗糙的清水混凝土，转化成一种细腻精致的纹理，以一种绵密、近乎均质的质感来呈现，对于他精确筑造的混凝土结构，只能用"纤柔若丝"来形容。这种精准、纯粹的特质，正符合日本人的审美特性。安藤把混凝土表现得如此细腻，会让人感受到混凝土"母性"的一面。比较而言，柯布西耶运用清水混凝土的风格追求粗犷豪放；而安藤运用的清水混凝土则体现了精致细腻的情感。

光之教堂是安藤忠雄教堂三部曲（风之教堂、水之教堂、光之教堂）中最为著名的一座（图 2-128）。光之教堂的魅力不在于外部，而是在里面，就像朗香教堂一样的光影交叠所带来的震撼力。然而朗香教堂带来的是宁静，光之教堂带来的却是强烈震动。光之教堂预算较低，面积也不大，但这丝毫没有限制住设计师的想象力。坚实厚硬的清水混凝土绝对的围合，创造出一片黑暗空间，让进去的人瞬间感觉到与外界的隔绝，而阳光便从墙体的水平垂直交错开口里泄进来，那便是著名的"光之十字"——神圣，清澈，纯净，震撼。

图 2-128　光之教堂，大阪，1989

建筑物由一个混凝土长方体和一道与之呈 15°角横贯的墙体构成，长方体中嵌入三个直径 5.9 米的球体。这道独立的墙把空间分割成礼拜堂和入口部分。廊道两侧为清水混凝土墙，顶部由玻璃拱与 H 形横梁构成。廊道前后没有墙体阻隔，新鲜空气自由地在这个空间中穿行，末端是绿色的树木和遥远的海景。透过毛玻璃拱顶，人们能感觉到天空、阳光和绿树。教堂内部的光线是定向性的，而不同于廊道中均匀分布的光线。教堂内部的地面愈往牧师讲台方向愈呈阶梯状下降。前方是一面十字形分割的墙壁，嵌入了玻璃，以这里射入的光线显现出光的十字架。由于考虑了预算与材料之感，地板和椅子均采用低成本的脚手架木板。

光之教堂由混凝土作墙壁，除了那个置身于墙壁中的大十字架外，并没有放置任何多余的装饰物。安藤忠雄说，他的墙不用挂画，因为有太阳这位画家为他作画。教堂里只有一段向下的斜路，没有阶梯；最重要的是，信徒的座位位置高于圣坛，这有别于大部分的教堂（圣坛都会位于高台之上，庄严而冷酷地俯视着信徒），此乃打破了传统的教堂建筑，亦反映了世界上每个人都应该平等的思想。

在光之教堂中，安藤以其抽象的、肃然的、静寂的、纯粹的、几何学的空间创造，让人类精神找到了栖息之所。

水之教堂位于北海道夕张山脉东北部群山环抱之中的一块平地上（图 2-129）。从每年的 12 月到次年 4 月这里都覆盖着雪，这是一块美丽的白色开阔地。安藤忠雄和他的助手们在场里挖出了一个 90 米 ×45 米的人工水池，从周围的一条河中引来了水。水池的深度是经过精心设计的，以使水面能微妙地表现出风的存在，甚至一阵小风都能兴起涟漪。

图 2-129　水之教堂，北海道，1991

面对池塘，设计将两个分别为 10 米见方和 15 米见方的正方形在平面上进行了叠合。环绕它们的是一道"L"形的独立的混凝土墙。人们在这道长长的墙的外面行走是看不见水池的。只有在墙尽头的开口处转过 180°，参观者才第一次看到水面。在这样的视景中，人们走过一条舒缓的坡道来到四面以玻璃围合的入口。这是一个光的盒子，天穹下矗立着四个独立的十字架，玻璃衬托着蓝天使人冥思禅意，整个空间中充溢着自然的光线，使人感受到宗教礼仪的肃穆。接着，人们从这里走下一个旋转的黑暗楼梯来到教堂。水池在眼前展开，中间是一个十字架，一条简单的线分开了大地和天空、世俗和神明。教堂面向水池的玻璃面是可以整个开启的，人们可以直接与自然接触，听到树叶的沙沙声、水波的声响和鸟儿的鸣唱。天籁之声使整个场所显得更加寂静。在与大自然的融合中，人们面对着自我。背景中的景致随着时间的转逝而无常变幻……

水之教堂施工仅五个月，是一个小型的婚礼教堂。专门设计的婚礼教堂，全部由清水混凝土、玻璃、钢架材料构成，将自然引入室内，同时又是抽象的自然，是带有神的色彩的自然，一年四季景致不同，是日本女孩最向往的结婚之地。

德国杜塞尔多夫郊外的霍姆布洛伊的美术馆，是一个世界稀有的"公园"美术馆。在 20 余万平方米郁郁葱葱的森林中，十几栋展示室就像消融在树丛中一样散落布局。美术馆收藏着兰根夫妇收集的东洋美术和现代美术藏品。

针对藏品的性质，建筑师考虑设计两个不同性格的空间：一个是为东洋美术而做的、充满柔和光线的"静"的空间；另一个则是为现代美术而作的光影交织跳动的"动"的空间。反复研究之后，设计方案中建筑群的构成包括了采用混凝土箱形外包玻璃皮膜的双层膜构造的东洋美术常设展示厅，以及与之呈 45°角建筑一半埋入地下的并列的两栋特别展示厅。

常设展示"静"的空间，采用混凝土和玻璃的镶嵌构造，导入了日本传统建筑手法"缘侧"般的缓冲空间领域。让人感觉身在美术馆内部却像漫步森林中一样，建筑的内外空间具有流动性。特别展示厅"动"的空间，我们在建筑体量埋入地下而形成的封闭箱体中，设计了天窗使得采光颇具戏剧性。来访的人们从与"静"空间的对比中更加鲜明地感觉到光的戏剧性效果。

无论是在日本还是在西方世界，安藤都拥有许多拥趸。比较起来，他在日本的建筑通常显得更为紧实、厚重、内敛和从容，如住吉的长屋、兵库县立美术馆（图 2-130）等；兵库县海边的 4×4 住宅（图 2-131）更好地展示了日本传统美学和当代施工技术。而安藤在西方世界中建成的建筑常显得更加舒朗和放松，如位于密苏里的普利策艺术基金会（图 2-132）和杜塞尔多夫郊外的兰根基金会（图 2-133）。这可能与场地条件有关，也应该与业主趣味和城市风格有关。

图 2-130　兵库县立美术馆，2002

图 2-131　4×4 住宅，兵库县，2003

图 2-132　普利策艺术基金会，美国圣路易斯，2001

图 2-133　德国兰根基金会美术馆，德国诺伊斯，2004

3 混凝土的材料秘密

对大多数人而言，混凝土的材料特征难以捉摸，实难把控，但对于迷恋混凝土材料，试图将其纳入艺术创作和工业品生产范畴中的设计师而言，其材料特性是我们必须关注的重要内容。

3.1 混凝土的组成

混凝土原材料的性能及质量直接影响其性能。这些原材料不仅必须品质合格，而且还要满足混凝土施工性能、力学性能以及耐久性能等多项要求。

水泥的强度等级除与混凝土强度等级相适应外，还应考虑混凝土的其他要求，如抗折、抗渗、耐蚀、抗裂、抗冻以及混凝土所处环境，如水下、地下、干燥及存在腐蚀介质等因素。

骨料也应进行选择，除通常按混凝土结构尺寸及钢筋间距选择石子最大粒径外，骨料的级配、粒形、有害物含量以及单价都属最终选择的重要考虑因素之列。由于在一般强度等级的普通混凝土中，骨料的适应性比较普遍，所以人们会有错觉，以为一种骨料可用在任何混凝土中。其实，即使是普通混凝土，也应选择有害物含量合格、级配良好、价格适宜的骨料；对于有特殊要求的混凝土，如高强、高性能、耐蚀混凝土等，更应选择质地优良的骨料。

3.1.1 我国常见水泥类型

目前我国常用的水泥共六种：硅酸盐水泥、普通硅酸盐水泥、矿渣硅酸盐水泥、火山灰质硅酸盐水泥、粉煤灰硅酸盐水泥及复合硅酸盐水泥。这六种水泥因熟料的烧成、粉磨、矿物掺料的品种和掺量、石膏的品种和掺量不同而性能各不相同，同一种水泥也因强度等级[1]的高低及是否早强[2]而略有不同。

（1）硅酸盐水泥

硅酸盐水泥有明显的早强，后期强度发展较慢的情况，故该水泥适宜用于冬期施工，或要求早强的混凝土结构中。硅酸盐水泥强度等级较高，可用于高强混凝土或高性能混凝土。因硅酸盐水泥水化[3]较快，水化热较高，不宜用于大体积混凝土或需控制水化热的混凝土中，但适于冬季施工，因为可利用水化热高的特点进行蓄热养护。

硅酸盐水泥拌合时需水量较大，易产生收缩裂缝，水化速度快，早期水化热较高，易在混凝土结构中产生温度梯度造成温度裂缝，因而有抗裂要求的混凝土最好不采用硅酸盐水泥。

硅酸盐强度等级高，水灰比较小，水化速度快，使混凝土很快达到一定强度，能避免冻害，抗冻性好。硅酸盐水泥中许多成分的水化物与硫酸盐等作用，生成膨胀性的水化硫铝酸盐，或易溶盐，耐蚀性较差。若掺入一定量的矿物掺料，可大大提高其耐蚀性。

（2）普通硅酸盐水泥

普通硅酸盐水泥熟料与硅酸盐水泥相同，只是掺了不超过15%的混合材料，故早期强度比硅酸盐水泥稍低，但高于其他水泥，该种水泥因强度等级适中，性能适应面宽而被广泛用于各种结构的混凝土。由于所用混合材料的品种及掺量对普通硅酸盐水泥的性能有影响，使用前应了解所掺混合材料的相关资料。

普通硅酸盐水泥与硅酸盐水泥差别不大，比其他水泥水化热高，但采用掺加矿物掺料等措施后仍可用于有可能出现温度裂缝（如大体积混凝土）的结构，另外，其需水量不是很大，也可用于可能出现收缩裂缝的地方，但仅就抗裂要求来讲，普通硅酸盐水泥不宜单独使用。

普通硅酸盐水泥耐蚀性较差，对有耐蚀性要求的混凝土应优先使用矿渣硅酸盐水泥等混合材料掺量较多的水泥。

与硅酸盐水泥相似，普通硅酸盐水泥的抗冻性较好。

---

[1] 混凝土的强度等级是指混凝土的抗压强度，以混凝土立方体抗压强度标准值划分。采用符号C与立方体抗压强度标准值（以 N/mm^2 或 MPa 计）表示。混凝土的抗压强度是通过试验得出的，我国最新标准C60强度以下的采用边长为 100 毫米的立方体试件作为混凝土抗压强度的标准尺寸试件。按照《普通混凝土力学性能试验方法标准》（GB/T 50081—2002），制作边长为 150 毫米的立方体在标准养护（温度20℃±2℃、相对湿度在95%以上）条件下，养护至 28 天龄期，用标准试验方法测得的极限抗压强度，称为混凝土标准立方体抗压强度。按照《混凝土结构设计规范》（GB 50010—2010）规定，在立方体极限抗压强度总体分布中，具有 95% 强度保证率的立方体试件抗压强度，称为混凝土立方体抗压强度标准值（以 MPa 计）。

[2] 普通水泥在 28 天后强度才可以达到要求，而早强水泥最快 3 天就能达到要求强度的 80% 以上，那就是所谓早强水泥了。

[3] 水化热指物质与水化合时所放出的热，此热效应往往不单纯由水化作用产生，所以有时也用其他名称（例如氧化钙水化的热效应一般称为"消解热"）。水泥的水化热称为"硬化热"更确切，因其中包括水化、水解和结晶等一系列作用。水化热可在量热器中直接测量，也可通过熔解热间接计算。水化热高的水泥不得用在大体积混凝土工程中，否则会使混凝土的内部温度大大超过外部，从而引起较大的温度应力，使混凝土表面产生裂缝，严重影响混凝土的强度及其他性能。水化热对冬季施工的混凝土工程较为有利，能提高其早期强度。在使用水化热较高的水泥时，应采取措施来防止混凝土内部的水化热过高。

（3）矿渣硅酸盐水泥

矿渣硅酸盐水泥早期强度较低，后期强度发展较快，因为矿渣的掺量很大，而矿渣中各成分与水泥熟料矿物的反应速度较慢，所以矿渣硅酸盐水泥一般不用在要求早强的混凝土中。

与前两种水泥相比，矿渣硅酸盐水泥水化热较低，故可用于大体积混凝土等需要控制温度裂缝的结构。

因为矿渣硅酸盐水泥中的铝酸三钙含量及水化矿物熟石灰含量较低，有利于抵抗硫酸盐等介质的侵蚀，可优先用于水下或有硫酸盐侵蚀的混凝土结构。

泌水性[1]：泌水性大是矿渣硅酸盐水泥的特点。混凝土成型后，不但在混凝土表面泌水，而且在混凝土内部骨料和水泥浆的界面上也有泌水，这使该水泥保水性差，混凝土工作性不好。混凝土硬化后，泌水表面形成孔隙，使其密实度降低，混凝土与钢筋的粘结力削弱。泌水还是混凝土塑性开裂的主要原因，故在使用矿渣水泥时，应采取排除泌水或二次抹面等措施避免塑性裂缝的产生。

矿渣硅酸盐水泥的水化热较低，可有效地降低混凝土内部的温度梯度，但因泌水量大，一方面，混凝土表面若处理不好易出现塑性收缩裂缝；另一方面，冬期施工或有冻融[2]要求的混凝土一般较少选用这种水泥，其抗冻性也较差。

（4）火山灰硅酸盐水泥

火山灰硅酸盐水泥早期强度较低，后期强度有较大发展。因为一般混凝土工程既要求较快的施工速度，同时在北方地区又存在冬季施工问题，大大限制了此种水泥的使用范围。

火山灰硅酸盐水泥水化热较低，可用于控制温度裂缝的地方。其耐蚀性较好，对于有硫酸盐等侵蚀的混凝土中适宜采用此种水泥。

火山灰硅酸盐水泥需水量大，这是由火山灰质混合材料的性质决定的，其掺量越多，则需水量越大。这使混凝土干燥收缩增大，极易发生收缩裂缝，在混凝土养护不好，环境十分干燥的情况下，收缩尤为严重，所以该水泥抗裂性较差，不宜用于有抗裂要求的结构，即使用于普通混凝土，也应加强养护，使混凝土保持潮湿环境。

火山灰硅酸盐水泥由于水化热低，早期强度发展缓慢等特点，不宜用于有抗冻要求的地方；保水性好，没有泌水现象，使混凝土具有较好的工作性。

---

1 泌水性是指水泥浆体所含水分从浆体中析出的难易程度，又称析水性。在混凝土制备过程中，实际拌合用水往往比水泥水化所需的水量多，如果所用水泥的泌水性大，则导致混凝土分层离析，破坏混凝土均一性；同时使水泥浆体和骨料、钢筋之间不能牢固粘结，并形成较大孔隙。所以用泌水性大的水泥所配制的混凝土，孔隙率提高，特别是连通的毛细孔较多，质量不均，抗渗性、抗冻性以及耐蚀等性能较差；由于分层、离析，导致混凝土界面薄弱层的出现，使混凝土整体力学强度等性能降低。如果水泥的保水性不好，则拌成的砂浆在砌筑时，很容易被所接触的砖、砌块等基材吸去水分，从而降低其可塑性与粘结性，不能形成牢固的粘结；而且施工也不方便。一般情况下，凡是能够改善水泥泌水性的因素，一般都能提高其保水性。

2 冻融是指土层由于温度降到零度以下和升至零度以上而产生冻结和融化的一种物理地质作用和现象。中国各地多属于季节性冻土类型，即冬季冻结，夏季消融，多年冻土类型少。由于温度周期性的发生正负变化，冻土层中的地下冰和地下水不断发生相变和位移，使冻土层发生冻胀、融沉、流变等一系列应力变形，这一过程称为冻融。

（5）粉煤灰硅酸盐水泥

粉煤灰硅酸盐水泥的强度发展与火山灰水泥相似，即早期强度发展缓慢，后期强度有较大增长。

由于粉煤灰的掺入，使水化热较低，粉煤灰掺量越大，水化热越低，所以适宜用于大体积混凝土等可能出现温度裂缝的地方。

粉煤灰的主要成分是二氧化硅，它可以缓慢地与熟石灰作用而提高混凝土的耐蚀性，适用于有硫酸盐侵蚀介质的混凝土中。

由于粉煤灰水泥水化热低，可有效地防止温度裂缝的产生，同时，粉煤灰需水量低，使混凝土干燥收缩不大，故粉煤灰水泥的抗裂性好，可用于有抗裂要求的结构。

因早期强度较低，其抗冻性较差，故粉煤灰硅酸盐水泥一般不用于冬期施工的混凝土。

（6）复合硅酸盐水泥

复合硅酸盐水泥掺两种以上混合材料，总掺量与粉煤灰硅酸盐水泥相近，故强度发展缓慢，早期强度较低。因掺入混合材料，水化热较低。

由于与以上三种水泥（矿渣硅酸盐水泥、火山灰硅酸盐水泥及粉煤灰硅酸盐水泥）相同的原因，复合硅酸盐水泥的耐蚀性和抗裂性较好，抗冻性较差。使用复合硅酸盐水泥的混凝土，其具体性能如何取决于混合材料的品种及掺量。一般要求这种水泥应掺两种或两种以上的混合材料，掺量在 15%~50% 之间，所以复合硅酸盐水泥的性能根据混合材料的品种、掺量等与矿渣硅酸盐水泥、火山灰硅酸盐水泥或粉煤灰硅酸盐水泥相近。

很多试验都说明，混合材料双掺或三掺时，不但能改善混凝土的某些性能，而且还改善单掺时水泥的某些性能，例如火山灰硅酸盐水泥单掺火山灰质混合材料，水泥需水量大，双掺时这一性能则有所改善；在混凝土中双掺混合材料同样比单掺性能优越，因而复合硅酸盐水泥的性能在某些方面优于矿渣硅酸盐水泥、火山灰硅酸盐水泥或粉煤灰硅酸盐水泥。

（7）R 型水泥

R 型水泥即所谓早强型水泥，其标志是在强度等级后面加字母"R"。

R 型水泥越来越多地被用于各种结构的混凝土中，这是因为一方面施工单位为了赶进度，往往首选早强水泥，以缩短混凝土的养护期；另一方面水泥厂常用调整水泥细度的办法来生产各种强度等级的水泥，粉磨得越细，则水泥强度越高，同时早期强度也越高，这就出现了 R 型水泥。还有的水泥厂因为原料配料或烧成的原因使熟料质量不高，这时只有提高粉磨细度才能达到预期强度等级的要求，于是非 R 型水泥则变成了 R 型水泥。

虽然 R 型水泥早期抗压强度提高了，但随着水泥粉磨细度的提高，其水化速度大大加快，水化热也提高了，而且集中于早期，使混凝土极易产生温度裂缝，同时水泥的需水量也相应增加，使混凝土易于出现收缩裂缝，这就是采用 R 型水泥的混凝土往往出现裂缝的主要原因。如强度很高，或者早期强度很高，但颗粒级配不良，将导致需水量过大，凝结时间过快，使

混凝土工作性变差，密实度降低，易于开裂，最终将影响混凝土的耐久性。

对于大体积混凝土结构，或薄壁长墙结构，应尽量不采用 R 型水泥，必须使用时，也应采取其他措施（如掺加矿物掺料或外加剂），防止混凝土开裂。

3.1.2 骨料

骨料虽然没有活性，但却是混凝土的骨架，按重量计约占 70% 以上，其性能及质量对混凝土性能起重要作用。1980 年代以前，由于混凝土强度等级较低（一般适用范围是 C10~C15，C30 以上即为高强混凝土），混凝土抗压强度主要与水泥质量和水灰比有关，因为骨料只起填充作用。

随着混凝土强度等级的大幅度提高（一般使用 C20~C60），高强混凝土或高性能混凝土的大量使用，骨料的作用日益明显，以高强混凝土为例，当单方水泥用量达到 500 千克时，水泥用量继续增加对混凝土抗压强度的提高已无明显作用，而骨料的粒径、粒形、表面状况、级配乃至最佳砂率则上升为混凝土高强的主要因素，从而使骨料选择合适与否成为高强混凝土配制成败的关键。

另一方面，骨料是大宗材料，鉴于货源、生产条件、运输及对方条件的差别，其均匀性如何成为是否选用的条件之一，特别是工程量较大的混凝土，骨料均匀性差，将直接造成混凝土质量不均匀。

此外，骨料属地方材料，从经济角度考虑它不可能舍近求远长途跋涉从外地运来，所以骨料大都在当地选择，如果当地骨料质量欠佳，只有采取其他措施加以补救，在技术经济综合分析可行时，有的骨料也从外地供应。

选择骨料除视其有害物是否合格之外，应从混凝土对骨料的要求、骨料本身的性能及其成本等方面试验、分析，加以确定。可以肯定，没有适用于一切混凝土的骨料，各种混凝土对骨料的要求也不可能完全一样，有的骨料可能某一指标很好，而另一指标可能较差，因此，要针对骨料的实测指标和混凝土的技术要求，具体情况具体分析，同时应作混凝土拌合物及力学试验，确定骨料在混凝土中使用的实际效果，使骨料的选择符合实际情况，这种选择将是成功的。

在混凝土中，粒径大于 5 毫米的骨料称为粗骨料。普通混凝土常用的粗骨料有碎石及卵石两种。碎石是天然岩石、卵石或矿山废石经机械破碎、筛分制成的，粒径大于 5 毫米的岩石颗粒。卵石是由自然风化、水流搬运和分选、堆积而成的，粒径大于 5 毫米的岩石颗粒。卵石和碎石颗粒的长度大于该颗粒所属相应粒级的平均粒径 2.4 倍者为针状颗粒；厚度小于平均粒径 0.4 倍者为片状颗粒。

级配是骨料选择时重要的技术指标，因为它直接影响混凝土拌合物及硬化混凝土的性能。目前所供应的卵石大都是连续级配，这同卵石具有一定的天然级配有关，砂石厂只要筛掉砂子及大颗粒石子，经清洗后即为成品，而碎石必须经破碎、筛分等工序，所以碎石多以单粒级供应。采用级配合格的粗骨料不但混凝土不易离析，工作性较好，而且能保证混凝土密实，提高混凝土强度和耐久性，还可降低水泥用量。对不满足级配要求的粗骨料，可进行人工级配，用 2~3 种不同粒径的石子按一定比例配合，或掺入一定比例的某粒级石子，使其达到最大密实。预拌混凝土工厂完全有条件做到人工级配，对于现场搅拌的混凝土，也应力争用两种单粒级石子级配。对于工程量很大的混凝土结构，或高强混凝土、高性能混凝土，必须采取措施使粗骨料级配达到最好，这不但保证混凝土各项性能满足要求，而且能收到降低成本的效果。实践证明，在混凝土中勉强使用级配不好的石子，会造成混凝土不密实，使混凝土抗渗等性能降低，易发生混凝土离析，出现蜂窝麻面，而且水泥用量可能超定额，其结果是因小失大，很不划算。

对普通混凝土而言，有些指标包括有害物质含量指标，只要合格即可符合要求，但对有特殊要求的混凝土来说，有些指标则成为选择粗骨料的重要依据，例如，高强混凝土需采用强度较高、针片状颗粒含量较小的石子，用于有抗裂要求的混凝土的石子，含泥量和泥块含量应当很小，对于工程量很大或耐久性要求很高，或有可能出现碱 - 骨料反应的混凝土，所用石子必须做耐化学腐蚀或碱 - 骨料反应试验。

细骨料是与粗骨料相对的建筑材料，是一种直径相对较小的骨料。一般说来，粒径在4.75 毫米以下的骨料称为细骨料。

砂子是常用的细骨料，一般分为河砂、山砂及海砂；其中以河砂居多，质量相对较好；山砂往往含泥量或泥块含量过高，必须经冲洗后使用；而海砂则不仅含有氯离子，而且含有其他有害离子，故不可将未经处理的海砂直接用于混凝土中。

细骨料的粒径大小以细度模数表示，其级配对混凝土性能影响很大，粗砂因缺乏细颗粒，使混凝土较为干涩，黏性下降，工作性不好；细砂和特细砂不但使混凝土极易离析，而且需水量大，从而提高了水泥用量；级配较好的中砂适于各种混凝土和有特殊要求的混凝土，如泵送混凝土、高强混凝土、抗渗混凝土等，其细度模数以 2.5~3.0 为宜。应该说明的是，细度模数公式不仅是一个通过筛分析试验求出的经验公式，事实上它从理论上表示粒径大小，具有平均粒径的概念，故为多数国家采用。细度模数的不足之处在于：对细颗粒含量的变动比较迟钝，对于细颗粒含量的增减，反映变化不大，有时可能细颗粒含量较多，而模数并不很小，从而作出粒径级配良好的误判，细度模数是各筛筛余的加权平均值，它强调粗粒的作用，派给较大的权值，所以对细颗粒含量的变动不够灵敏。

3.1.3 外加剂

混凝土外加剂是指在混凝土拌合前或拌合过程中掺入用以改善混凝土性能的物质。混凝土外加剂的掺量一般不大于水泥质量的 5%。外加剂产品的质量必须符合国家标准的规定。

目前国内使用的外加剂品种繁多、功能迥异。按功能分有减水剂、引气剂、膨胀剂、早强剂、速凝剂、缓凝剂等；外加剂因来源广泛、现场使用方便等优点而在混凝土工程使用越来越多。

从某种意义上说，混凝土技术的发展在很大程度上依赖于外加剂。在有特殊性能要求的混凝土中，外加剂日益成为不可缺少的组分，因而选择合适的外加剂已成为混凝土能否满足要求的重要一环。

外加剂掺加效果及其与水泥的适应性有关。为保证最终效果的稳定性，一般应先做适应性试验，选择与水泥适应性好且效果优良的外加剂；外加剂与矿物掺料也有适应性问题，最好同时做外加剂与矿物掺料适应性试验。

混凝土外加剂按其主要功能分为四类：

（1）改善混凝土拌合物流变性能的外加剂（如各种减水剂、引气剂和泵送剂等）；

（2）调节混凝土凝结时间、硬化性能的外加剂（如缓凝剂、早强剂和速凝剂等）；

（3）改善混凝土耐久性的外加剂（如引气剂、防水剂和阻锈剂等）；

（4）改善混凝土其他性能的外加剂（如加气剂、膨胀剂、着色剂、防冻剂、防水剂和泵送剂等）。

有些厂家研制生产了多功能外加剂，能同时满足混凝土两种或三种性能要求。因为使用这种外加剂可以避免施工时双掺或多掺，所以不失为一种较好的选择。

（1）减水剂

减水剂主要用于改善混凝土拌合物的性能，即减少用水量，提高坍落度，改善工作性；也有减水剂兼有引气、缓凝和膨胀等其他性能。由于混凝土结构日益复杂，施工机具不断进步，使用大流动度混凝土的机会越来越多，故减水剂，特别是高效减水剂使用频繁。但因目前减水剂品种很多，标号编制有待进一步规范，建议在选用减水剂时应对其主要成分及各种性能有所了解。

根据减水剂减水及增强能力，分为普通减水剂（又称塑化剂，减水率不小于8%，以木质素磺酸盐类为代表）、高效减水剂（又称超塑化剂，减水率不小于14%，包括萘系、密胺系、氨基磺酸盐系、脂肪族系等）和高性能减水剂（减水率不小于25%，以聚羧酸系减水剂为代表），并又分别分为早强型、标准型和缓凝型。

（2）引气剂

引气剂是提高混凝土耐久性的首选措施，因为引气剂能在混凝土中引入均布、封闭、稳定的微小气泡，故能改善其工作性，提高抗冻性、抗渗性和抗裂性，从而提高混凝土的耐久性。

引气剂大多为表面活性物质，能降低水的表面张力，掺入混凝土后，经搅拌形成微小的封闭气泡，由于表面张力的降低，使气泡能稳定存在，虽然在混凝土搅拌过程中，一部分小气泡会并成大气泡，但气泡的大小、总量、间距是相对稳定的，引气剂可使混凝土含气量控制在3%~5%。

引气剂的主要品种包括松香树脂类、烷基和烷基芳烃磺酸类、脂肪醇磺酸盐类、皂苷类以及蛋白质盐、石油磺盐酸等。引气剂主要用于抗冻性要求高的结构，如混凝土大坝、路面、桥面、飞机场道面等大面积易受冻的部位。

（3）膨胀剂

混凝土膨胀剂是一种化学外加剂，加在水泥中能使水泥凝结硬化时体积膨胀，这样能起到补偿收缩和张拉钢筋产生预应力以及充分填充水泥间隙的作用。混凝土膨胀剂分为三类：硫铝酸钙类混凝土膨胀剂、硫铝酸钙 - 氧化钙类混凝土膨胀剂、氧化钙类混凝土膨胀剂等。我国于 1980 年代开始使用膨胀剂，目前使用比较普遍。

膨胀剂用途广泛，包括：①地下建筑物：如地铁、地下停车场、地下仓库、隧道、矿井、人防工程、基坑、搅拌站等；②水池、游泳池、水塔、储罐、大型容器、粮仓、油罐、山洞内仓库等；③高强度公路路面、桥梁混凝土面层、涵洞等；④预制构件、框架结构接头的锚接、管道接头、后张预制构件的灌浆材料、后浇缝的回填、岩浆灌浆材料；⑤水泥制品：自应力、预应力与钢套预应力混凝土水管、楼板、柱、梁柱、防水屋面板等；⑥机械设备的地脚螺丝、机座与混凝土基础之间的无收缩灌注；⑦铸铁管、钢管的内衬防护砂浆；⑧自防水刚性屋面、砂浆防渗层、砂浆防潮层等；⑨体育场看台、城市雕塑、博物馆、宾馆等，建造高强度、高抗渗竖井、大坝回槽填充混凝土。

（4）早强剂

早强剂是提高混凝土早期强度并对后期强度无显著影响的外加剂，主要作用在于加速水泥水化速度，促进混凝土早期强度的发展；既具有早强功能，又具有一定减水增强功能。

混凝土早强剂是外加剂发展历史中最早使用的品种之一。到目前为止，实际工程中常用的早强剂种类很多，包括：氯盐和硫酸盐早强剂，亚硝酸盐、铬酸盐早强剂，以及有机物早强剂，如三乙醇胺、甲酸钙、尿素等，并且在早强剂的基础上，生产应用多种复合型外加剂，如早强减水剂、早强防冻剂和早强型泵送剂等。这些种类的早强型外加剂都已经在实际工程中使用，在改善混凝土性能、提高施工效率和节约投资成本方面发挥了重要作用。

由于我国国土面积大，东北、华北、西北地区常年冬期较长，需要掺加早强剂和早强减水剂来提高混凝土早期强度发展，以避免冻害，或提前达到拆模强度，以加快施工进度。早强剂大都用于冬季施工的混凝土，也可用于蒸汽养护混凝土或其他需提高早期强度的混凝土。华东、华南地区冬季气温降至 10℃ 以下的施工中也常掺用早强剂和早强减水剂。混凝土构件生产中为尽早张拉钢筋、加快模板周转和台座利用率，早强型的外加剂更是普遍应用。

3.1.4 矿物掺合料

近代混凝土发展的标志除了外加剂之外，当属矿物掺料的应用。矿物掺料在混凝土中使用越来越频繁，几乎所有的预拌混凝土都掺加了矿物掺料，所以它已成为混凝土的第六部分。矿物掺料不但能代替部分水泥，改善工作性，提高混凝土的各种性能，而且因其大都是工业粉尘，对节约能源、保护环境也大有裨益。

掺合料可分为活性掺合料和非活性掺合料。活性矿物掺合料本身不硬化或者硬化速度很慢，但能与水泥水化生成氧化钙起反应，生成具有胶凝能力的水化产物，如粉煤灰、粒化高炉矿渣粉、沸石粉、硅灰等。非活性矿物掺合料基本不与水泥组分起反应，如石灰石、磨细石英砂等材料。

（1）矿物掺料的作用

① 提高混凝土强度，代替部分水泥：由于矿物掺料多为活性混合材料，含有较多的活性二氧化硅，在水泥水化时，同氢氧化钙作用生成水化硅酸钙（所谓火山灰反应），同时矿物掺料颗粒比水泥细，可产生颗粒填充作用，使混凝土更为致密，这两种情况都可使混凝土强度提高，因而矿物掺料可等量取代部分水泥，使混凝土抗压强度提高或不降低。

② 提高混凝土抗渗性：实践证明，掺有矿物掺料的混凝土，当不掺防水剂或引气剂时，其抗渗性与水胶比有很大关系，当水胶比小于 0.45 时，即使不掺防水剂等外加剂，混凝土也具有 8 个大气压的抗渗透能力，说明矿物掺料能使混凝土密实，并提高其抗渗性。

③ 改善混凝土工作性：由于有些矿物掺料，如粉煤灰、矿渣粉等，具有球形玻璃体结构，能降低混凝土的内磨阻力，增加流动性，同时，矿物掺料特别是硅灰、沸石粉具有一定的吸水性，使混凝土黏聚性增加，且不易泌水或离析，故混凝土掺加矿物掺料后，工作性有所改善。

④ 降低混凝土水化热：矿物掺料能有效地降低混凝土水化热，所以大体积混凝土掺加矿物掺料已成为防止温度裂缝的主要措施。通过掺加粉煤灰的混凝土与基准混凝土的对照试验，可见掺加粉煤灰后混凝土水化热明显降低。

⑤ 提高混凝土抗腐蚀性：混凝土掺加矿物掺料后，可提高抗硫酸盐和抗氯盐侵蚀，并提高抗碱 - 骨料反应能力。因为矿物掺料的掺入，减少了氢氧化钙含量，提高了混凝土的密实性，降低了水分或盐类通过水泥砂浆的速度，使混凝土遭受腐蚀的主要原因得到改善，从而提高了抗腐蚀能力。

以上是各种矿物掺料在混凝土中作用的共性，由于其物理性能及化学成分各不相同，在混凝土中的作用和情形各异，因而应了解这些差异，以便在选择矿物掺料时能扬长避短，合理地使用矿物掺料。

（2）矿物掺料性能

① 硅灰：硅灰是硅铁合金或硅合金生产中从电弧炉烟道中收集到的粉尘，由于其活性二氧化硅含量很高，故火山灰性最为强烈。掺入混凝土后，可迅速与氢氧化钙作用生成水化硅酸钙，并产生强度。掺硅灰混凝土 28 天强度高于基准混凝土。据有关资料介绍，1 份硅灰相当于 2~5 份水泥产生的强度，这不同于掺粉煤灰的混凝土。硅灰的另一特点是其细度较细，比表面积是粉煤灰的 50~70 倍，使其需水量较大，因此在掺加硅粉的同时应采用高效减水剂降低混凝土的用水量。此外混凝土的黏聚性也随硅灰的掺量增加而增加，黏聚性增加后虽然

混凝土不易泌水或离析，但过大的黏聚性影响混凝土泵送等施工性能，并易产生收缩裂缝，加之硅灰价格较贵，故其掺量以 5%~10% 为宜。

②粉煤灰：粉煤灰是电厂锅炉燃烧煤粉后所收集到的煤灰，颗粒多为球形玻璃体，其活性二氧化硅含量为 45%~60%，具有一定的火山灰活性。由于粉煤灰产量很大、价格便宜、可用于各种混凝土中，故粉煤灰是使用量最大的矿物掺料。由于粉煤灰具有火山灰活性，故可等量掺入混凝土中，代替部分水泥，但等量取代 15% 为限，否则将降低混凝土强度。同时，掺粉煤灰混凝土 28 天以前强度低于基准混凝土，90 天以后掺粉煤灰混凝土强度才可与基准混凝土相等，所以掺粉煤灰混凝土验收强度以 60 天或 90 天强度为佳。鉴于粉煤灰具有球形玻璃体形状，使混凝土易于流动，而且其表观密度比水泥小，可增加水泥砂浆的体积，使混凝土具有较好的黏度，从而改善混凝土的工作性，对混凝土泵送性能也有良好效果。粉煤灰能有效地降低混凝土的水化热，水化热随粉煤灰掺量的增加而降低，而且粉煤灰掺量增加后不会引起需水量的增加和混凝土成本的提高，因而可使用大掺量，特别适用于大体积混凝土。此外，粉煤灰也可提高混凝土的抗渗性和抗化学侵蚀性。由于粉煤灰在混凝土中的作用广泛，价格低廉，是最常用的矿物掺料，在高强和高性能混凝土中可使用磨细粉煤灰，但在有其他特殊性能要求的混凝土中，使用粉煤灰亦或其他掺料，应视具体情况而定。

③矿渣粉：矿渣粉是将粒化高炉矿渣经干燥并与石膏助磨剂一起粉磨后得到的粉状掺料。其平均粒径与粉煤灰相同；虽然还可粉磨细一些，但超过一定量后成本大大提高；其二氧化硅含量为 35%，低于其他掺料。掺入矿渣粉的混凝土有较好的抗氯离子的侵蚀能力，可提高混凝土的强度、抗渗性和抗冻性，其密实度也有较大提高。

④沸石粉：沸石粉是将天然沸石粉石经磨细而成，二氧化硅含量为 65%。沸石粉需水量较大，低掺量时能减少混凝土泌水或离析，增加黏聚性，但高掺量时用水量会大大提高，易发生收缩裂缝，但与硅粉相比其需水量稍低，在混凝土中的掺量也不超过 10%。

3.1.5 混凝土的配合比

混凝土的配合比是指混凝土所用各种原材料之间的配合比例。由于它全面影响混凝土的施工性能、硬化后性能及其成本，所以要设计一个满足要求、符合实际情况的配合比极其重要；同时混凝土配合比的确定基于"计算—试验"方法，其设计不应认为只是简单的加减乘除过程，更重要的要根据混凝土实际情况选好原材料和设计参数，这一点同设计者的实际经验有很大关系。为此，应充分了解和分析混凝土各项技术要求，选好原材料，作好配合比设计，进行试验和必要的调整，并在施工后进行验证。

（1）全面了解混凝土各项技术要求

设计配合比前必须全面了解混凝土的各项技术要求，这里所说的全面了解，即不仅了解其技术指标，包括耐久性及其他特殊要求，还应了解混凝土所处环境，有无侵蚀性介质，而且还应了解结构状况及施工方法，例如是否为承重结构、工程量大小、水平运输方法、运距、垂直运输及成型方法等。仅根据强度等级一项就设计配合比是不全面的，也是不切实际的。至少应全面了解以下内容：抗压强度等级[1]、耐久性[2]及其他特殊要求[3]。

（2）结构状况和施工方法

了解结构状况可以知道结构的特点和重要程度，例如是否承重结构，是何种结构类型；对于薄壁结构应保证混凝土较好的工作性；对于大面积的板式结构，因振动不易出浆，应保证足够的砂浆量。此外，钢筋的稠密程度或结构尺寸决定了骨料的大小。

了解混凝土的工程量也很必要，因为工程量很小的结构，水泥用量即使多一点也无关大局。但混凝土体量极为巨大的结构，若每立方米混凝土减少1千克水泥，就能节约大量水泥，这时就应采取调整砂石级配等措施，将水泥用量降至最低。

了解施工方法，包括混凝土的搅拌、运输及成型方法。了解与施工方法对应的工作性要求，其所确定的坍落度应与混凝土的运输和成型方法相适应，如用预拌混凝土，其坍落度损失必须控制在一定范围内，如采用泵送，则应保证混凝土不易泌水或离析，黏度不宜过大，具有良好的可泵性。

（3）何为好的配合比

① 满足混凝土各项技术要求，包括耐久性要求等：混凝土最普遍的技术要求应属其抗压强度及工作性（包括坍落度、黏聚性及泌水性），其他特殊要求有：抗折强度、抗渗、抗冻、抗化学侵蚀、耐磨、耐酸、耐热、耐油等性能。随着混凝土技术的不断发展，其耐久性要求日益突出，国内外混凝土工程由于受外力侵蚀性介质或变形等作用发生破坏的事例屡见不鲜，加之混凝土破坏后很难修复，故耐久性越来越受到关注。因此在设计混凝土配合比时，即使没有专门的耐久性要求，也要采取相应措施予以保证。

② 满足混凝土施工性能方面的要求：施工性能要求指混凝土易于搅拌、运输、泵送和成型，即坍落度要适中，经时坍落度损失较小，工作性好，不易泌水或离析。如施工性能不良，混凝土将有可能产生蜂窝、麻面、孔洞及泌水等缺陷，也可能堵泵，甚至成型困难，大大降低施工效率。如果认为施工性能无关大局，可以弃之不顾，那是完全错误的。

③ 经济合理：在满足上述要求的前提下，混凝土成本应尽可能降低。所选用的水泥、砂石、外加剂和矿物掺料应就地取材，价格合理。在设计时应平衡原材料用量与其价格的关系，以求达到最优的技术经济指标。

总之，配合比的优劣不仅视其强度高低或水泥用量多少，还应考虑其是否满足上述各项要求，是否符合实际情况。

---

1 这是混凝土最基本的技术要求，一般设计配合比时，配制强度应在要求强度等级之上加上标准差的某一倍数。

2 目前我国耐久性指标不够完整（只有抗渗、抗冻、钢筋锈蚀几种），但在设计配合比时必须考虑这一点；要保证混凝土密实，保证一定的水泥及掺料用量，砂石级配应合理；减少收缩或温度变形；有抗渗、抗冻或抗化学侵蚀要求时，还必须采取相应措施，使混凝土具有抵抗环境介质侵蚀的能力。

3 其他要求可在设计前提出，如抗折（拉）强度、抗渗强度等级、抗冻强度等级等。

（4）配合比设计的主要原则

① 抗压强度——水灰比原则：混凝土的抗压强度随水灰比降低而提高。矿物掺料有一定活性可代替一部分水泥，故在等量取代的情况下，有时可用水胶比代替水灰比，但是这一原则不适于高强混凝土。混凝土抗压强度足够高时，水泥用量很大，当水泥用量达到 500 千克／立方米后，随着水灰比的继续降低，抗压强度增长缓慢，甚至不增长，因此高强混凝土不宜使用这一原则确定水灰比。

② 混凝土最大密实原则：密实混凝土不但强度较高，而且孔隙较少，能抵御磨损、冲刷等外力，抵御腐蚀介质的侵入，并保护钢筋，因而密实混凝土将大大提高其耐久性。影响混凝土密实的因素有：砂石粒形和颗粒级配、砂率、用水量、水泥和矿物掺料的颗粒级配及其掺量、骨灰比等。保证混凝土密实的经济适用的措施为：采用级配良好的砂石，并确定最佳砂率；采用粒径比水泥小的矿物掺料，使整个粉粒料有一定的级配；在满足施工要求的情况下用水量降至最低。

③ 最小用水量原则：水泥水化用水较少，混凝土用水量很大一部分是满足施工时混凝土工作性的要求，这些水蒸发后将留下孔洞和毛细通道，使混凝土不密实，为此，应在不影响混凝土施工性能的情况下将用水量降至最低。

④ 平衡矛盾原则：由于混凝土同时有数项技术要求，又选用不同的原材料，在设计配合比时就存在几项需要同时解决的问题，因而配合比设计过程实际上是平衡矛盾的过程。例如，同时要求抗压强度和抗渗强度等级的混凝土，特别是当抗压强度等级较低时，如不采取专门措施则有时难以达到抗渗强度等级，此时就应将抗渗强度等级作为设计混凝土配合比的主要指标。又如大体积混凝土，采用掺加较大量粉煤灰降低水化热的办法，但如同时要求早强，由于掺粉煤灰的混凝土早期强度较低，显然就要平衡早强和掺加粉煤灰的矛盾；可换用其他不降低早强的矿物掺料（如硅粉），或掺加两种掺料来解决，也可掺加早强减水剂解决。

3.1.6 生料变熟料

（1）水泥生料

准备浇筑混凝土之用的水泥是水泥熟料，而水泥生料其实指的是制作水泥熟料的原材料。具体说来，水泥生料指的是由石灰质原料、黏土质原料及少量校正原料（有时还加入矿化剂、晶种等，立窑生产时还要加煤）按比例配合，粉磨到一定细度的物料。

水泥生料的化学成分随水泥品种、原料和燃料质量、生产方法、窑型及其他生产条件的不同而有所不同。随水泥生产方法的不同，水泥生料有生料浆、生料粉、生料球和生料块等形态，他们分别适用于湿法、干法、半干法和半湿法生产的要求。不论何种形态的生料，均要求化学成分稳定，细度和水分要保证满足不同生产方法的要求，以免影响窑的煅烧和熟料质量。

（2）水泥熟料

水泥熟料是指按适当比例配制成生料，烧至部分或全部熔融，并经冷却而获得的半成品。在水泥工业中，最常用的硅酸盐水泥熟料主要化学成分为氧化钙、二氧化硅和少量的氧化铝和氧化铁。主要矿物组成为硅酸三钙、硅酸二钙、铝酸三钙和铁铝酸四钙。硅酸盐水泥熟料加适量石膏共同磨细后，即成硅酸盐水泥。

（3）水泥熟料制备方法

水泥生产过程中，每生产1吨硅酸盐水泥至少要粉磨3吨物料（包括各种原料、燃料、熟料、混合料、石膏），据统计，干法水泥生产线粉磨作业需要消耗的动力约占全厂动力的60%以上。

破碎：水泥生产过程中，大部分原料要进行破碎，如石灰石、黏土、铁矿石及煤等。石灰石是生产水泥用量最大的原料，但其开采后的粒度较大，硬度较高，因此石灰石的破碎在水泥厂的物料破碎中占有比较重要的地位。破碎过程要比粉磨过程经济而方便，合理选用破碎设备和粉磨设备非常重要。在物料进入粉磨设备之前，尽可能将大块物料破碎至细小、均匀的粒度，以减轻粉磨设备的负荷，提高磨机的产量。物料破碎后，可减少在运输和贮存过程中不同粒度物料的分离现象，有利于制得成分均匀的生料，提高配料的准确性。

原料预均化：预均化技术就是在原料的存取过程中，运用科学的堆取料技术，实现原料的初步均化，使原料堆场同时具备贮存与均化的功能。原料预均化的基本原理就是在物料堆放时，由堆料机把进来的原料连续地按一定的方式堆成尽可能多的相互平行、上下重叠和相同厚度的料层。取料时，在垂直于料层的方向，尽可能同时切取所有料层，依次切取，直到取完，即"平铺直取"。

均化：新型干法水泥生产过程中，稳定入窑生料成分是稳定熟料烧成热工制度的前提，生料均化系统起着稳定入窑生料成分的最后一道把关作用。

预热：把生料的预热和部分分解由预热器来完成，代替回转窑部分功能，达到缩短回窑长度，同时使窑内以堆积状态进行气料换热过程，移到预热器内在悬浮状态下进行，使生料能够同窑内排出的炽热气体充分混合，增大了气料接触面积，传热速度快，热交换效率高，达到提高窑系统生产效率、降低熟料烧成热耗的目的。

烧成：生料在旋风预热器中完成预热和预分解后，下一道工序是进入回转窑中进行熟料的烧成。在回转窑中碳酸盐进一步迅速分解并发生一系列的固相反应，生成水泥熟料中的矿物。随着物料温度升高，矿物会变成液相。熟料烧成后，温度开始降低。最后由水泥熟料冷却机将回转窑卸出的高温熟料冷却到下游输送、贮存库和水泥磨所能承受的温度。

粉磨：水泥粉磨是水泥制造的最后工序，也是耗电最多的工序。其主要功能在于将水泥熟料（及胶凝剂、性能调节材料等）粉磨至适宜的粒度（以细度、比表面积等表示），形成一定的颗粒级配，增大其水化面积，加速水化速度，满足水泥浆体凝结、硬化要求。

3.2 混凝土成型和养护

3.2.1 混凝土成型

混凝土的成型原理其实很好理解：将预拌后（和已加入各种掺料）的水泥倒入模具中，待混凝土凝固后脱模，等待混凝土硬化，硬化过程中的混凝土通常需要进行养护。虽然语言描述很容易，但在现实操作中，这又涉及许多具体问题：①不同造型、不同体量、不同强度要求的混凝土，水泥组分和配比不同，对此须有明确计算和严格监控；②模具的结实程度和光滑程度，将对硬化后水泥表面的肌理产生重要影响；③混凝土的捣实工艺因体量大小、模具形态、水泥强度等级、掺料品种等差异而有显著不同；④若结构体中有钢筋，则相关的技术要求更加复杂；⑤我国幅员辽阔，四季分明，不同地区和气候条件下，混凝土的养护方法也很多样且须因地制宜……

一般说来，混凝土工程涉及钢筋工程、模板工程、混凝土成型养护和混凝土制备运输等四大部分内容（图 3-1），而且每一项工程又有繁琐的工作程序、常规指标、检测手段、安全管理等多项技术指标，所以，我们也很容易理解，混凝土工程涉及了众多专业领域，自然也有大量工程技术人员参与到工程实施中来。

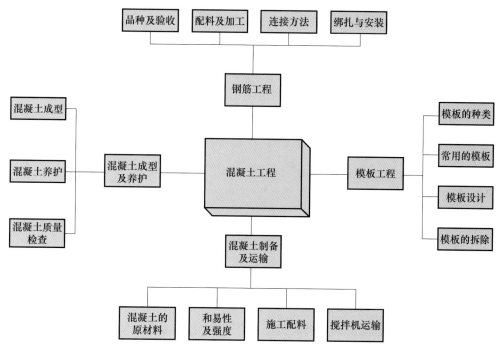

图 3-1　混凝土工程主要工作内容

混凝土成型过程包括浇筑与捣实两大工序，都是混凝土工程施工的关键工序，直接影响混凝土的质量和整体性。

混凝土浇筑前的准备工作包括：①检查模板的标高、位置及严密性，支架的强度、刚度、稳定性，清理模板内垃圾、泥土、积水和钢筋上的油污，高温天气模板宜浇水湿润；②做好钢筋及预留预埋管线的验收和钢筋保护层检查，做好钢筋工程隐蔽记录；③准备和检查材料、机具等；做好施工组织和技术、安全交底工作。

混凝土浇筑的一般要求：①混凝土须在初凝前浇筑：如已有初凝现象，则应再进行一次强力搅拌方可入模。如混凝土在浇筑前有离析现象，亦须重新拌合才能浇筑。②混凝土浇筑时的自由倾落高度：对于素混凝土或少筋混凝土，由料斗、漏斗进行浇筑时，倾落高度不超过 2 米；对竖向结构（柱、墙）倾落高度不超过 3 米；对于配筋较密或不便于捣实的结构倾落高度不超过 60 厘米，否则应采用串筒、溜槽和振动串筒下料，以防产生离析。③浇筑竖向结构混凝土前，底部应先浇入 50~100 厘米厚与混凝土成分相同的水泥砂浆，以避免产生蜂窝、麻面及烂根现象。④混凝土浇筑时的坍落度：坍落度是判断混凝土施工和易性优劣的简单方法，应在混凝土浇筑地点进行坍落度测定，以检测混凝土搅拌质量，防止长时间、远距离混凝土运输引起和易性损失，影响混凝土成型质量。⑤混凝土的分层厚度：为使混凝土振捣密实，混凝土必须分层浇筑。⑥混凝土浇筑的允许间歇时间：混凝土浇筑应连续进行，由于技术或施工组织原因必须间歇时，其间歇时间应尽可能缩短，并在下层混凝土未凝结前，将上层混凝土浇筑完毕。混凝土运输、浇筑及间隙的全部不得超过一定的允许间歇时间。⑦混凝土在初凝后、终凝前应防止振动：当混凝土抗压强度达到 1.2MPa 时才允许在上面继续进行施工活动。

搅拌制备的混凝土混合料，在浇灌入模之后必须经过密实成型，才能赋予混凝土制品一定的外形和内部结构。混凝土制品的密实成型工艺基本上有以下几种方法：振动密实成型；压制密实成型；离心脱水密实成型；真空脱水密实成型；浇注（自流平混凝土）喷射，减压注浆，压力灌浆等密实成型方法。其中，前 4 种方法是混凝土制品密实成型工艺的基本方法，它们可以单独使用，也可以将上述 2 种甚至多种联合组合复合工艺，使密实成型达到更好的效果。

3.2.2 混凝土养护

混凝土浇筑成型后，事情还没完成，还须经过若干天的养护，才能达到设计要求的硬度和强度。混凝土养护主要包括自然养护和加热养护两大类。

自然养护是指利用平均气温高于 5℃ 的自然条件，用保水材料或者草帘等对混凝土加以覆盖后适当浇水，使混凝土在一定的时间内湿润状态下硬化。自然养护包括覆盖浇水养护和塑料薄膜保湿养护两种方法。

覆盖浇水养护是在混凝土浇筑完毕后的 3~13 小时内用草帘、麻袋、锯末等将混凝土覆盖，浇水保持湿润，普通水泥、硅酸盐水泥和矿渣水泥拌制的混凝土养护不少于 7 天，掺加缓凝型外加剂和抗渗混凝土养护不少于 14 天；当气温在 15℃ 以上时，在混凝土浇筑后的最初 3 天，白天至少每 3 小时浇水一次，夜间应浇水两次，以后每昼夜浇水 3 次左右。高温或干燥气候应适当增加浇水次数。当日平均气温低于 5℃时，不得浇水。

塑料薄膜保湿养护是以塑料薄膜为覆盖物，使混凝土与空气隔绝，水分不再蒸发，水泥靠混凝土中的水分完成水化作用而凝结硬化。它改善施工条件，节省人工，节约用水，保证混凝土的养护质量。保湿养护可分为塑料布养护和喷涂塑料薄膜养生液养护。

加热养护：是通过对混凝土加热来加速其强度的增长，加热养护的方法很多，常用的有蒸汽养护、热膜养护、太阳能养护等。

混凝土拆模强度：侧模板拆除时的混凝土强度应能保证其表面及棱角不因拆除模板而受损坏。底模板及支架拆除时的混凝土强度应符合设计要求；当设计无具体要求时，混凝土强度应符合规范规定。

3.2.3 混凝土质量检查

混凝土质量检查包括施工中检查和施工后检查。

施工中的检查是指对混凝土拌制和浇筑过程中所用材料的质量及用量、搅拌及浇筑地点的坍落度的检查，每工作班内至少检查 2 次；对执行混凝土搅拌制度及现场振捣质量也应随时检查。施工后的检查是指对已完成混凝土进行外观质量及强度检查，有抗冻、抗渗要求的混凝土进行抗冻抗渗性能检查。

除此之外，混凝土外观质量检查也很重要，若混凝土外观有各种缺陷，很可能会导致使用中钢筋和混凝土材料性质的变化，最终使其强度和耐久性受到影响。外观检查是指混凝土结构拆模后，应从外观上检查其表面有无麻面、蜂窝、孔洞、露筋、缺棱掉角、缝隙夹层等缺陷，外形尺寸是否超过规范允许偏差。

常规的混凝土的强度检验主要是指抗压强度检验，它既是评定混凝土是否达到设计强度的依据，是混凝土工程验收的控制性指标，又可为结构构件的拆模、出厂、吊装、张拉、放张提供混凝土实际强度的依据。混凝土强度应分批验收，同一验收批的混凝土由强度等级相同、龄期相同及生产工艺和配合比基本相同的混凝土组成。按单位工程的验收项目划分验收批，同一验收批的混凝土强度应以全部标准试件的强度代表值评定（通常采用压力试验机检测强度）。

混凝土试件应在混凝土的浇筑地点随机抽取试样（图 3-2、图 3-3），取样与试件留置应符合下列规定：①每拌制 100 盘且不超过 100 立方米的同配合比的混凝土，取样不得少于 1 次；②每工作班的同一配合比的混凝土不足 100 盘时，取样不得少于 1 次；③一次连续浇筑超过 1000 立方米时，同一配合比的混凝土每 200 立方米取样不得少于 1 次；④每一楼层、同一配合比的混凝土，取样不得少于 1 次；⑤每次取样应至少留置一组（3 个）标准养护试件，同条件养护试件的留置组数应根据实际需要确定。

每组三个试件应在浇筑地点的同盘混凝土中取样制作。

每组试件强度的确定：①取三个试件的算术平均值；②当 3 个试件强度中的最大值和最

小值之一与中间值之差超过中间值的15%，取中间值；③当3个试件强度中的最大值和最小值与中间值的差均超过中间值的15%时，该组试件不作为强度评定的依据。

在不破损混凝土的情况下，还有混凝土非破损检验，如可采用回弹法（图3-4）和超声回弹综合法（图3-5）等非破损检验方法，按有关规定进行强度推定。钻芯取样法（图3-6）为半破坏性检测手段，施工中应慎用。

图3-2　混凝土试块的制作

图3-3　混凝土试块的标注

图3-4　回弹法检测

图3-5　超声回弹综合法检测

图3-6　混凝土结构钻芯取样

3.3 混凝土主要特性

3.3.1 混凝土的工作性

（1）何为工作性

混凝土的工作性也叫和易性，是指混凝土拌合物易于施工操作，并获得质量均匀、成型密实的混凝土的性能。工作性实际上是一项综合技术性质，包括流动性、黏聚性、保水性三方面含义。

混凝土拌合物的工作性是混凝土工艺的重要内容。研究混凝土工作性大致来讲共有三个目的：①配合比设计的需要；②在工艺制造过程中提供一种控制方法；③有效利用和改善加工过程（振动、泵送及挤出等）的需要。

国内资料对混凝土工作性的普遍解释，主要沿用了新中国初期从前苏联引进的说法，结合普通成型方法，区分搅拌、输送、浇筑、振捣各工序对拌合物的各种要求，做出细致注解，实质上可归结为"流动性＋黏聚力"的公式。"流动性"是塑性混凝土拌合物决定其浇筑难易的性质，"黏聚性"就是对离析的抵抗能力，有时也以"保水性"的名义单独列出。作为对浇注成型难易的定量测度，有些文献也使用决定产生完全密实所需要"有用内功"这样的术语。工作性实际是混凝土拌合物各种工艺性质的综合，代表它在机械外力作用下填充模型，并在其中密实化的能力。

总体说来，工作性是个具有综合性、相对性和复杂性的概念。

① 综合性：工作性是混凝土多种工艺性质的综合。工作性良好意味着拌合物容易浇筑、固实，在各个工序都能顺利施工，这就包括多方面细致的要求，因此不可能通过单一指标表示其优劣。

② 相对性：工程对象有尺寸、形状、轮廓及配筋多少的差异。多筋结构显然要求拌合物能够穿过钢筋的障碍，容易流动填充到模型每一角落，疏筋或无筋不必这样要求。在普通成型方法范畴以内，就有人工或机械振捣成型的区别。此外，翻转脱模、离心法、压榨法、真空作业、泵送以及自密实（免振）等各种施工工艺方式，都有各自一套独特要求，其具体项目还常彼此矛盾，如真空作业要求混凝土要有适当的泌水性，便于吸收排水，这和通常成型方法恰恰相反。

③ 复杂性：工作性涉及无法直接测量的各种复杂性能，它没有普遍认可的明确意义，也不可能有一种基本单位来量测。工作性是混凝土拌合物各种物理性质和工程特性相互作用的结果，这就决定了它不仅体现材料本身客观存在的物理性质，还包含浇筑条件和工程特点等外部条件，并体现人们的主观选择和要求。

测量混凝土工作性的方法很多，据估计将近100种。但这众多方法中没有哪一种在实践中完全令人满意，毕竟没有一种手段能够直接测量工作性，准确评定混合物的优劣好坏。然而为工作性拟定某种测量方法，规定"量化的指标"终究是工程的实际需要，人们终究需要通过规范确定若干标准方法，作为共同的守则。

（2）理解坍落度

坍落度的测量是确定混凝土工作性的一个重要方法，是用一个量化指标来衡量其程度的高低，用于判断施工能否正常进行，在大多数介绍混凝土性质的专著中均有提及。

坍落度的测试方法如下（图3-7）：①用一个上口100毫米、下口200毫米、高300毫米喇叭状的坍落度桶，灌入混凝土分三次填装，每次填装后用捣锤沿桶壁均匀由外向

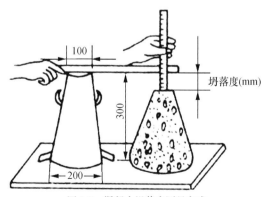

图 3-7　混凝土坍落度测量方式

内击 25 下，捣实后抹平。②然后拔起桶，混凝土因自重产生坍落现象。③用桶高（300 毫米）减去坍落后混凝土最高点的高度，称为坍落度。如果差值为 10 毫米，则坍落度为 10。

混凝土坍落度的控制，应根据建筑物的结构断面、钢筋含量、运输距离、浇注方法、运输方式、振捣能力和气候等条件决定，在确定混凝土配合比时应综合考虑，并宜采用较小的坍落度。

以坍落度来测定混凝土工作性的做法，适用于流动性较大的混凝土拌合物（坍落度值不小于10毫米），干硬性混凝土拌合物的坍落度小于10毫米时须用维勃稠度（s）表示其稠度。

3.3.2 混凝土的防裂

（1）混凝土裂缝的危害

混凝土结构出现裂缝以后首先给人一种不安全感，使建筑物的美观大打折扣。当裂缝宽度超过规定值，其深度和长度足够大时，将使钢筋保护层遭受破坏，导致钢筋锈蚀，钢筋锈蚀后的体积膨胀又进一步使混凝土裂缝扩大，如此恶性循环的结果将使混凝土结构逐渐破坏，丧失承载能力。同时，裂缝的出现降低了混凝土的密实性，以水为载体的侵蚀性介质，如硫酸盐、氯盐将趁虚而入，承受水压的结构会通过裂缝漏水，混凝土抗冻性也因裂缝的存在而进一步降低。混凝土结构如有较多裂缝，其使用性能也大受影响，如水池漏水、装饰开裂等。

1960年代前，混凝土裂缝相对较少，现在却越来越多，这与混凝土结构材料和施工工艺的改变关系很大：

① 混凝土结构的改变：目前预制混凝土的结构用得较少，现浇结构大量使用，其变形全部在现场完成，产生裂缝难以避免。随着高层建筑和大型设施的出现，更多地使用超长、超厚及超静定结构，而且随着混凝土强度等级的提高，结构体积的加大，其刚度也大大增加了。

② 混凝土强度等级提高：过去C40以上混凝土称为高强，现在C60以上才是高强，高强混凝土虽然减少了结构断面，但却因水泥用量的提高和脆性的增加而加大了开裂的可能性。

③ 水泥性能改变：新的水泥标准提高了水泥强度，水泥厂则从配料上增加了硅酸三钙、硅酸二钙、铁铝酸四钙和铝酸三钙的比例，同时提高了水泥粉磨细度，这些措施也同时提高了水泥的水化热及收缩率，使混凝土易产生温度和收缩裂缝。

④ 矿物掺料及外加剂的广泛使用：掺料及外加剂品种的增加使混凝土性能改善是技术进步，但随之而来的是使用不当带来产生裂缝的后果。

⑤ 施工工艺的改变：使用大流动性混凝土虽然加快了施工进度，减轻了劳动强度，但其用水量、胶凝材料用量和砂率将随之提高，从而增加了混凝土开裂的机会。

人们知道，钢筋混凝土一旦破坏很难修复，推倒重建的代价又相当巨大，同时，混凝土结构一旦开裂，其耐久性会迅速降低，为提高耐久性所采取的一切技术措施将有前功尽弃的危险。

（2）混凝土裂缝的分类

根据产生的原因混凝土裂缝主要分为三大类：荷载裂缝、变形裂缝及其他物理化学变化产生的裂缝。顾名思义，荷载裂缝即由于混凝土结构承受各种荷载后产生的裂缝。变形裂缝则是因环境温度、湿度变化，或混凝土结构内部温、湿度或水分变化使其变形而产生的裂缝，包括塑性裂缝、温度裂缝、干燥收缩裂缝及碳化收缩裂缝等。因其他物理或化学变化产生的裂缝，情况更加复杂。

混凝土裂缝按照危害程度划分为有害裂缝和无害裂缝，有害裂缝严重影响混凝土结构耐久性和使用性能，这种裂缝必须治理，其他为无害裂缝，不影响混凝土结构的安全使用，可以不必治理。

了解混凝土裂缝产生的原因极为重要，只有掌握了裂缝产生的原因，才有可能采取防止出现有害裂缝的措施，或相应的治理方法。裂缝产生的原因比较复杂，与结构设计、荷载状况、混凝土水化过程、周围环境条件及施工方法都有关系，同一结构的裂缝有时会发现几种原因，因此应抓住主要原因加以分析。

（3）有害裂缝的判断

鉴于产生裂缝的复杂性，对有害裂缝下一个严格的定义实属不易。现将有害裂缝一般定义为：裂缝宽度超过规定要求，环境条件能使裂缝开展、钢筋锈蚀，严重降低混凝土结构的使用性和耐久性，必须予以治理的裂缝。对有害裂缝的判断就不是仅凭一个指标就可以确定的。经验证明，必须对裂缝状况、环境条件等综合分析，才能得出比较正确的结论。为此应从以下几方面综合判断。

① 最大裂缝宽度：我国及很多发达国家都将最大裂缝作为判断有害裂缝的主要指标。但因具体条件不同，有的裂缝已经超过了宽度允许值，而混凝土并不影响使用，而有的虽未超过，却已危及混凝土的使用和耐久，因此是否有害还应综合判断。

② 环境和介质情况：混凝土结构的耐久性和介质有直接的关系，一旦出现裂缝，则侵蚀性介质将通过裂缝深入内部，如海工混凝土，海水携带的氯离子会通过裂缝进入混凝土，造成钢筋的提前锈蚀，故对海工混凝土而言，仅要求最大裂缝宽度不超过允许值是远远不够的，换句话说，最大裂宽虽未超标，但有些裂缝已是有害的。为此，必须评价环境和介质对裂缝的影响程度，并预计长期侵蚀后的结果，作为有害判断的依据之一。

③ 是否严重降低混凝土结构耐久性：目前混凝土耐久性已引起业界的重视，裂缝的出现将大大降低混凝土耐久性是大家的共识。有抗渗要求的混凝土一旦开裂将不再抗渗，北方地区的冻融循环将使裂缝逐渐扩大，混凝土的碳化将从裂缝深入内部，不但造成碳化收缩，钢筋也会发生碳化腐蚀。为此，应评价裂缝对耐久性的影响，对于会严重降低耐久性的裂缝应判为有害。

对于有害裂缝必须针对其成因和具体情况，采取相应修补措施，如加固、补强及灌浆等。鉴于有些裂缝开展时间较长（如干缩裂缝），修补应在裂缝稳定以后进行，过早修补，将有可能会在修补后继续开裂。

（4）综合法裂缝控制

既然裂缝是好多因素综合作用产生的，裂缝的控制也决不是使用单一措施所能奏效的，如对于可能产生温度收缩裂缝的混凝土，认为只要掺加了膨胀剂就可万事大吉，显然是十分片面的。面对出现裂缝的诸多因素，裂缝控制必须用综合的方法。综合法控制裂缝是根据混凝土结构情况、施工方法及环境条件分析可能出现的原因，设计相应的控制程序，通过结构设计控制、原材料及配合比控制和施工控制综合地控制裂缝，达到不产生有害裂缝的目的。综合法的特点是：通过分析，综合控制，既不面面俱到，也不要顾此失彼。综合法控制主要体现在如下三个方面：裂缝分析、控制程序的设计和结构设计控制。

3.3.3 混凝土的抗冻

混凝土的抗冻性作为混凝土耐久性的一个重要内容，在北方寒冷地区工程中的重要性自不待言。

我国地域辽阔，有相当大的部分处于严寒地带，致使不少水工建筑物发生了冻融破坏。根据全国水工建筑物耐久性调查资料，在 32 座大型混凝土坝工程、40 余座中小型工程中，22% 的大坝和 21% 的中小型水工建筑物存在冻融破坏问题，大坝混凝土的冻融破坏主要集中在东北、华北、西北地区。尤其在东北严寒地区兴建的水工混凝土建筑物，几乎 100% 工程局部或大面积地遭受不同程度的冻融破坏。除三北地区普遍发现混凝土的冻融破坏现象外，地处较为温和的华东地区的混凝土建筑物也发现有冻融现象。

因此，混凝土的冻融破坏是我国建筑物老化病害的主要问题之一，严重影响了建筑物的长期使用和安全运行，为使这些工程继续发挥作用和效益，各部门每年都耗费巨额的维修费用，而这些维修费有时会达到建设费用的 1~3 倍。

(1) 掺入引气剂

长期的工程实践与室内研究资料表明：提高混凝土抗冻耐久性的一个十分重要而有效的措施是在混凝土拌合物中掺入一定量的引气剂。引气剂是具有憎水作用的表面活性物质，它可以明显降低混凝土拌合水的表面张力和表面能，使混凝土内部产生大量的微小稳定的封闭气泡。这些气泡切断了部分毛细管通路，能使混凝土结冰时产生的膨胀压力得到缓解，不使混凝土遭到破坏，起到缓冲减压的作用。这些气泡可以阻断混凝土内部毛细管与外界的通路，使外界水分不易浸入，减少了混凝土的渗透性。同时大量的气泡还能起到润滑作用，改善混凝土和易性。因此，掺用引气剂，使混凝土内部具有足够的含气量，改善了混凝土内部的孔结构，大大提高混凝土的抗冻耐久性。国内外的大量研究成果与工程实践均表明引气后混凝土的抗冻性可成倍提高。

引气剂的掺入虽然是提高混凝土抗冻耐久性最有效的手段，但引气剂的掺入同时会引起混凝土其他性能降低，如强度、耐磨蚀能力等。

（2）掺入减水剂

减水剂的应用也成为混凝土不可缺少的组分，使用减水剂可以大幅度降低混凝土的水灰比（水胶比），提高混凝土的强度和致密性，使混凝土抵抗冻融破坏的能力提高，从而提高混凝土的抗冻耐久性。

在混凝土中掺入高效减水剂可取得的技术经济效果如下：①保持和易性不变，可减水 25%，R_{28} 提高 90%，抗渗性提高 4~5 倍；②保持和易性不变，节约水泥 25%，R_{28} 提高 26%，抗渗性提高 2 倍；③保持用水量和水泥用量不变，R_{28} 提高 27%，抗渗性提高 3 倍。

（3）掺入活性矿物掺合料

在混凝土的基本组成材料中，水泥的价格最贵，因此，在满足对混凝土质量要求的前提下，单位体积混凝土的水泥用量愈少愈经济。因此，用一些具有活性的掺合料（硅粉、矿渣、粉煤灰）来替代一部分水泥正在被广泛应用。

硅粉混凝土也已应用于混凝土工程各个领域，其抗冻耐久性问题已引起人们的普遍重视，在丹麦、美国、挪威等国家，硅粉作为混凝土混合材已经得到了广泛应用。但关于硅粉混凝土的抗冻耐久性，各国学者结论各异，我国学者通过实验探讨了硅粉对混凝土抗冻耐久性的影响，得出结论：非引气硅粉混凝土的抗冻耐久性与基准混凝土比较，在胶结材总量相同、坍落度不变的条件下，非引气硅粉混凝土的抗冻能力高。在相同含气量的情况下，掺 15% 的硅粉混凝土比不掺硅粉的基准混凝土，气孔结构有很大的改善。硅粉对抗冻耐久性有显著的效果，但硅粉的产量有限而且成本较高。

国内外有关资料表明：粉煤灰混凝土的抗冻能力随粉煤灰掺量的增加而降低，和相同强度等级的普通混凝土相比较，28 天龄期的粉煤灰混凝土试件抗冻耐久性试验结果偏低，随着粉煤灰混凝土技术的深入研究和发展，引气粉煤灰混凝土的抗冻耐久性研究已越来越多地引起人们的关注。

由于试验结果限制，高强混凝土本身抗冻融能力仍有争论。

掺入活性的矿物掺合料是解决混凝土抗冻耐久性问题的有效措施之一，也是 21 世纪混凝土技术的主要发展趋势。单掺矿物掺合料来配制高性能混凝土的文献资料及工程报道很多，并已取得了一定成果。然而，对于多种矿物掺合料复掺并研究其复合叠加效应系统性的研究成果仍须不断丰富。

3.3.4 混凝土的防腐蚀

（1）混凝土腐蚀的影响因素

混凝土的结构特点，混凝土的水灰比、水泥组分、骨料的种类和级配、外加剂以及施工水平等都影响着混凝土的抗蚀性。

环境因素的影响包括：①碱化作用。空气中的二氧化碳与水泥水化物发生反应，导致混凝土中 pH 值降低和混凝土本身的粉化，致使只有在高碱性环境下才能稳定的氯铝酸盐水解，又产生氯离子的腐蚀。②氯离子的影响。环境中游离的氯离子是破坏混凝土结构的最重要因素，一旦渗入将和混凝土中的铝酸三钙发生反应，生成比反应物体积大几倍的固相化合物，造成混凝土的膨胀破坏。③硫酸离子的影响。硫酸离子的腐蚀机理与氯离子相同，也是生成大体积的固相物，使混凝土因膨胀而破裂。④镁盐的影响。镁盐在渗入混凝土中后将与熟石灰发生反应，使混凝土中的碱度降低，水泥石中的水化硅酸钙和水化铝酸钙便易与呈酸性的镁盐反应，所生成的氢氧化镁还能与铝胶、硅胶缓慢反应，结果使水泥石粘结力减弱，混凝土强度降低。⑤环境的温度、湿度和冻融交替频度严重地影响着混凝土耐久性。当温度高于 40℃，湿度大于 90% 时，将使混凝土加速破坏。冻融交替得越频繁，混凝土受到的危害就越大。

生物作用的影响类似于混凝土的化学腐蚀，如硫化细菌利用反应将硫转变成硫酸，从而引起混凝土的硫酸盐腐蚀。

（2）添加矿物质粉末

矿物质粉末包括硅灰、粉煤灰和磨细高炉矿渣微粉，能提高水泥浆的密实性，以阻断腐蚀介质侵入的通道，从而达到防腐蚀目的。除矿物质粉末外，还可以添加其他的添加剂，我国外加剂的品种目前已超过百种，其中包括减水剂、早强剂、加气剂、膨胀剂、速凝剂、缓凝剂、消泡剂、阻锈剂、密实剂、抗冻剂等（详见本书第 3.1.3 节）。

（3）改善混凝土本身的结构

① 使用普通混凝土时，应针对不同环境选用不同水泥，如在酸性环境中选用耐酸水泥，在海水中选用耐硫酸盐水泥和普通硅酸盐水泥等；增加混凝土中水泥用量，并且适当提高水泥中铝酸三钙的含量，但应低于 8%；降低水灰比，控制灰砂比；掺入引气剂、膨胀剂、减水剂、防水剂、粉煤灰和矿渣等外加剂，可以显著改善混凝土的抗渗和耐久性；进行合理的搅拌、振捣和充分的湿养护。

② 使用高性能混凝土：高性能混凝土是基于结构耐久这一思路而设计的全新混凝土，与传统混凝土相比，它具有许多特点和优点：不用振捣就可自动填充模板，可节省设备，减少噪声污染；具有良好的自密实性，可降低劳动强度和能源消耗；不会由于水化热的产生、水化硬化或干燥收缩等原因引发初始裂缝；具有高抗渗性，可以阻止氯离子、氧和水的渗入，从而预防了潜在危险，延长了混凝土的使用寿命。

③ 采用纤维混凝土结构：纤维混凝土结构的腐蚀机理与普通混凝土基本相同，但纤维的直径较细，且均匀分布，其耐久性相对普通混凝土要强一些。开裂的纤维混凝土构件在潮湿的环境下，裂缝处的混凝土碳化后，碳化区的钢纤维开始锈蚀。有研究表明，钢纤维混凝土中钢筋的锈蚀较普通混凝土钢筋的锈蚀减轻，其原因除了钢纤维阻裂作用的影响外，还在于细小纤维在混凝土中乱向均匀分布，从而改变了钢筋电化学锈蚀的离子分布状态，阻止了钢筋的锈蚀。

（4）对混凝土进行表面改性

对混凝土进行表面改性有多种办法：①在加热干燥的混凝土表层浸渍亚麻仁油，可延长 5~6 倍的使用寿命。②混凝土表面采用硫酸浸渍砂浆，对较弱的酸和盐类有良好的耐蚀性能。

③用 80% 石蜡和 20% 褐煤蜡混合制成细蜡粒，以一定比例与水泥拌合，待混凝土硬化后，加热其表面，蜡粒熔化填满混凝土孔隙，可以防止侵蚀性离子的渗入。④对混凝土表层进行天然或人工碳化，可以明显提高混凝土的抗蚀性。用盐溶液、甚至低浓度的酸溶液处理混凝土，使水泥石表面生成一层难溶解的钙盐以取代熟石灰，这也是一种提高混凝土的抗蚀性的方法。

表面涂覆：在混凝土表面涂覆一层耐候、抗渗、无毒、持久的涂料是一种成本低廉、简单易行的方案。因此，研究开发用于混凝土表面的新型防腐蚀涂料是当今建筑界的一个热点。①鳞片涂料：这种涂料由玻璃鳞片和耐腐蚀热固性树脂构成，有优越的防腐蚀和防渗透性能；可应用于海洋、油田等苛刻的腐蚀环境。②粉末涂料：这是一类不含溶剂，以粉末熔融成膜的新型涂料，具有无溶剂污染、涂覆方便、固化迅速、性能优异等特点。③此外，厚膜涂料、导电涂料、水性涂料等也都是混凝土防腐蚀涂料的发展方向。但在具体应用时，应根据所处环境的特点，选用相应的涂层种类和厚度。

综上所述，要切实解决混凝土结构或钢筋混凝土结构的腐蚀问题，除了应继续重视混凝土中钢筋的腐蚀机理及防护措施外，也要加强对混凝土的腐蚀及其防护方法的进一步研究，对建筑设计、结构设计、材料设计、施工技术、养护和使用等方面予以综合考虑，标本兼治，相得益彰，从而确保混凝土构筑物的安全可靠、长期使用。

3.3.5 混凝土的防火耐热

常态下的混凝土看上去就像是石头，这很容易让非专业人士产生错觉：这个东西不怕火烧[1]。实则不然，混凝土是一种冷凝材料，遇火灾后它不是像金属那样变热变软，而是在超过某一临界值后便发生脆性断裂。

混凝土遭受火灾之后，温度会不断升高。当被加热到 100℃时，其中的毛细孔就开始失去水分；达到 100~150℃时，由于混凝土中的自由水蒸发和高温作用促进水泥逐步水化，使混凝土抗压强度略有增加；达到 200~300℃时，由于水化硅酸钙凝胶体开始出现脱水而导致水化体系组织硬化；300℃以上时，由于脱水加剧，混凝土收缩开始出现裂纹，强度开始下降；温度达到 575℃时，氢氧化钙开始脱水，使水泥水化体系破坏。当温度达到 500℃和 800℃时，混凝土抗压强度分别为原来强度的 70% 和 30% 左右，混凝土开始坍塌；900℃时，混凝土中的碳酸钙分解，这时，游离水、结晶水及水化物的脱水基本结束，混凝土强度几乎完全丧失。

发生火灾时，高强混凝土不同于一般的混凝土，由于高强混凝土水胶比小、强度高、脆性大、密实度较大，高温时易发生爆裂崩塌，表现出与中低强度混凝土不同的劣化特征。高温爆裂是混凝土的一种灾难性破坏，通常发生在 300℃以上，其特征是伴随着剧烈的爆炸声，混凝土表面局部或整体发生剥落破坏的现象，爆裂后混凝土表面出现肉眼可辨的明显"凹坑"，但爆裂前却没有能为人所察觉的先兆。

1　当然，即使是石头也并非全都不怕火烧。

高强混凝土爆裂的主要危害表现为在火灾中混凝土构件承载能力的迅速丧失。在火灾情况下，混凝土表面温度通常可高达 800℃ 或更高。在这种高温下，混凝土构件一旦发生严重爆裂会使钢筋保护层完全破坏，导致钢筋直接暴露在高温下。由于钢筋在 300℃ 左右就会软化，再加上钢筋混凝土构件截面积的缩小，构件的承载力将急剧降低，这种情况将对结构安全带来很大隐患。虽然关于高强混凝土高温爆裂原因有多种解释，但这些解释都更像是猜想；高温爆裂的机理至今尚不明确。

不过，目前已有防火耐热混凝土广泛应用在化工、冶金、建材等工业领域，能较有效地减少火灾对混凝土材料的影响。根据胶结料的不同，防火耐热混凝土可分为硅酸盐、铝酸盐、磷酸盐、硫酸盐、氯化物、溶胶类及有机物结合防火耐热混凝土等。常用的主要是硅酸盐、铝酸盐、磷酸盐和硫酸盐防火耐热混凝土。

关于混凝土（特别是钢筋混凝土）的防火耐热问题，是工程研究和材料科学领域的重要课题。不过，我们也应该清楚，这个课题之所以值得关注，是因为钢筋混凝土常被用来建造高层建筑，混凝土的防火机理和防火能力直接决定了人们的逃生时间和建筑的有效使用年限。事实上，相对于一些传统材料，混凝土防火耐热的能力还是不错的。

如果将混凝土作为工业品和工艺品的设计原料时，有些须满足加热要求的器具和位置，显然不是混凝土材料的施展空间。

4 混凝土的艺术表达

4.1 清水混凝土

4.1.1 发展脉络

清水混凝土产生于1930年代。随着混凝土广泛应用于建筑施工领域，建筑师们逐渐把目光从混凝土作为一种结构材料转移到材料本身所拥有的质感上，开始用混凝土与生俱来的装饰特征来表达建筑传递出的情感。

1930年代时，经典现代主义正在起步期，混凝土作为前景广阔的建筑材料，即获得了众多知识分子型的建筑师的追捧。1950年代前后，出现了几例非常出色的清水混凝土建筑，至今仍属建筑史中的经典，包括：路易斯·康[1]（Louis Kahn）设计的耶鲁大学英国艺术馆和索尔克生物研究所（图4-1~图4-3），埃罗·沙里宁[2]（Eero Saarinen）（图4-4）设计的华盛顿达拉斯国际机场候机大楼（图4-5）、纽约肯尼迪国际机场环球航空大楼（图4-6）等。1960年代，越来越多的清水混凝土出现在欧洲、北美洲等发达国家和地区。

到了1980年代，一批后起的建筑师延续了国际主义风格，强调高技术，强调建筑结构的

---

1 路易斯·康（Louis Kahn, 1901—1974），美国建筑师，耶鲁大学建筑学院教授，1957年以后，他一直在宾夕法尼亚大学设计学院当教授，还是设计评论家。康创造了一个不朽而完整的风格，他的作品非常"诚实"，丝毫不掩饰自己的重量、材料和组装方式。路易斯·康的作品被认为是对现代主义的超越。他的作品以精心建造、一丝不苟而闻名，他的许多设计因颇具挑衅性而未能建成，因此这些观念只能留在他的课堂上。他是20世纪最为著名的建筑师之一，被授予美国建筑师学会金奖和皇家建筑师协会金奖。

2 埃罗·沙里宁（Eero Saarinen, 1910—1961），美籍芬兰裔建筑师，父亲是芬兰著名建筑师埃里尔·沙里宁，移居美国。1934年毕业于耶鲁大学建筑系，之后得奖学金旅欧学习两年。回国后随父从事建筑实践，1941年起与父在密执安州安阿伯合开建筑师事务所，直到1950年父逝。以后在密执安州伯明翰继续开业。其设计风格清新、个性突出、造型独特、有创造性。前期曾追随密斯的有古典风格的、技术精美的现代建筑，后期则倾向于多变的空间组织与有力的结构表现，作品中还反映了少年时曾受到雕塑训练的影响。曾获多次设计奖，去世后一年还获得美国建筑师协会金质奖。

科学技术含量，形成了"高技派"，它们的代表人物有理查德·罗杰斯（Richard Rogers，1933—）、诺曼·福斯特（Norman Foster，1935—）等，典型作品如香港汇丰银行。在亚洲，日本的表现可圈可点，今天日本的清水混凝土技术和文化理解已达到很高水平。在混凝土应用上，日本人改变了从前不加修饰的混凝土表面处理手法，而是有意强调了日本传统工艺思维，利用现代外墙修补技术，使水泥表面达到非常精致的水平，同时又充分展现出水泥本身特有的原始和朴素的一面。一种被认为更接近于东方禅学无为而为的思想，被以有"清水混凝土诗人"之称的安藤忠雄为代表的日本建筑师融入在设计中，充分体现了东方文化色彩。

　　在我国，清水混凝土是随着混凝土结构的发展不断发展的。1970年代，在内浇外挂体系

图 4-1　路易斯·康（Louis Kahn）

图4-2　耶鲁大学英国艺术馆，
美国纽黑文市，1951

图 4-3　索尔克生物研究所，美国加州拉荷亚，1959

图 4-4　埃罗·沙里宁
（Eero Saarinen）

图 4-5　达拉斯国际机场，华盛顿，1962

的施工中，清水混凝土主要应用在预制混凝土外墙板反打施工中，取得了进展。后来，由于人们将外装饰的目光都投诸于面砖和玻璃幕墙中，清水混凝土的应用和实践几乎处于停滞状态。直至 1997 年，北京市设立了"结构长城杯工程"奖，推广清水混凝土施工，使清水混凝土重获发展。近些年来，清水混凝土建筑数量迅速增多，而且，关于清水混凝土材质特征的讨论，也渐渐超越建筑材料范畴，进入了艺术和文化领域。

图 4-6　肯尼迪国际机场 TWA 飞行中心，美国纽约，1962

4.1.2 技术要点

　　清水混凝土（As-cast Finish Concrete/Bare Concrete）在较为狭义的层面上，也被称为"装饰混凝土"，是为了强调清水混凝土极具装饰效果。最典型的清水混凝土是指一次浇筑成型，不做任何外装饰，直接采用现浇混凝土的自然表面效果作为饰面。为了保证完工后的饰面品质，清水混凝土的表面通常要求平整光滑、色泽均匀、棱角分明、无碰损和污染，只是在表面涂一层或两层透明的保护剂。人们越来越喜欢清水混凝土色彩和质地所显露出的含蓄、硬朗、朴拙、庄重等特质。

　　需要说明的是，目前国内许多建筑项目中使用的是清水混凝土挂板，其装饰手法与石材干挂的意思差不多。就饰面效果而言，是否外挂可能差异不大，但其内在的材料逻辑和工艺方式区别还是挺大的。相对而言，混凝土结构直接浇筑并外露且保证饰面效果的工艺方式，显然难度更大。

　　清水混凝土是名副其实的绿色混凝土：混凝土结构不需要装饰，舍去了涂料、饰面等化工产品；清水混凝土结构一次成型，不剔凿修补、不抹灰，减少了大量建筑垃圾，有利于保护环境；清水混凝土的施工，不可能有剔凿修补的空间，每一道工序都至关重要，迫使施工单位加强施工过程的控制，使结构施工的质量管理工作得到全面提升；清水混凝土的施工需要投入大量的人力物力，常会延长工期，但因不须装饰面层，从而减少了维保费用，最终可降低总造价更有助于降低维护成本。

　　混凝土表面吸水率较大，如不作任何保护，混凝土在自然界的环境下会遭受来自阳光、紫外线、酸雨、油气、油污等破坏，逐渐失去本来面目，所以一般说来，清水混凝土墙面最终的装饰效果，60% 取决于混凝土浇筑的质量，40% 取决于后期的透明保护喷涂施工。

　　清水混凝土施工用的模板要求十分严格，需要根据建筑物进行设计定做，且所用模板多数为一次性的，成本较高。模板必须具有足够的刚度，在混凝土侧压力作用下不允许发生任何变形，以保证结构物的几何尺寸均匀、断面一致，防止浆体流失；对模板的材料也有很高的要求，表面要平整光洁，强度高、耐腐蚀，并具有一定的吸水性；对模板的接缝和固定模板的螺栓等，则要求接缝严密，要加密封条防止跑浆。固定模板的拉杆也需有金属帽或塑料扣，以便拆模时方便，减少对混凝土表面的破损等。

混凝土在同条件下的试件强度达到3MPa（冬期不小于4MPa）时拆模。拆模后应及时养护，以减少混凝土表面出现色差、收缩裂缝等现象。清水混凝土常采取覆盖塑料薄膜或阻燃草帘并与洒水养护相结合的方法，拆模前和养护过程中均应经常洒水保持湿润，养护时间不少于7天。冬期施工时若不能洒水养护，可采用涂刷养护剂与塑料薄膜、阻燃草帘相结合的养护方法，养护时间不少于14天。

后续工序施工时，要注意对清水混凝土的保护，不得碰撞及污染混凝土表面。在混凝土交工前，用塑料薄膜保护外墙，以防污染。对易被碰触的阳角部位，拆模后可钉薄木条或粘贴硬塑料条加以保护。

4.1.3 艺术趣味

（1）作为结构材料的清水混凝土

清水混凝土是一种看似单纯，却内涵丰富的材料：含蓄、微妙、深沉、硬朗、质朴、优雅……在东方和西方的美学体系中，这种审美趣味都被看做是一种"高级"趣味，因此极易受到知识分子和艺术工作者的喜爱。

不过理性分析一下，除了材质的美学特征，清水混凝土日渐受到欢迎至少还有如下三个原因：

第一，混凝土的可塑性使其几乎能完成设计师的所有造型和功能要求，而且相对于其他材料而言，清水混凝土还有自身的优势：①清水混凝土既是结构材料，又是饰面材料，比以钢筋混凝土为结构，又以石材或釉面砖作面材的做法更省材料；②清水混凝土的材料具有连续性，当然这并不是说清水混凝土表面没有分隔缝，而是说其分隔方式不必囿于石材或其他面材的大小和比例关系，能与结构更好地相融。

第二，清水混凝土施工工艺水平更高、管理难度更大。总体说来，与常见的钢筋混凝土结构施工比较起来，它更类似于一种"高级订制"的产品：更多地体现了一种工程技术上的能力和野心，也让能驾驭这种高端技术的设计师和工程师有成就感。

第三，正因为清水混凝土的施工技术集成度高，所以一旦市场需要打开，则能有效地提升行业整体施工组织和技术水平，优秀施工单位也能有效地提升单位工时的经济收益。对于行业和企业来说，这是一种更加可持续的发展道路。

不过如前所述，我们在国内的许多建筑案例中看到更多的是清水混凝土挂板而非真正浇筑的混凝土结构。表面看来这没有什么不妥，但从设计逻辑来说，二者表达的是完全不同的设计哲学（如本书第1.2.3节所述）。

以西方经典设计哲学的逻辑分析，用清水混凝土做饰面板是对清水混凝土材料最大的"背叛"，因为它不再"真诚"地展示材料的本质，而是成为"掩饰"真实结构的手段。同时，混凝土饰面板的建造方式显然降低了清水混凝土材质本来传递出的工艺品质和技术含量，更接近于一种"高仿"。还有一些建筑师说选择混凝土饰面是因为其寿命与混凝土结构相当，不必有更多的更换饰面板的要求。但这里面其实暗含两个约定俗成但似是而非的逻辑：①如果结构和饰面材料一样，那么为什么不直接将结构材料裸露出来呢？就设计逻辑而言，这是不是有些多此一举？②如果将结构材料直接裸露出来，我们是否还能减少一些混凝土结构中的预埋件和挂板的连接件等一系列材料和工艺？能让结构的荷载能力中取消"外饰面"部分，并可能再增加一点点空间的有效使用面积？

但是，对于我国的民众、甚至许多建筑师来说，清水混凝土到底是不是一个真实的结构材料其实一点都不重要，因为我国传统建筑的建造工艺对饰面做法毫不排斥，甚至属常规做法。不过，就目前混凝土挂板使用广泛的原因，我们还可继续深入研究：

第一，行业常规工作模式更欢迎这种方式。就是说，设计师通常是在设计出造型、平面、结构、设备等内容后，才能和甲方确定饰面材料，因为甲方通常对建筑外立面的色彩和材料有很多、很易变的要求，所以用一种"以不变应万变"的结构方式和工作流程来展开工作很安全。不管外挂的是石材、铝板或是混凝土板，反正施工流程相差不大。这才能保证工程的完成度，也基本没有无法达成的施工难题。

第二，工程的有效造价（真正用于设计、工艺等方面的费用）通常会被压缩得很低，工期又常被限定在相对局促的时间里。西方设计逻辑下的清水混凝土现场浇筑的施工方式，对施工工艺要求高，相应的人工成本和工期控制要求都很高。就是说施工费用中真正付给工程师、施工负责人和工人的费用比重高于一般工程，但设计者单位通常不会为此不遗余力地游说甲方，因为这笔利润大多不会付给设计者单位；而且为此花费了大量时间和精力的设计师还可能受到同事们的埋怨，因为花费同样的时间他本来可以协助其他设计师参与回报率更高的设计项目。更重要的是，特殊施工方法通常无法满足在施工阶段还反复调整方案的要求，而这是我国建筑设计施工的常态。所以，真正阻止结构外露式清水混凝土项目广泛实施的最重要原因，未必是建筑师和施工单位，而是甲方的思维能力和工作方法。

第三，也的确有些特殊建筑造型，只有以钢结构做支撑、外挂混凝土饰面板才能完成。这种做法既方便施工，又能减轻荷载，甚至可能缩短工期。严格说来，这其实算得上是混凝土饰面的一大优势，至少能保证建筑整体质感的一致性。

（2）作为饰面材料的清水混凝土

所以从另一个角度讲，中国人普遍使用的清水混凝土外挂方式，可能"误打误撞"地开辟了另一种审美模式；或者说这种方式因方便设计师加入许多其他审美元素，所以拓展了清水混凝土的文化范畴。

既然混凝土被看成一种装饰材料，于是就如同石材一样可以被切割成一块块板材再挂在墙体结构上。但比石材幸运的是，混凝土因是人工材料，其分割方式相对自由得多，所以很容易能与空间关系相协调。同时，混凝土板一般为工厂化预制，所以平整度、精细度等也更易符合要求（图4-7~图4-10）。

图 4-7　北京林业大学，室内的清水混凝土挂板尺寸根据空间关系来控制
（中国混凝土与水泥制品协会装饰混凝土分会供图）

图 4-8　辽东湾体育中心，清水混凝土挂板的品质和工艺非常适合大型
公共空间（中国混凝土与水泥制品协会装饰混凝土分会供图）

联想研发基地以大体积的清水混凝土质感赢得了许多人的关注和一些摄影爱好者的喜爱（图4-11）。尤为有趣的是，其中西墙东侧的弧面墙上分布着有许多个三角形的金属装饰物。这是一种非常符合中国人审美习惯的小细节，而在路易斯·康和安藤忠雄的设计中永远不会出现。在这里，清水混凝土不是严谨的和神性的，而是清雅世俗的。

做饰面材料的清水混凝土通常施以透明保护剂来保证其本色，但昆明新机场航站楼却使用了半透明的养护剂（图4-12）。事实证明，这种选择非常理性，效果明显。因为机场建筑体量巨大，施工周期长，工艺复杂，所以较难保证全部混凝土材料毫无色差，而半透明的保护剂既能对清水混凝土进行有效保护，也能起到调整色差、遮蔽污

图 4-9　2008 奥运会北京射击馆，清水混凝土挂板采用模数化大尺度工厂加工、现场结构连接干挂做法，表面采用透明无色保护剂，充分还原材料朴素的质感（中国混凝土与水泥制品协会装饰混凝土分会供图）

渍的修饰作用，并能与金属材料的颜色更加一致。这也算是中国人在面对巨大工程项目，保证工期和品质时的一种"机智"了。

图 4-10　武汉琴台文化艺术中心，采用预制混凝土挂板外帷幕系统，面积约 4 万平方米
（中国混凝土与水泥制品协会装饰混凝土分会供图）

所以，中国建筑领域对清水混凝土的使用显然与西方主流设计哲学观念并不完全一致。不过就材料本身而言，这并无不妥。事实上，发展出一种符合中国人传统趣味的材料组织方式，倒是意料外的收获。其实问题在于，健康的建筑设计和施工系统中，设计师应该有余地根据项目的文化品质来选择用裸露结构还是外挂板材的方式来表达思想；甚至在建筑的不同部位选择不同的构筑和装饰方式也很正常。就是说，我们可以继续在清水混凝土饰面板领域深入实验探索，同时也必须提升清水混凝土结构施工水平。回到第 1 章的那个问题，为什么我们能在桥梁和大坝建造中裸露结构，在建筑设计中却达不到呢？建筑设计的文化表达手法难道不应该比桥梁和大坝更加多样吗？

图 4-11　联想研发基地弧形墙面上的金属装饰物（中国混凝土与水泥制品协会装饰混凝土分会供图）

图 4-12　昆明新机场航站楼使用了半透明的清水混凝土养护剂
（中国混凝土与水泥制品协会装饰混凝土分会供图）

4.2　混凝土墙体

4.2.1　装饰墙板与预制构件

目前在国内的建筑施工领域，混凝土饰面板的使用非常普遍，而且大多是工厂化生产，现

场安装完成的。不过，针对不同的建筑造型和施工工艺，装饰混凝土板的使用方式还稍有不同。

目前国际建筑设计中在造型上强调流动性和曲面变化的势头非常强劲，而混凝土饰面板在这个领域的发展有天然优势。最重要的原因当然是其可塑性强，而且当这种可塑性与信息技术结合起来，能量会更加强大，如天津东疆港商业中心就是很好的例子（图 4-13）。它的GRC[1] 幕墙面积巨大，达 5.6 万平方米，而且曲度变化很大；设计师用 BIM 数字技术进行建筑形体生成，再转换成可生产和施工的 GRC 产品，整个制造过程成功地应用数字编程、解码与软件技术将数字生成设计转化成形体的建造设计与现场安装空间的三维定位。混凝土饰面板的另一个优势在于其与钢结构的结合将非常有效地减轻建筑自重，降低基础的荷载压力，当然，若设计得当还能增加室内空间的有效利用率。天津港国际邮轮母港客运大厦的结构方式相似，同时也须在不规则的建筑形体中处理好建筑本身对于结构荷载、防水、防火、壁垒系统的设计要求（图 4-14）。

图 4-13 天津东疆港商业中心混凝土造型板曲面变化复杂，面积巨大
（中国混凝土与水泥制品协会装饰混凝土分会供图）

图 4-14 天津港国际邮轮母港客运大厦（中国混凝土与水泥制
品协会装饰混凝土分会供图）

---

1 GRC 是英文 Glass fiber Reinforced Concrete 的缩写，中文名称是玻璃纤维增强水泥，这是一种以耐碱玻璃纤维为增强材料、水泥砂浆为基体材料的纤维水泥复合材料。

南京青奥中心外墙板的设计制作和施工精密度要求非常高（图4-15）。它也应用了BIM技术实现建筑形体与GRC产品的转换，上万块的单曲面和双曲面混凝土板必须精准吻合。九江文化艺术中心在造型上与南京青奥中心颇为不同，青奥中心外立面分格明显，工厂化生产痕迹得到强化，而九江文化艺术中心的趣味更强调一种放松舒展的气质（图4-16）。不过二者的技术手段大抵相当。相似的技术工艺能满足不同的建筑造型和气质要求，说明了特殊造型混凝土板的广泛适应性。北京草莓大厦的建筑系统方案为钢结构，后置埋板用化学锚栓固定，主体结构层间钢结构插芯处理；板材上部位置均为螺栓埋件，连接件为长条孔，板材下部位置均为蝴蝶码预埋件，连接件为长条孔（图4-17）。

图4-15　南京青奥中心上万块单曲面和双曲面外墙板令人印象深刻　　　图4-16　九江文化艺术中心造型舒展
（中国混凝土与水泥制品协会装饰混凝土分会供图）　　　　　　（中国混凝土与水泥制品协会装饰
　　　　　　　　　　　　　　　　　　　　　　　　　　　　　混凝土分会供图）

图4-17　北京草莓大厦（中国混凝土与水泥制品协会装饰混凝土分会供图）

事实上，无论是否为特殊造型的预制混凝土板，对安装精细化都有要求。但是当造型复杂时，精密度不能达到要求就不只是影响美观了，而可能导致安装无法顺利完成。北京万柳购物中心地下一层地铁通道顶面也是混凝土板材制作、安装精细的一个很好例子（图4-18）。这个地铁通道的平面为圆弧状，200多米长，15米宽，吊顶断面也为圆弧拱顶，所以GRC吊顶板为双曲面的异性板材；吊顶要求在宽度方向平滑连接（15米）不能有缝，厂家采用了整体成型制作再分块安装的办法，还对板缝进行特殊技术处理，实践了3米×15米＝45平方米双曲面板板面无缝拼接。这项工艺不仅是对混凝土预制板精密度水平的一次提升，而且也解决了工程施工中的一个大难题：当项目要求大幅面GRC板但生产或运输又无法满足需要时，这种技术将有一展身手的机会。

还有一些预制构件是为了满足装饰细部的特殊设计而定制的。中国台湾奇美博物馆的

GRC 雕塑构件就采用了这种高级订制的制作流程：先采用犀牛（Rhino）软件设计了韵律感极强、尺寸递增精确度极高的穹顶天花，再用 CNC 三维雕刻机制作模具，底层穹顶用多达 50 多件锯齿形分割构件拼接安装而成，实现了尺寸精准、韵律感极强的大型雕花穹顶（图 4-19）。世纪花园建筑从上至下均采用了 GRC 构件，应用总高度近百米，采用无龙骨安装方式。历经 13 年后，在风荷载、雪荷载等各种荷载作用下，各构件完好如初，不变形、不脱落、无裂缝，说明了构件设计安装的科学化和精细度（图 4-20）。

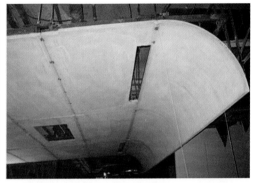

图 4-18 北京万柳购物中心地下一层地铁通道顶面（中国混凝土与水泥制品协会装饰混凝土分会供图）

图 4-19 中国台湾奇美博物馆的预制 GRC 雕塑构件（中国混凝土与水泥制品协会装饰混凝土分会供图）

图 4-20 世纪花园建筑从上至下均采用了 GRC 构件（中国混凝土与水泥制品协会装饰混凝土分会供图）

　　装饰混凝土板的另一个有效用途在于可以被加工成各种文字和图案造型。在中国的建筑设计领域，其发展前景可能很大。如果装饰图案能制作得尺寸更小、质地更精细、色彩更微妙——类似于室内常用的装饰砖的话，在室内设计领域也会有较好的发展前景。法国一家警察局外墙的混凝土图案与我们不同恐怕主要是趣味上的，而非技术上的；另外，在一个政府项目的外墙上使用植物图案造型，恐怕还有文化理解和宽容度的差异。比较而言，以文字为基础图案的做法非常"中国化"，不过目前我们看到的文字往往以印刷体或准印刷体为主，这可能不利于拓展这种工艺的表现手法。当然，我们也不能简单地认为书法大家的作品直接翻模上墙就能解决问题，毕竟书法艺术的审美体验方式与建筑的审美过程差异很大。良好的艺术效果要求针对具体的材料工艺和展示空间进行单独设计。在这一点上，图案和书法的道理是一样的。还有，因为混凝土板通常具有一定厚度，对于近体尺度的装饰图案和文字来说，过于单一冷硬的侧切面可能会把文字和图案本来应具有的情感体验消磨掉。举个例子，我们经常看到人行道两侧的建筑会有各种各样的装饰细部（线脚、柱头、门上雕花等），完全没有结构意义。其实主要因其尺寸和造型方式更易与行走和驻足中的人们达成一种情感和审美上的亲近感。而混凝土在从结构材料发展到装饰材料的过程中，必须突破这一点。简单说，一定要增加细部表现力。北京建筑大学新校区报告厅，灰白色轻薄墙板镂空效果，装饰混凝土通过模具成型，制成编制网格状墙板，同时形成双曲面效果（图4-21）。部分案例如图4-22~ 图4-25 所示。

图4-21　北京建筑大学新校区报告厅（中国混凝土与水泥制品协会装饰混凝土分会供图）

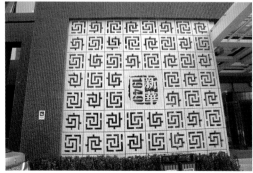

图4-22　新华印刷厂厂房改造，标准图案尺寸很大，使用了装饰混凝土轻型墙板（中国混凝土与水泥制品协会装饰混凝土分会供图）

图4-23　法国一警察局的标准图案混凝土外墙板（中国混凝土与水泥制品协会装饰混凝土分会供图）

常规的混凝土板工厂化制作方式通常仅限于建筑饰面的制作安装，建筑的结构建造方式当然还是现场施工。可是，工厂化生产方式很容易与装配式建造方式相衔接，让建筑和小型构筑物的建造方式更接近工业化生产。当然，这对产品的精细度和安装组织水平的要求都更高，是一个非常有发展潜力的领域。

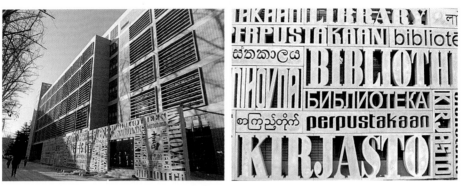

图 4-24 　北京外国语大学图书馆改扩建工程的文字样式轻型墙板是一大特点
（中国混凝土与水泥制品协会装饰混凝土分会供图）

工厂化生产的混凝土围墙相对而言较易完成（图 4-26、图 4-27）。当然，解决好基础及与基础部分的连接问题也很重要，而造型别致、精巧美观则为艺术要求了。一般说来，产品的精确、精美、精致是较高工业化生产水平的基本特征。工厂生产、现场装配的混凝土制品必须在外观上看起来比现场浇注的更加精美才能打动人心。不过，当 3D 打印技

图 4-25 　白砂岩 GRC 装饰板制成变电箱的格栅

术引进以后，即使工厂化生产的围墙，也不必完全一样，只要按照安装要求保证规格一致既可，图案方式可以各色各样。虽然目前 3D 打印技术无法避免截面处的分层现象，但在墙体装饰上这的确不算是什么缺陷，或者还有人认为是不错的质感表现。

图 4-26 　工厂化生产的装配式混凝土围墙，以 PC 材质为主，艺术性强、环保、成本低、施工便利（中国混凝土与水泥制品协会装饰混凝土分会供图）

图 4-27 　3D 打印冰裂纹装饰墙体，墙面图案变化空间更大（中国混凝土与水泥制品协会装饰混凝土分会供图）

太阳能一体化门卫房是一个能给人以启发的试验性作品（图4-28）。这是一种 PC 与 GRC 组合的全装配式结构，将太阳能光电管与光热管布置在预制的 PC 墙体上，让太阳能部件作为建筑要素参与艺术表达，结构、围护、保温、装饰、太阳能一体化。这个项目最主要的目的是对太阳能在建筑中的美化问题进行探索。但在实施过程中，工厂化生产和现场组合安装的方式是这种太阳能收集建筑体的最好推广途径。建筑由预制墙板、屋面板和基础板等八块板组成，工厂化生产，安装方便快捷，一天即可安装完毕。

图 4-28　太阳能一体化门卫房（中国混凝土与水泥制品协会装饰混凝土分会供图）

而万科中粮假日风景项目 D1 和 D8 号住宅楼的装配式建造更彻底（图4-29）。为了完成这个工程，设计施工单位建立了一整套"装配整体式剪力墙结构体系"，预制或部分预制的混凝土墙板，通过在水平和垂直方向节点部位外伸钢筋进行有效链接；楼板、外墙板、女儿墙、阳台、空调板、楼梯、内墙板等混凝土构件在构件厂进行预制，施工现场组装。这个项目的完成为房屋建造方式提供了另一种可能。而且，我们甚至可以更进一步地想象：是不是这种现场组装的方式更符合中国古建的搭建方式和工程逻辑？

图 4-29　万科中粮假日风景（万恒家园二期）项目 D1、D8 号工业化住宅楼
（中国混凝土与水泥制品协会装饰混凝土分会供图）

装配式构筑物还可能提供一种更多样化的功能和造型选择，全运会中央公园情侣亭就是一个很有趣的例子（图4-30）。混凝土异形板，在非线性曲面上做出凸块，主结构采用球形钢架结构外挂装饰混凝土异形板，内部采用全实木板条进行装饰。在这个案例里，混凝土仍被当作一种饰面材料，但混凝土的材料特征和现有工艺水平，完全可以支撑全部（至少是部分）结构完全装配化。混凝土本来即是结构材料，现在也是表现力很强的装饰材料，充分调配混凝土的各种才能，足可丰富城市中小体量构筑物的造型语言。

图4-30　全运会中央公园情侣亭（中国混凝土与水泥制品协会装饰混凝土分会供图）

4.2.2 混凝土肌理和起伏

北京实体造型成肌理效果——延庆县葡萄大会的葡萄博览园主场馆实实在在地用混凝土材料在建筑外表面制造出了一个造型序列（图4-31）。整个建筑外墙面远观有一种流畅的肌理变化，近观又有混凝土的粗犷质朴。这种尝试颇为成功——用材料最简单的造型手段制造出较细腻的外墙装饰效果。长春非洲木雕艺术博物馆的外墙装饰看来方方正正，其实是国内第一例箱型GRC构件立面百叶，满足了主立面艺术特色表达和办公空间采光的双重需要（图4-32）。

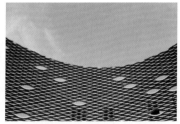

图4-31　北京延庆的葡萄大会葡萄博览园主场馆墙面细部（中国混凝土与水泥制品协会装饰混凝土分会供图）

图4-32　长春非洲木雕艺术博物馆（中国混凝土与水泥制品协会装饰混凝土分会供图）

澧县城头山遗址博物馆的外墙饰面非常有特点，有夯土墙体被冰雪剥蚀之感，博物馆的朴拙之色展露无遗。墙面虽为多块混凝土板拼接而成，但板材的凹槽下陷部分自上而下连续分布，装饰细部的连贯性有助于塑造建筑物本身的整体感（图4-33）。

图4-33　澧县城头山遗址博物馆墙体（中国混凝土与水泥制品协会装饰混凝土分会供图）

竖线条的混凝土饰面较常见，但仔细分析，其起伏方式可以多样，除起伏大小有异外，还可有造型差异，如波纹状或如桐城文化博物馆这样的锯齿状（图4-34）。比较起来，锯齿状竖纹的混凝土板有助于强化投射到板面上的光影效果，甚至可能使之与原材料色彩产生灰度级的偏差。杭州九堡大桥桥头堡波纹状的竖条纹感觉相对柔和（图4-35）。这种微妙的视觉体验还可深入挖掘。比较而言，天津华电武清燃气分布式能源站的墙面装饰更接近于"高浮雕"，其起位厚度120~150毫米（图4-36）。先制作泥稿，采用竹子浮雕造型，底板麻面，搭配墨绿颜色。这个案例在造型手法和模仿竹子色彩方面的尝试都很可贵，但最终艺术效果尚有欠缺。一方面图案内容可能与建筑的气质和属性关系不大，另一方面装饰细部过于密集写实，反而容易让人忽略其艺术性。技术上的突出反而可能强化了设计上的不足。

图4-34　桐城文化博物馆的锯齿状纹理能增加光感和质感
（中国混凝土与水泥制品协会装饰混凝土分会供图）

法国安提比斯的Anthea音乐厅在处理混凝土外立面上使用了典型的西方手法（图4-37）：流畅线条加肌理对比；当然，微妙的色彩对比也值得关注。这座建筑给我们的启示可能主要不在技术层面，而在于审美方式对技术的把控能力上。因室外天光变化，相同色彩和质地的混凝土材料因肌理不同，通常会呈现出不同的色彩灰度和色彩倾向。能控制好色彩和质感差异，既体现了技术水平，更体现了设计师的材料理解能力和审美品位。

钱学森图书馆采用了 GRC 外墙板，总用量约 7000 平方米（图 4-38）。幕墙板制作成暴露的红色砂石效果，采用雕刻手法，通过产品纹理疏密和深浅不同刻画出钱学森的人物形象。这个项目的技术和艺术设计较为匹配，也形象化地点明了建筑主题。

图 4-35　杭州九堡大桥桥头堡波纹状的竖条纹　　　图 4-36　天津华电武清燃气分布式能源站的写实竹子
（上海鼎中供图）　　　　　　　　　　　　造型墙面装饰有较好的技术体现（中国混凝土与
水泥制品协会装饰混凝土分会供图）

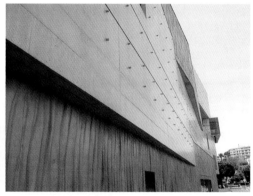

图 4-37　法国的 Anthea 音乐厅，体现了法国设计师对色彩和肌理的不同理解
（中国混凝土与水泥制品协会装饰混凝土分会供图）

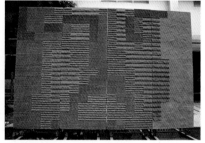

图 4-38　钱学森图书馆的 GRC 板采用雕刻手法刻画出栩栩如生的人物形象
（中国混凝土与水泥制品协会装饰混凝土分会供图）

杭州西溪天堂的弧形石是混凝土材料在室内设计中不多见的一个较好案例（图 4-39）。0~360°参数的不同弧度、不同尺寸的弧形基坯，努力营造出自然水波纹、半圆形、圆形等效果，这些做法能较好地体现混凝土的材料优势。但是，室内材料与室外材料的差异并不仅停

留在技术层面，审美体验上的不同可能更重要。相比较室外材料，室内装饰材料的分割、布局、凹凸和色彩等方面通常更加微妙，这是一般建筑外饰材料的处理手法难以满足的。所以，混凝土材料虽然有很好的室内空间发展前景，但其审美逻辑和加工方式等尚需重大调整。

图 4-39　杭州西溪天堂室内设计中的弧形石尝试值得赞许（中国混凝土与水泥制品协会装饰混凝土分会供图）

在我们看到的以混凝土板表面肌理变化作为主要装饰手法的外墙立面中，最能体现混凝土特征、效果最好的往往是将整个建筑表面起伏进行整体化设计的建筑。整体设计、工厂化制作、现场安装，是这种艺术效果得以达成的最佳保证。而且，这是混凝土材料能超越天然石材效果的最佳才能。

如果我们以为混凝土材料表面起伏的一体化设计只停留在装饰层面，就太过偏狭了。其实混凝土还是很好的声学材料，而混凝土表面的起伏则是达成声学效果的材质基础。我国1950—1960 年代建造的许多剧场、报告厅等，其内墙饰面就是"燕泥"状肌理的混凝土材料。因为这种不平整的墙面能打乱声波的反射方向，多次反射便能使声波能量衰减，以减少回声。这提醒我们，即使在当代建筑中，混凝土内墙板依然可以具有声学价值。综合考虑到其生产装配的方便性，比纤维织物和木质板材更佳的防火性能等，混凝土声学饰面板的发展前景值得关注。

在这个领域，我们可以找到一个非常"夸张"的实例，这就是国家大剧院的混凝土顶棚（图 4-40）。说它夸张，既因为其规模，也因为其难度。混凝土声学墙面和顶面面临的问题完全不同：①混凝土吊顶自重大，如何减轻重量，还能达到技术要求，是个大麻烦：板子太厚重量大不安全，太薄又会影响声音效果，所以每块板、每个部位都要拿捏到位。②每块混凝土板的起伏均不一样，所以每块板需要一一对应的模板，且对模具制作的精细度要求很高。③136 块混凝土板安装到位后必须完整平缓，不得露出明显的拼缝或变化不顺畅之处。④防止

图 4-40　国家大剧院的混凝土造型顶是一次很有意义的声学尝试（中国混凝土与水泥制品协会装饰混凝土分会供图）

混凝土开裂依然是大问题，更何况，不均匀的表面形态，更增加了防控难度。⑤因吊顶为 GRC 材料，与一般水泥的性能不尽相同；混凝土内部支撑结构的分布、强度等又无任何现成数据可以参考，不得不逐个试验。⑥即使成品制作完成，成品运输和现场安装也将遇到极大挑战。

当然，最终成果喜人：①每块板都近 1 吨重，有 20 个连接点，最终抗拉拔的破坏极限达到 1 吨，保险系数近 20 倍。②每块板 3260 毫米×2480 毫米，起伏最高处 480 毫米，平均厚度 24 毫米。③ 136 块板的安装误差不超过 2 毫米。④缝隙中间安装钢索，悬吊音响、灯光和巨型玻璃罩等设备。

混凝土表面的各种肌理变化都来自于模板的造型，当模板形式和材料愈发多样，必然能提升混凝土室内外饰面板的艺术表现力。德国莱利（Reckli）公司的一些混凝土建筑外饰面成果，能在观念上给我们更多启发。作为室内外装饰材料的混凝土发展，必须建立在模具或模板材料高度发展的基础之上；夸张点儿说，在建筑和常规产品开发领域，模具的重要性可能超越了混凝土组分控制的重要性。毕竟，日常生活环境的严苛程度很难超过极端恶劣的自然环境，但日常所需和所见的室内外装饰面板和工业产品所需的混凝土产品模具的品种繁多，差异极大，且是混凝土行业一直以来的弱项。

"艺术混凝土"是德国莱利 artico 膜的口号，这种膜是一种通过混凝土缓凝剂精确冲洗混凝土面的创新技术。artico 膜不仅是在混凝土表面做出肌理，还要创造视觉光影效果。照片、图片、个性设计和图形都可以通过洗去最上面的混凝土面层来表现。artico 相比于光影成像技术，没有光线也可以看到图案，这是 artico 膜效果优于简单的表面凹凸肌理效果最为明显的地方。这或许说明，artico 膜的图案中，不仅有缓凝剂，还可能有便于成像的其他矿物或化学成分。因此其产品既可用于室外，也可用于室内。

所有图案和纹理都是根据客户的要求和愿望开发的。随后，使用丝网印刷将图案转移到磁性乙烯或聚乙烯板上。膜表面特定位置的缓凝剂会和混凝土反应，阻止其凝结，然后形成精确的图案。artico 膜被放置在预制厂的模具内。该膜需要在模具内摆放平整，没有折痕，用以减缓水泥的反应速度。等混凝土硬化且不同部位相继脱模后，可将膜移除并冲洗混凝土表面，去掉表层未反应的浆料，然后露出底下的骨料。冲洗深度大约为 1 毫米，通过形成明暗的视觉效果来使图案凸显出来。冲洗掉混凝土表层浆料不仅改变了饰面的视觉效果，也改变了它的状态，还产生了触觉体验。

在莱利 artico 膜的制作过程中，我们会发现，混凝土饰面工程几乎变成了一项艺术品印刷工作。混凝土材料在这个过程中非常被动（也可以说是潜力无限），艺术家和设计师的想象力被发挥到极致。使用了这一技术的荷兰马斯特里赫特小城的铁路地下通道，已经被授予2015 年德国特别设计奖（图 4-41）。评审关注的产品必须有创新性、独一无二，并在德国及全球的设计领域具有趋势引领作用。

位于奥地利布雷根茨市的福拉尔贝格州博物馆有着独特的混凝土外墙。艺术家赋予其"花的海洋"的寓意，但其造型来源更加独特（图 4-42）。该项目设计是建筑师与艺术家共同完成的，他们的目的是创造融艺术与建筑于一体的共同体验。大家一起为新建筑群的主要混凝土表面设计了一种非常独特的浮雕肌理。他们偶然发现塑料瓶底的图案有如盛开的鲜花。精挑细选后，他们选定了 13 种不同的瓶底应用在了混凝土表面。而且这些瓶底鲜花在混凝土墙面上的排列也是精心设计的，执行人是一位集建筑师、数学家和艺术家于一身的专家。他为图案的排布专门设计了一种数学方法。

图 4-41　荷兰马斯特里赫特小城的铁路地下通道，墙面由各种不同的混凝土装饰元素进行折叠、
颠倒等不同的排布，来突出不同街道名称（德国莱利公司供图）

图 4-42　"花的海洋"证明了混凝土也是很好的工艺材料，艺术家的想象力和
人手的劳作一直能突破机械的边界

　　艺术家们选择的塑料瓶被送往工厂。由于花朵突出混凝土表面超过 45 毫米，弹性模板的反向模型无法通过使用 CNC 雕刻在中密度板上进行雕刻来实现，所以必须由模具制作人员手工制作模型。他制作正向模型后安装到相应的中密度板上。在这个项目实施过程中，高精度数控铣床唯一的任务就是在板上钻孔，以便把塑料花手工安装在确切的位置上。随后，每个单独的模种分别浇注生产弹性模板。

　　与中国人常用的处理方式不同，这个项目中的建筑师和艺术家不能接受墙面上有接缝，他们要求一整块完整的墙面来展示这些花朵，所以必须采用垂直现场浇筑的办法来施工。所以在正式浇筑前，他们还建造了一个 3 米 ×3 米的样板间来试验能达到技术要求和最佳视觉效果的混凝土配比。在垂直状态下，如何通过弹性模板来保证花朵和饰面边缘清晰完美，也曾是一大挑战。不过结局皆大欢喜：16656 朵混凝土花朵形成了 1300 平方米的花海；2014 年 7 月，该项目荣获最佳建筑师金奖。

这个项目给我们的启示在于：设计师和艺术家的引领对于提升作品艺术品质和技术水平非常重要；即使在 CNC 成型工艺非常普及的今天，仍存在只能用双手达成的想象边界，混凝土技术不能成为计算机数控技术的奴隶，而艺术和艺术家能帮助我们保持精神上的独立；这又再次证明了混凝土材料的"工艺"特性。

4.2.3 混凝土墙板的重量和减重效果

我们很容易把混凝土想象成石头，在拓展混凝土使用领域时，我们可能还会担心其重量会不会大到影响产品的功能实现，所以我们最好能拿混凝土的密度和其他材料进行比较，看看在哪些领域可以用混凝土替代一些常见材料。不过，混凝土材料的可塑性可能会为其材料的重量增加变数，就是说，外表看来厚实的造型完全可以通过"空心"混凝土来实现。

各种混凝土因为骨料不同，水泥不同，配置方式不同，钢筋用量不同，密度有差别，大致情况如下：①总体说来，我们可以把混凝土的密度按约 2400 千克 / 立方米计算；②重混凝土密度 > 2800 千克 / 立方米；③轻质混凝土密度 < 1950 千克 / 立方米；④一般来说，C10~C20 等级的混凝土，其密度在 2360~2400 千克 / 立方米之间；C25~C35，一般约2400~2420 千克 / 立方米；C35~C40 一般约 2420~2440 千克 / 立方米之间；⑤素混凝土密度大约 2200 千克 / 立方米；钢筋混凝土一般设计密度大约 2500 千克 / 立方米。

我们最容易拿混凝土与天然石材进行比较，通常天然石材的重量比混凝土稍重一点儿。一般说来，大理石的相对密度约为 2500 千克 / 立方米，花岗岩的相对密度约为 2600~2900 千克 / 立方米。就是说，那些模仿天然石材质地的混凝土饰面板，其总体负荷重量会比真正的天然石材稍轻一些。

不过许多工程以混凝土替代石材并不主要因为其重量稍轻，而更多地基于如下两个原因：

（1）混凝土因其可塑性和结构特征，能在满足特殊造型和结构支撑要求的同时，通过采用金属框架和尽量减薄材料厚度，而有效减重。北京当代万国城名为"自然状态"的室外雕塑，其支撑结构即为钢结构做支撑，外挂造型混凝土再根据设计要求贴金箔（图 4-43）。这种做法既能满足造型需要，又能有效减重。上海观复博物馆仿天然石材的中空混凝土柱式，混凝土材料只有 0.5 厘米厚，成型后柱子的压强为 10 千克 / 平方米，完整一根柱子为 100 多千克，为保证强度还使用了耐碱玻璃纤维毡子增强（图 4-44）。若用天然石材达到同样效果，重量或安全性都无法保证。这种减重方式，对于室内设计和建筑改造项目来说，应该是个好办法。

（2）混凝土的冷凝特性和与其他材质有效粘合的特征，能保证在增强混凝土强度的同时又降低混凝土用量。武汉金地艺境的外墙面使用了模仿天然石材质地的艺术浇注石构件（图 4-45）。因为这种墙面材料用水泥、陶粒、纤维丝、外加剂等制成，所以质地轻密、安装方便，很好地利用了混凝土的材料特性达成减重效果。同时这种板材还有其他优势，如绿色环保、无辐射、无毒、保温、抗冲击、不易变形等特点。郑州林溪湾项目用在建筑外立面的艺术浇注石外观看来更接近于粗糙石材，但混凝土材料质地轻密、安装无须额外的墙基支撑，且满足节能、抗冲击、阻燃放火、防尘自洁等要求（图4-46）。北京新派白领公寓使用了纤维增强水泥板材，更是满足了轻质高强要求，具有抗冲击、抗风压、耐候性好、防火防潮特点（图4-47）。

图4-43　北京当代万国城"自然状态"雕塑的混凝土支撑结构能满足造型要求还能有效减重

图4-44　仿天然石材的中空混凝土柱总重量较轻，同类工艺易在室内设计和有荷载限制的空间中使用

图4-45　武汉金地艺境艺术浇注石构件质地轻密、安装方便（中国混凝土与水泥制品协会装饰混凝土分会供图）

图4-46　郑州林溪湾艺术浇注石外饰面板质地轻密、安装无需额外墙基支撑（中国混凝土与水泥制品协会装饰混凝土分会供图）

图4-47　北京新派白领公寓使用了纤维增强水泥板材（中国混凝土与水泥制品协会装饰混凝土分会供图）

用水泥模仿夯土质感的建筑项目给大家的感觉主要是一种强烈的视觉震撼。当然这其中也有通过混凝土饰面板的使用降低墙体重量和减少黄土消耗，满足现代设备和使用要求等方面原因。不过，混凝土与夯土材质的重量相比，还不能简单以密度大小来比较。

与混凝土结构的总量并不完全由水泥的重量决定一样，夯土的总重量也与其中掺入的其他材料的重量有关。但为计算方便，我们暂且把土的重量作为参照：大约为2800千克/立方米，比混凝土稍重一些。但若以夯土为建材，其重量计算不能完全以密度算，因为夯土材料的特性，使其必须达到一定的厚度才能满足结构要求。

北宋匠作少监李诫编修的《营造法式》一书中就系统总结了当时夯土版筑技术的成就。其中规定"筑墙之制，每墙厚三尺，则高九尺，其上斜收，比厚减半；若高增三尺，则厚加一尺，减亦如之"[1]。计算起来，墙体的基本比例为：墙厚约为95.04厘米，高度为285.12厘米；高度每增95.04厘米，则厚度增加31.68厘米；当然夯土墙一般上部细窄，底部宽厚。

再以南靖县典型土楼为例：圆楼怀远楼，其外墙总高12.28米，底层墙壁厚1.3米；方楼和贵楼外墙总高13米，底层墙厚1.3米；高厚比达到10:1。若按宋《营造法式》的规定建造土楼，则底层墙厚要做到4.1~4.3米。福建土楼比宋时做法足足减薄了近3米。永定县一些五凤楼还有更夸张的例子，高四五层的主楼，其内外墙厚度不过50~60厘米。当然福建土楼围墙的高度和厚度比例要大得多，说明明末清初时，福建的夯土技术已经达到极高水平。

但即使如此，其墙体厚度也超过现代建筑的一般墙厚，而且其结构还是"实心儿"的，是实打实的分量。此外，纯粹的夯土材料还存在养护难度大、不易与现代技术结构相结合及占用较多自然资源的问题。从这个角度讲，夯土的质感只能存在于我们的文化记忆中了，今天大面积实施的现实基础已经没有。建筑设计中对夯土的唯一展示途径就是"模仿"，而混凝土则非常有幸地成为最佳模仿材料。

西安大明宫丹凤门用水泥和废石做成夯土墙效果（图4-48），板型5米长，1.5米宽，整齐划一的风格体现了当地文化，这种板平均厚度1.5厘米，背后靠钢架支撑，能确保安全。西安大唐西市博物馆共用墙板1.3万平方米，这在国内还是第一次大规模地将轻型墙板同时运用在建筑的室内外立面上（图4-49）。西安贾平凹艺术馆墙面的夯土质感也与建筑主题相呼应（图4-50）。

混凝土镀铜工艺是许多人所不知道的。最典型的例子是北京T3航站楼中的《紫微辰恒》（图4-51）和《玉海吉祥》（图4-52）雕塑。用混凝土材料镀铜"以假乱真"的原因有三：①混凝土的重量比青铜轻许多，在制作大型雕塑时，便于运输安装，落成后也能降低地面荷

1　宋元时，一尺合今31.68厘米。

载;②混凝土可塑性强，又是冷凝材料，对于制作大型圆雕或浮雕都是较方便的材料;③当然，还能节省青铜等金属材料。

图 4-48　西安大明宫丹凤门用水泥和废石做成夯土墙效果（中国混凝土与水泥制品协会装饰混凝土分会供图）

图 4-49　西安大唐西市博物馆（中国混凝土与水泥制品协会装饰混凝土分会供图）

图 4-50　西安贾平凹艺术馆墙面（中国混凝土与水泥制品协会装饰混凝土分会供图）

图 4-51　首都机场 T3 航站楼《紫微辰恒》（中国混凝土与水泥制品协会装饰混凝土分会供图）

图 4-52　首都机场 T3 航站楼《玉海吉祥》（中国混凝土与水泥制品协会装饰混凝土分会供图）

关于青铜的重量，我们也只能有个大致估算。青铜制品其实为铜锡合金材料，但根据器物功能不同，铜锡比例也有差异。建筑装饰中的青铜制品通常须"模仿"古老青铜器的色彩和质感，所以我们可根据《周礼·考工记》的记载来推测其铜锡比及重量："钟鼎之齐"铜锡比例为6∶1；"斧斤之齐"的铜锡比例为5∶1；"戈戟之齐"的铜锡比例为4∶1；"大刃之齐"的铜锡比例为3∶1；"削杀矢之齐"的铜锡比例为5∶2；"鉴燧之齐"的铜锡比例为1∶1。

杨宽先生认为：《考工记》规定各类青铜器的"铜锡合金的比例是很合乎合金的原理的"：青铜中锡的成分占17%~20%，最为坚韧；青铜中锡的成分占30%~40%，硬度最高；青铜中锡占的分量增多，光泽就会从青铜色转为赤黄色、橙黄色、淡黄色；锡占到30%~40%，青铜就会变为灰白色。"鉴燧之齐"锡占50%，是因为铜镜需要白色光泽。

混凝土表面镀铜，若以某种青铜器的色彩为标准，即可约略确定其比例关系。暂且取中，按铜锡比4∶1计算。则：①铜的密度为8.9克/立方厘米，白锡的密度为7.28克/立方厘米；②青铜的密度＝（8.9×4＋7.28×1）/5=8.576克/立方厘米；③1立方米＝1000000立方厘米；④所以青铜的密度为8576千克/立方米；⑤所以，同体积的青铜约为同体积混凝土的3.57倍。因此，我们就很能理解混凝土造型镀青铜的重要原因了：节约成本、减轻自重、增加强度（钢筋混凝土结构）。

混凝土镀铜的大致方式是：混凝土表面喷上导电层，浸泡在电解槽里，铜液可以渗入混凝土里面，成为一个整体。不过镀上的铜应多厚，是否会被氧化变色等具体问题，还须聘请有经验的工程师或工匠咨询和试验。

"齐"字形雕塑展示了齐国6种不同的刀币，组成一个"齐"字，雕塑部分采用箱式钢结构、外挂装饰混凝土墙板（图4-53）。这是混凝土镀铜工艺首次在大型文物标志的复制项目中使用。邯郸赵王城——方鼎墙表面镀铜，模仿铁的效果，因为邯郸的冶铁文化，制成了镂空的墙板，并对墙板进行了保护性处理，以防止其迅速老化（图4-54）。

图4-53 "齐"字形雕塑展示了齐国6种不同的刀币，组成一个"齐"字（中国混凝土与水泥制品协会装饰混凝土分会供图）

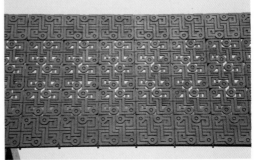

图4-54 邯郸赵王城——方鼎墙表面镀铜，模仿铁的效果（中国混凝土与水泥制品协会装饰混凝土分会供图）

除了一些工艺手法，也有从混凝土材料自身进行减重的做法。轻质混凝土的密度和重量远远低于我们平常所见的混凝土，其特殊的密度、重量和功能特性，对于拓展混凝土的用途，可能有意想不到的效果。在轻质混凝土中，人们较常见的就是泡沫混凝土。

泡沫混凝土是通过化学或物理的方式根据应用需要将空气或氮气、二氧化碳、氧气等气体引入混凝土浆体中，经过合理养护成型，而形成的含有大量细小的封闭气孔，并具有相当强度的混凝土制品。泡沫混凝土是一种利废、环保、节能、低廉且具有不燃性的新型建筑节能材料。泡沫混凝土的密度较小，一般为 300~1800 千克 / 立方米，密度为 160 千克 / 立方米的超轻泡沫混凝土也在建筑工程中获得了应用。

泡沫混凝土的传统用法是做建筑的填充材料，既能满足工程要求，又能有效降低建筑体的重量。①隔声耐火：泡沫混凝土属多孔材料，是一种良好的隔声材料，在建筑物的楼层和高速公路的隔声板、地下建筑物的顶层等可采用该材料作为隔声层。耐热可达 500℃以上，不存在热分解，具有良好的耐火性，在建筑物上使用，可提高建筑物的防火性能。②整体性能：可现场浇筑施工，与主体工程结合紧密，没有接缝。③低弹减振：泡沫混凝土的多孔性使其具有低的弹性模量，从而使其对冲击载荷具有良好的吸收和分散作用。④防水性好：现浇泡沫混凝土吸水率较低，相对独立的封闭气泡及良好的整体性，使其具有一定的防水性能。⑤保温隔热：由于泡沫混凝土中含有大量封闭的细小孔隙，因此具良好的保温隔热性能，这是普通混凝土所不具备的。

包括泡沫混凝土在内的轻型混凝土因其重量较轻，可能在室内设计和工艺品领域中有很好的发展潜力，但这还需混凝土材料科技含量的提升，既能保证重量降低，又需保证强度和密度等。

4.3 混凝土地面

4.3.1 水磨石的回归

在谈到混凝土的广阔前景之余，我们其实还有必要回顾一下曾经非常熟悉的一种"人造石材"——水磨石。很长时间以来，我们简单地认为水磨石是一种"低端"材料，只要有天然石材就不需要水磨石了。但随着人们对材料性能的理解不断加深，对自然资源耗费观念的转变，水磨石的价值正在被重新判定。

水磨石是将碎石拌入水泥制成混凝土后表面磨光的制品，常用来做地砖、台面、水槽等制品。其低廉的造价和良好的使用性能，曾经在全中国的大面积公共建筑里广泛使用。

水磨石充分体现了"人造石"的特点：①非常防潮，即使在每年三月南方的潮湿气候中，仍可保持地面非常干燥；②高亮水磨石表光处理后高亮亮度达到 70 以上，防尘防滑达到大理石品质；③表面硬度高，达到 6~8 级；④不开裂、不怕重车碾轧、不怕重物拖拉、不收缩变形；⑤不易燃烧、耐老化、耐污损、耐腐蚀、无异味无任何污染；⑥不起尘、洁净度高，能满足医院、制药、芯片制造等高洁净环境的要求；⑦可随意拼接花色、颜色均可自定义配制；⑧色泽艳丽光洁，若需提高光亮可打普通地板蜡（不影响其防静电性能）；⑨分格条间无需间隙，连接密实，整体美观性好。

仔细比照，我们会发现就使用功能而言，其实水磨石优于至少绝大多数天然石材；仅就性价比而言，水磨石更是比石材优秀。虽然在实际工程中，我们并不应、也不可能禁止石材的使用，但也的确应该思考在某些特定工程或特定空间中（如政府办公楼、艺术家工作室等），水磨石不仅占据了价格和性能的优势；能为设计师的想象力施展提供更大空间；特别是它还占据了设计伦理的优势，毕竟其对资源的耗费显然低于天然石材。

现在的水磨石使用范围更加宽泛，甚至可以将其视为一种"概念"，而非特指某种工艺（图4-55）。

图 4-55　水磨石的适用范围更加广阔

4.3.2 混凝土地面应用广泛

目前国内的高承载混凝土地面已在各种大型工程和城市道路铺设中发挥了重要作用。但非专业人士对其在公共空间营造、环保利废和工艺特点等方面的认识极为有限，也未能发现我们身边的混凝土已经变得愈发多样和值得亲近。高承载混凝土地面大致包括高承载透水地面、高承载彩色压印地面和高承载植草地面三大类。三种地面都充分利用了混凝土的结构特征，地面整体浇筑，必要时还可辅以钢筋结构，保证地面平整和承载力均匀分布。

高承载透水地面是一种采用天然废弃骨料，一次性铺装、整体成型；强度能够达到C30以上，同时拥有15%~25%孔隙率的混凝土地面铺装系统。传统铺砌式透水砖不易将集中荷载转变成均布荷载；整体化透水地面能有效地将集中荷载转变成均布荷载。传统排水方式由排水系统将地面积水排入地下污水管道；地势低洼处若排水不利则容易形成积水；而雨水直接作为污水被处理掉，显然不利于地下水补充。在高承载透水地面系统中，雨水可以通过地面系统渗入地下，有效补充地下水；也可以通过加设渗排龙和排水管来有效进行雨水收集；混凝土结构能保证地面平坦不积水。高承载透水地面优势明显：高透水率，高承载力，调节空气温度湿度，缓解城市热岛效应，面层艺术装饰效果明显，吸尘降噪，安全性能高，环保利废等。按照"海绵城市"的理念来看，混凝土透水地面既满足城市发展的功能需求，又能保证城市地面水的有效回渗和收集，具有很好的发展前景。

成都双流国际机场 T2 航站楼站前广场及道路综合工程使用了彩色透水装饰混凝土，能同时满足泊车和高承载需求，基层中设有带空洞的 PVC 管，再将 PVC 管与水井和集水井连接，收集和排出下渗水体，材料性能安全可靠（图 4-56）。浙江新和成实验楼室外地面铺装选用了多色高承载透水混凝土，采用天然荒废碎石为基本原料，整体成型、一次性铺装；地面成型后有较大孔隙（15%~25%），具有良好的透气性和渗透性（图 4-57）。

图 4-56 成都双流国际机场采用了高承载
透水混凝土地面（中国混凝土与水泥制品
协会装饰混凝土分会供图）

图 4-57 浙江新和成实验楼室外地面铺装选用了
多色高承载透水混凝土地面（中国混凝土与水泥
制品协会装饰混凝土分会供图）

锦州世园会海星广场、海运大道等地面铺装将近 9 万平米，涉及的产品有高承载彩色透水混凝土地面、高承载天然露骨料地面及海洋生物图案特殊制作等，手法多样，效果强烈（图 4-58）。总后勤部五一幼儿园地面铺装的图案和色彩令人印象深刻，地面充分体现了高承载透水混凝土地面多色、多材质的特征，使用了天然露骨料透水混凝土、彩色压印混凝土、金属卡通图案及马赛克等材料的综合运用（图 4-59）。其余案例如图 4-60~图 4-62 所示。

图 4-58 锦州世园会使用了高承载透水混凝土地面（北京中景橙石生态艺术地面供图）

高承载彩色压印混凝土地面是一种整体成型，利用专用化学材料提高抗压强度，物理性能优良、不褪色、防油、防滑；绿色环保，艺术和文化内涵丰富的地面铺装系统；其生产能耗及污染排放大大低于瓷砖等烧制材料，生态环保，并节约对天然石材和木材的开采。化学着色工艺是高承载彩色压印混凝土地面产品中的一种特殊工艺。它是用专门的化学处理剂以喷、涂等方法通过对压印面层混凝土的侵蚀渗透和化学反应从而达到着色目的，具有颜色持久、自然美观、不易脱落等特点，大大优于一般的颜料和漆类，而且变化丰富，艺术表现力强。产品特点很多，如不褪色、防滑、防油、绿色环保等，有很强的艺术和文化内涵。

图 4-59　解放军总后勤部五一幼儿园（北京中景橙石生态艺术地面供图）

图 4-60　上海世博会的高承载透水混凝土地面　　　图 4-61　西安大明宫国家遗址公园的高承载透水
　　　　（北京中景橙石生态艺术地面供图）　　　　　　　　混凝土地面（北京中景橙石生态艺术地面供图）

故宫太庙御道地面铺装即采用了高承载彩色压印混凝土艺术地面，此技术的使用经过了国家文物局和北京市文物局批准，地面纹理及颜色仿自古代天然石板，铺设采用故宫御道的传统经典铺设方式（图 4-63）。珠海长隆海洋王国使用了多种工艺的高承载彩色压印混凝土面（图 4-64）。

高承载植草地面是一种现场制作并连续多孔的草皮混凝土铺地系统，且可根据承重要求加以钢筋强化，具有良好的结构整体性、草皮连续性和透水透气性，可以在实现高绿化率（60%~100%，实现了"草包混凝土"代替"混凝土包草"）的同时满足各种交通承载的要求，形成真正的绿色交通通道。比较起来，传统植草砖常因基础变形引起塌陷；高承载植草地面能安全地将荷载传递给每一个受力单元，很好地解决了这个问题。高承载植草地面的特点是：保持水土、高承载、高耐用性、高绿化率、高成活率。无论从技术上，还是从感受上，都是建设"绿色城市"和"海绵城市"的好帮手（图4-65~图4-67）。

图4-62　北京中关村奥运火炬广场采用了高承载透水艺术地面（北京中景橙石生态艺术地面供图）

图4-63　故宫太庙御道改造使用高承载彩色压印混凝土艺术地面模仿传统御道的花纹和铺装方式，使承载能力大大提升（北京中景橙石生态艺术地面供图）

图4-64　珠海长隆海洋王国（北京中景橙石生态艺术地面供图）

在混凝土地面建造中，还有一些较好的案例。英国奥林匹克自行车越野赛车场需要既美观又耐久不褪色，并能经受英国严冬的混凝土产品。路面采用了露骨料混凝土系列；为保证比赛质量，地面上的混凝土接缝可以尽量较远，且与地形和线路变化通盘考虑。这种地面还很好地把室内外地面贯通起来，能给国内的许多设计师和施工单位以启发（图4-68）。

图4-65　北京奥林匹克森林公园的
混凝土植草地坪（北京中景橙石
生态艺术地面供图）

图4-66　北京经济技术开发区博大公园的
混凝土植草地坪和高承载透水地面（北京
中景橙石生态艺术地面供图）

图4-67　湖北三峡坝区停车场的混凝土植草地坪（北京中景橙石生态艺术地面供图）

图4-68　英国奥林匹克自行车越野赛车场（中国混凝土与水泥制品协会装饰混凝土分会供图）

黄金石庭院艺术地砖是混凝土PC制品，所有骨料100%均为黄金尾矿，强度等级C30以上，没有掺加任何其他装饰骨料，形成非常逼真的石材质感，艺术效果好（图4-69）。中国黄金之都招远已经存积5亿吨黄金尾矿，占据大量农田，造成严重环境污染，且每年继续以 1000 万吨规模增加，此产品可以大量利用尾矿，实现了环保、创新和美观要求。这种黄金石艺术地砖的造型和铺砌方式等尚有提升空间，但其原料和技术特点给我们的启示远远超过了其实用范畴。

图 4-69　黄金石庭院艺术地砖所有骨料 100% 均为黄金尾矿（中国混凝土与水泥制品协会装饰混凝土分会供图）

4.3.3 混凝土井盖前景诱人

混凝土井盖的设计制作，可被视为彩色混凝土和城市形象艺术的极好体现。混凝土井盖面积不大，但制作流程较为精细，须多工种配合，其对混凝土材料技术的要求较高。

关于混凝土井盖的设计，应注意如下几个问题：①因其主要功能是城市管线检修口或下水口，所以相关的功能、地区和负责单位的标识须清晰明确，只是这些标识因未必与民众日常生活有关，所以标识尺寸不必很大，只要具有较好识别性即可。②这种井盖虽然金属用量可以比传统井盖低，但工艺复杂度更高且一般需要特殊设计，所以成本高出不少，制作周期也相应加长，投资和管理部门应对此有充分准备。③图案色彩可特殊设计和试验调配，但为不干扰行人的行走安全，非常艳丽的色彩不足取，或不宜放在人流稠密地区，设计主题的选择也以民众普遍接受的形式和审美习惯为准。④因井盖为市政设施，所以设计原则和成果或须向主管单位报备，以免检修人员因面对造型色彩各异的井盖而无从入手。⑤特殊设计的井盖一旦在国内获准推广，在制造、安装和管理方面还须有更细的规整制度，各相关单位还须不断跟进。

装饰混凝土井盖、树池和水箅子等地面设施的设计开发和推广，将有效地提升产品的文化和技术附加值；便于营造特色街区和城市景观。国外（特别是日本）的成功案例非常多（图 4-70）。就目前中国混凝土和金属工艺的生产加工水平来说，我们在技术层面上根本没有障碍；但在设计水平和城市管理方式等方面可能会遇到较大挑战。

还须强调一点，就整个城市的市政设施和排水系统而言，井盖、树池和水箅子等的设计只是局部的景观趣味，虽然它在提升地区文化品质、集成现有工艺技术和增加材料附加值等方面都有积极意义，但真正保证城市安全和有序运转的，仍是井盖下部的地下空间和敷设管线。

有趣的是，在建造城市地下空间时，混凝土有着更加广阔的发展前景，这是混凝土的材料特性所致，也是设计师和工程师才智的体现（详见本书第 1.1.3 节）。

图 4-70　日本装饰井盖的图案和色彩很好地传达了日本文化和审美习惯（图片来自网络）

4.4　混凝土的色彩

4.4.1　白色混凝土

　　白色混凝土是以白色水泥为胶凝材料，白色或浅色矿石为骨料，或掺入一定数量的白色颜料配制而成的混凝土。在建筑设计领域，"白色"建筑独树一帜。现代建筑时期，白色混凝土已展现出独特魅力，如前文所述，柯布西耶的萨伏伊别墅（图 4-71）和赖特的纽约古根海姆博物馆（图 4-72）都是经典之作。

图 4-71　柯布西耶的萨伏伊别墅　　　　　图 4-72　赖特的纽约古根海姆博物馆

　　近年来，建筑师不仅继续了白色混凝土的色彩特征，还为其赋予更多的精神价值。

（1）千禧教堂

　　位于罗马的千禧教堂于 2003 年正式开放（图 4-73）。教堂的设计师是美国著名"白派"

建筑师理查德·迈耶[1]（Richard Meier），这座地标性的建筑也成为教堂设计的一个典范。

图 4-73　理查德·迈耶的千禧教堂是白派建筑的标志性作品之一

教堂建筑面积约 1 万平方米，包括教堂和社区中心，两者之间用 4 层高的中庭连接。建筑材料包括混凝土、石灰华和玻璃。三座大型的混凝土翘壳高度从 17 米逐步上升到近 27 米，看上去像白色的风帆。玻璃屋顶和天窗让自然光线倾泻而下。夜晚，教堂的灯光营造出一份天国的景观。

圣殿旁的三座曲面墙是千禧教堂最易识别的造型特征，是用 300 多片预先铸好的灰白色混凝土板制成的。白墙在这栋建筑里占有决定性的因素，并具有许多功能。空间上来说，这些墙以极简的方式勾勒区隔内外，并于内部分隔出了礼拜室。由于三面墙各是三个半径相等的球面的部分，前来礼拜的民众会惊讶地发现，自己正置身在三个大小相同、虚幻又彼此交叉的巨大球体中。然而，北侧的活动中心却又是严谨的方形混凝土构造体。就像迈耶自己形容的："圆形是圆满，意在表现天穹。方形则展现大地，也是理性的象征。"

(2) 科尔多瓦当代艺术中心

西班牙科尔多瓦的当代艺术中心完成于 2013 年 (图 4-74)。科尔多瓦是西班牙一个别具风情的城市，伊斯兰文化仍在此生生不息。

当代艺术中心的造型由重复的六边形排列生成，其中包含三个不同类型的房间，面积分别为 150 平方米、90 平方米和 60 平方米。这三个领域的排列就像一个组合游戏，形成了不同的空间序列。一楼的艺术家工作坊和二楼的实验室都与展厅毗邻，在这一点上并没有严格的区别：艺术作品可以在工作坊展示，而展厅也可以当作艺术品制作区域。大黑盒子一般的会场设计为舞台造型，适合进行戏剧制作、召开会议、放映电影，甚至是举办视听展览等各种活动。

整个建筑充斥着艺术工厂的特质，而材料的运用更有助于凸显这一特质：室内的混凝土墙壁、混凝土板和连续的混凝土地面，无不营造了一个能够利用不同的干预形式单独转化的空间。室外的白色混凝土和室内的清水混凝土有材质上的连续性，却又有空间属性的区分。

从外部看，建筑物着意以一种材料来进行自我表现：GRC 预制板同时覆盖了立面的透明和穿孔区域。这种预制化的工业材料既能自如地体现地方文化特征，还有助于确保施工的高

1　理查德·迈耶（Richard Meier，1934—），美国建筑师，现代建筑中白色派的重要代表，曾就学于康奈尔大学。早年曾在纽约的 S.O.M 建筑事务所和布劳耶事务所任职，并兼任过许多大学的教职。1963 年，迈耶在纽约组建了自己的工作室，其独创能力逐渐展现在家具、玻璃器皿、时钟、瓷器、框架以及烛台等方面。迈耶的作品以"顺应自然"的理论为基础，表面材料常用白色，以绿色的自然景物衬托。他还善于利用白色表达建筑本身与周围环境的和谐关系。在建筑内部，他运用垂直空间和天然光线在建筑上的反射达到富于光影的效果，他以新的观点解释旧的建筑，并重新组合几何空间。迈耶说："白色是一种极好的色彩，能将建筑和当地的环境很好地分隔开。像瓷器有完美的界面一样，白色也能使建筑在灰暗的天空中显示出其独特的风格特征。雪白是我作品中的一个最大的特征，用它可以阐明建筑学理念并强调视觉影像的功能。白色也是在光与影、空旷与实体展示中最好的鉴赏，因此从传统意义上说，白色是纯洁、透明和完美的象征。"

精确度，资源调配的合理性。在白天，自然光线将滤过穿孔，也穿透内部人行通道的顶面。

鸟瞰效果图　　　　　　　　　　水畔夜景颇有轻盈梦幻色彩

科尔多瓦当代艺术中心入口处的大面积白色混凝土墙面

科尔多瓦当代艺术中心的　　　　科尔多瓦当代艺术中心室内为清水混
混凝土装饰图案　　　　　　　凝土，与室外材料的色彩形成对比

图 4-74　科尔多瓦当代艺术中心

（3）AS 建筑设计工作室

墨西哥设计工作室 AS 建筑设计事务所在一个占地约 20 米 ×30 米的拐角地块建设了一个三层高的房屋，一层为可出租的办公室，楼上则是建筑设计工作室（图 4-75）。

整个建筑由一面折叠的白色混凝土墙构成，这面墙界定了临街的位置，其末端位于一个双层高体量中的开放角落，给私人工作室空间提供了一个活力十足的入口。楼梯通往接待处和位于颜色较深的混凝土立方体当中的其他公共功能空间，这个立方体是从白色体量中伸出来的。还有一条室内楼梯将工作室的公共区域与私人办公室连接起来。在结构末端是一个开放的屋顶露台，作为休闲空间，或者聚会、举行大型活动。

建筑内外部不同色彩的混凝土材质对比，令人印象深刻：既区分了空间的属性，又强化了设计工作室的艺术气息。

图 4-75　墨西哥的 AS 建筑设计工作室通过色彩对比区分空间关系，室外都如此

（4）白马酒庄

白马酒庄是法国波尔多的著名酒庄，也是此地的八大酒庄之一（图 4-76）。酒庄主人希望新建一个品质卓越并具突破性的酒庄新建筑，要求其能同时与自然风景和传统业务相辅相成：是葡萄园景区里一个低调含蓄的存在，同时又能满足严格的酒庄管理标准，还须很好地展示地区的葡萄酒历史和文化传承。

新的酒庄建筑宛如脱离地球重力，漂浮在空气中的混凝土帆。优美的曲面和白色的混凝土静谧地停靠在这里，让人冥想，又诱人前往。优雅的建筑满足酒庄所需要的严格标准和条件：这里有 52 个大木桶，透气的木格栅可以让空气自由流通，同时降低空调使用率。所有的材料、能源管理、湿度控制、声学、视觉、嗅觉的舒适度都是一流的。屋顶覆盖着的绿草和野花，既满足节能降温要求，又是很好的景观场所。

这座漂浮在种植园中的白色建筑，极好地展示了"白色混凝土"的浪漫主义气质！

图 4-76　波尔多的白马酒庄，屋顶覆盖着绿草和野花

（5）玻璃立方体展览馆

莱昂纳多玻璃立方体展览馆坐落于德国巴特·德里堡（Bad Driburg），是德国建筑公司3deluxe 的第一个永久性建筑（图 4-77）。建筑的业主是玻璃器皿和新奇杂货的制造商格拉斯柯赫（glaskoch）公司，莱昂纳多（leonardo）是公司的主打产品系列标志。

设计师希望通过现代的、灵动的设计能够传达客户品牌风格的意象，并且展示莱昂纳多品牌哲学背后的基本理念。建筑外立面与四通八达的道路巧妙连接，突出构建整体视觉效应，同时内部展示厅、会议室的装饰色彩与风格运用也极力配合格拉斯柯赫公司的产品设计理念，堪称"完美无缺"的企业形象推广设计。

这个建筑由两部分构成：一部分是几何的、硬线条的外部躯壳；另一部分是柔性的室内结构，由大量曲线勾勒的室内空间创造出了一个与众不同的展示区。室内几个不同的功能区域通过三个白色构造体互相区别又相互联系。中央开敞空间将视线导入地下，这样整个盒子不再是一个简单的水平展开的构筑物，而是一个立体的、多面的展示空间。

玻璃盒子的设计很容易让人联想到妹岛和世的作品。但与之不同，3deluxe 的设计更展现了一种欧洲观念和趣味。在此设计中，设计无处不在，多变的曲线和精心设计的视觉向导紧紧地控制着访问者的视线甚至想法。——设计密度陡然增加，难免有"令人窒息"之感。不过，这可能正是德国设计师所擅长的，或者这是设计公司的有意为之，毕竟 3deluxe 是一家综合设计事务所，业务范围从工业设计、平面设计到建筑甚至城市设计，范围极其宽泛，而莱昂纳多玻璃立方体展览馆，正是事务所在这些领域中成就的最好展现。

在这座古怪的玻璃盒子里，白色混凝土是最佳造型语言，也是最佳的空间"底色"。——白色混凝土的理性特质、现实主义色彩和高技术特征得以完美呈现。

莱昂纳多玻璃立方体展览馆的室外路面和建筑细部的关系有如一项视觉游戏

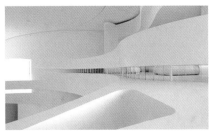

莱昂纳多玻璃立方体展览馆室内外材质和色彩一致，但灯光色彩成为一种气氛营造手段

图 4-77　莱昂纳多玻璃立方体展览馆

（6）乐家伦敦展厅

乐家的伦敦展厅是乐家展廊的一个系列 (图 4-78)。这些展廊大多由世界著名建筑师设计，共同特征是独特、前卫、具有想象力。乐家伦敦展厅由一个单独的大厅组成，面积 1100 平方米，正如扎哈哈迪德[1](Zaha Hadid) 工作室所愿，它看上去好像每一个细节都由水雕琢和定义而成。

1　扎哈·哈迪德（Zaha Hadid，1950—），伊拉克裔英国女建筑师，2004 年普利兹克建筑奖获奖者。扎哈 1950 年出生于巴格达，在黎巴嫩就读过数学系，1972 年进入伦敦的建筑联盟学院（AA, Architectural Association School of Architecture）学习建筑学，1977 年获得硕士学位。此后加入大都会建筑事务所，与雷姆·库哈斯（Rem Koolhaas）和埃利亚·增西利斯（Elia Zenghelis）一道执教于 AA 建筑学院，后来在 AA 成立了自己的工作室，直到 1987 年。在职业生涯早期，她的作品常不被理解，只能躺在图纸上，直到 1993 年才迎来事业转机。在当今世界设计领域，扎哈的名头几乎已成为商业和文化品质的双重保证，她在中国的两个设计（广州歌剧院和北京银河 SOHO）也常被提及。扎哈被称为建筑界的"女魔头"，她的设计作品几乎涵盖所有设计门类。

水的运动是乐家伦敦展厅最重要的主题，并体现在各个方面。入口处的造型就像游船经过激起的层层涟漪，大大的圈形正门和窗户又削弱了室内外的隔绝之感。室内空间明亮，动感强烈，从灯具、货架到家具座椅，都具有流动性的线条。2.2 米高的 GRC 面板在现场制造和施工（外表皮的板单元尺寸是 2 米 ×4 米，荷载 0.8 吨）。家具以及接待处由增强玻璃钢制成，能与混凝土材料完美结合。直射光和漫射光转换自如，室内的白色混泥土雕刻装饰，在灯光衬托下，能将所有区域顺畅连接。

图 4-78　乐家伦敦展厅

混凝土的可塑性与扎哈的造型语言和乐家的品牌形象紧密结合——以艺术表达"包装"商业目的，这是乐家伦敦展厅设计成功的重要保证。

从以上的案例可见，白色混凝土常被用于设计工作室、艺术馆、教堂等对文化品质要求较高，且需要展示拥有者与众不同的气质时才会被选择，这与国内建筑界的情况恰成对比。

白派建筑至少在 1990 年代早期就被介绍到中国了，而清水混凝土引发关注其实要晚于这个时期。但清水混凝土显然后来居上，在设计行业内外都有更多拥趸和实际案例；可白色混凝土在国内的使用至今仍不广泛。这当然不是技术问题，观念和文化差异可能是更重要的原因。今天中国各城市的雾霾现象的确是其广泛推广的巨大障碍，不过平心而论，雾霾尚不为人们所知时，也没见设计师和投资单位对此有任何热忱。

无论如何，国外设计史和混凝土发展趋势，的确能帮助我们理解白色混凝土的特殊文化气质和艺术表现力；也能看出其与各种人造石、玻璃钢等材料相结合的有效性。所以，我们应有意识地在诸如展览会场、专卖店、艺术家工作室、小型公共构筑物等空间中，推广白色混凝土的设计和使用。这对于混凝土材料的文化品质提升和使用范畴的拓展，或能带来意想不到的效果。

4.4.2 彩色混凝土

大多数人们想象中的混凝土都是"素色"的，灰色最为常见，白色已较少见，前文可见的彩色混凝土地面可能已让人大开眼界。但地面色彩只是彩色混凝土领域的一个方面，建筑室内外的混凝土色彩变化，及色彩与肌理变化共同作用，常会带来意想不到的视觉和心理感受。

北京新派白领公寓使用了多色的纤维增强水泥板材，由纯天然矿物原料和植物纤维组成，不含石棉及其他有害物质，属低碳环保材料。其性能很好，轻质高强、抗冲击、抗风压、耐候性好、防火防潮等。因其强度很高，可工厂化预制，又能配合多种色彩，所以这种饰面板的推广前景很好（图4-79）。

瑞士萨梅丹—格劳宾登州一所住宅的外墙充分体现了混凝土材料色彩的多变性，颜色层层累积有点儿像沉积岩，估计是层层浇筑过程中形成的，而且似乎为了强调这一点，墙面非常光滑。不同深浅的色彩很有自信地展示人前（图4-80）。这个设计又提醒了我们注意：一些西方设计师对混凝土的色彩处理方面，与我们的差异可能主要不在于技术手段，而在于审美习惯。

图4-79　北京新派白领公寓混凝土外墙板色彩　　　　图4-80　瑞士萨梅丹—格劳宾登州的一所住宅外墙
变化多样，性能优异，值得推广（中国混凝土　　　　色彩变化很像沉积岩，但面层却较光滑细腻（中国
与水泥制品协会装饰混凝土分会供图）　　　　　　　混凝土与水泥制品协会装饰混凝土分会供图）

鄂尔多斯东胜体育场的仿毛石外墙，很精心地制造出混凝土的凹凸肌理，而且肌理的方向和色彩还有差异；不过远看起来，这种差异形成了深浅不同又协调统一的外墙立面整体装饰效果（图4-81）。

图4-81　鄂尔多斯东胜体育场外墙的肌理和色彩配合颇为精心
（中国混凝土与水泥制品协会装饰混凝土分会供图）

大面积红色系的混凝土外墙饰面在许多项工程中都出现过：例如上文提及的钱学森图书馆；云台山世界地质公园地质博物馆迁扩建工程的外墙就是用混凝土"模仿"了云台山石灰岩的灰色和丹霞地貌的红色（图4-82），两种建筑色彩体块形成对比。

红色混凝土外墙广受欢迎的一个重要原因可能是民族文化和心理基础，毕竟红色在我们的文明系统中的象征意义太过宽泛。同时，大面积混凝土墙面的红色与天然石材相比，色彩更加均匀、没有明显反光，色彩和肌理的完整度更易控制。

图 4-82　云台山世界地质公园地质博物馆迁扩建工程石灰岩灰色和丹霞地貌红色形成对比（中国混凝土与水泥制品协会装饰混凝土分会供图）

北京建筑大学新校区教学楼使用了藏红色纵向齿条状造型的混凝土轻型墙板，能够非常明显地从周边灰蓝色调中显现出来（图4-83）。而青藏铁路拉萨站站房中的藏红色与白色对比，既是地方习俗的表达，也是设计建造者向当地民族文化致敬（图4-84）。混凝土墙面中的白色挂板是用白水泥加白石渣做出较粗的条纹肌理再斩剁而成的，藏红色挂板是用水泥掺加氧化铁红颜料加紫色石渣做出较细的条纹肌理再斩剁而成。在高原阳光的照射下，这两种色彩的对比极为强烈。

图 4-83　北京建筑大学新校区教学楼的藏红色墙面（中国混凝土与水泥制品协会装饰混凝土分会供图）

图 4-84　青藏铁路拉萨站站房的藏红和纯白色对比强烈（中国混凝土与水泥制品协会装饰混凝土分会供图）

武汉辛亥革命博物馆的外墙选择红色似乎是最必然的选择：鲜明的"楚国红"基色凸显了"石破天惊"的革命寓意（图4-85）。这个项目使用天然石纹质感的幕墙板1.24万平方米，板块凹凸控制为200毫米，单块模具面积达700平方米，通过十几个折面和斜面构造成建筑形体。同时还使用了三维立体分件技术，三维背负钢架制作，三维龙骨制作和三维节点制作等工艺。侧面有 200 毫米的起伏，屋顶有 50 毫米的起伏。无论是造型、肌理还是色彩，都在视觉上达到全雕塑建筑的效果。上海交通大学地铁站中心的红色混凝土在室内设计中的使用，在材料和色彩领域都可算是突破（图 4-86）。

图 4-85　武汉辛亥革命博物馆鲜明的楚国红基色凸显了革命寓意（中国混凝土与
水泥制品协会装饰混凝土分会供图）

　　将混凝土的可塑性和色彩结合起来，能制作出颇为精美的雕塑式构件。可能有人会对其"艺术"品味有所质疑，但将其放在游乐场或度假酒店等非日常生活空间中，却最能体现其材料优势和色彩价值。GRC 混凝土的可塑性和材料强度支持任何奇形怪状的动物和人物造型，而且可在工厂中制作完成保证精细度。耐候油漆也可有多种选择；而且与其他建筑饰面色彩不同，配合动物雕塑的颜色纯度可以非常高，在阳光下愈发鲜艳。珠海长隆横琴湾酒店的 GRC 雕塑构件，色彩丰富，造型多样，精细度高（图 4-87）。长隆海洋王国中，用 GRC 材料实现了海洋动植物造型的复杂雕塑构件，色彩丰富的彩绘耐候油漆，结构和饰面都满足了建筑防火、强度、安全、耐久等要求（图 4-88）。

图 4-86　上海交通大学地铁站
（上海鼎中供图）

图 4-87　珠海长隆横琴湾酒店的 GRC 雕塑构件
配合彩绘耐候油漆（中国混凝土与水泥制品
协会装饰混凝土分会供图）

　　前文提及的清水混凝土是不是也能在保持质地不变的情况下，增加色彩因素？这种做法一方面会削弱清水混凝土的朴拙硬朗之气，另一方面可能也会拓展其适用空间。

　　贵阳奥林匹克体育中心的项目建设中使用了法国的数据化色彩管理系统。整个项目的混凝土装饰面积为 2.1 万平方米，施工单位利用混凝土色彩数据化管理系统，对混凝土颜色进行调整，做到整体色彩协调一致。这项技术享有专利，基本逻辑与汽车喷漆的数控逻辑一致。这也给我们一种启发，混凝土材料的工厂化实施不应仅囿于构件的生产，色彩控制也是重要方面。

图 4-88　长隆海洋王国（中国混凝土与水泥制品协会装饰混凝土分会供图）

增加混凝土的色彩表现力，可能并不是建筑外饰面工程最迫切的方向，但在室内设计、家具设计和工艺品设计中，这一点却是至关重要。总体说来，目前国内的大多数企业尚未认识到其重要性，许多混凝土色彩的尝试是由项目推动的，企业的研发能力尚未被激发出来。不过也有一些设计导向的公司做了一些有益的尝试，能给混凝土企业和设计师们一些启发（图 4-89）。

图 4-89　颜色变化的清水混凝土材质体现了完全不同的文化和审美趣味（中国混凝土与水泥制品协会装饰混凝土分会供图）

4.5　模仿与造型

4.5.1　模仿天然石材

混凝土模仿天然石材的方式最为常见，也最易被理解。在材料推广过程中，许多人会强调混凝土对天然石材的造价优势，但长远看来，这可能是一条最糟糕的宣传理由了，因为这没能从工艺、环保和文化层面提升混凝土的地位，反而将其固定在较低层次和较固化的表达形式上了。事实上，混凝土中的技术和人工含量可以很高，在某些特殊位置和领域，其造价可能、可以也必须高于天然石材。而且，因其属于人工材料，所以性能的稳定性和安全性等方面应相应更可控。

虽然从一个较为刻板的角度讲，以一种材料模仿另一种材料有违现代设计经典哲学。如前文多次提及，许多人认为混凝土最诚实的表达方式就是"清水混凝土"，而且最好是浇筑而成的清水混凝土墙体和地面，清水混凝土饰面板还不完全符合要求。但我们也讨论过，我国传统文化对"饰面"的理解与西方逻辑完全不同。为混凝土材料更宽广的技术和市场发展空间计，我们不必过于执拗于此。让其按照市场和产业的选择自由发展，或可形成一套最有中国文化特征的混凝土理解和操作方式。

无论如何，在与天然石材进行对比推广混凝土材料时，我们的理由恐怕需要调整：首先应是强调其环保特性，利废只是其中之一，高承载透水地面有利于海绵城市的建设也是重要一点；其次，混凝土构件的安全性（安装安全和成分安全）相对可控；第三，当然较高的性价比也是重要原因。

石家庄万达公馆（图 4-90）、武汉金地艺境（图 4-91）和郑州林溪湾（图 4-92）的外墙面均属于用混凝土"模仿"天然石材的典型外装饰手法，除了质地轻密、安装方便、绿色环保、无毒无辐射、保温抗冲击、不易变形的共同特征，它们其实模拟的是不同颜色和品种的天然石材，或不同的天然石材切割、打磨方式。而对天然石材的选择一般基于设计师对建筑的文化属性和材料"模仿"能力的判断。

图 4-90　石家庄万达公馆 GRC 外墙挂板，模仿天然石材（中国混凝土与水泥制品协会装饰混凝土分会供图）

图 4-91　武汉金地艺境艺术浇筑石构件模仿天然石材，用水泥、陶粒、纤维丝、外加剂等制成（中国混凝土与水泥制品协会装饰混凝土分会供图）

图 4-92　郑州林溪湾艺术浇筑石构件，质地轻密，安装无需额外墙基支撑（中国混凝土与水泥制品协会装饰混凝土分会供图）

蓟县地质博物馆的使用方式与前三者均不同。为了体现"层的地质，叠的历史，层叠的建筑，层层叠叠的岩石"的设计主题，建筑外饰面用土黄色混凝土"模仿"土层塑造层层飞檐，层间使用毛石毛砌。在这个案例中，人造材料混凝土与天然材料毛石极好地达到统一（图 4-93）。

图 4-93　蓟县地质博物馆的层层飞檐选用土黄色混凝土与毛石毛砌的墙面完美地融合一起
（中国混凝土与水泥制品协会装饰混凝土分会供图）

当然，模仿石材的方式也可以用来"铺地"。在这一点上，混凝土地面的优势更加明显，因为其往往比天然石材地面更加平整、结构更完整可靠，还常兼有防滑防油、保持水土、充分利废等多种优点。大连体育中心地面工程模仿了天然石材质感，比天然石材更耐久和防滑，采用荒废骨料或者废弃玻璃，具有绿色环保的特点，性价比高（图 4-94）。成都二环路地面工程具有天然石材的面层强度，比天然石材更加坚固耐久的结构和防滑性（图 4-95）；采用荒废骨料或者废弃玻璃，是一种经济的、富于创意和环境友好的地坪技术系统。故宫太庙御道地面铺装采用高承载彩色压印混凝土艺术地面，纹理及颜色模仿古代天然石板，铺设采用故宫御道的传统经典铺设方式，几可乱真。

图 4-94　大连体育中心地面工程模仿了天然石材质感（中国混凝土与水泥制品协会装饰混凝土分会供图）　　图 4-95　成都二环路地面工程具有天然石材的面层强度，比石材更加坚固耐久的结构和防滑性（中国混凝土与水泥制品协会装饰混凝土分会供图）

4.5.2 混凝土雕塑

以混凝土、特别是 GRC 材料制作混凝土造型构件优势明显：造型可控、精细度高、不变形、无裂缝，在风、雪等各种荷载作用下也能长期保持完好（图 4-96、图 4-97）。凡有三维造型需求的建筑外装饰构件时，混凝土材料常具有其他建筑材料不具备的优势。中国台湾奇美博物馆的GRC构件也很好地体现了古典雕塑和造型语言（图4-98）。

图 4-96　世纪花园装饰构件精细耐久（中国混凝土与水泥制品协会装饰混凝土分会供图）

图 4-97　国仕塔的淡橙黄色 GRC 构件的"仿古"造型（中国混凝土与
水泥制品协会装饰混凝土分会供图）

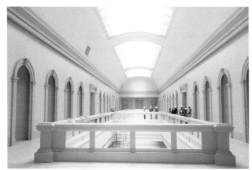

图 4-98　中国台湾奇美博物馆的 GRC 构件也很好地体现了古典雕塑和造型语言
（中国混凝土与水泥制品协会装饰混凝土分会供图）

　　混凝土雕塑最吸引人之处还不在于其"仿古"功能，在一些游乐场所的"魔幻现实主义"雕塑可能更是其良好的发展空间。珠海长隆横琴湾酒店中造型精细、色彩鲜艳的写实雕塑造型令人印象深刻（图4-99）。长隆海洋王国中用 GRC 材料实现海洋动植物造型的复杂雕塑构件、彩绘耐候油漆，既满足"魔幻现实"的景观需要，还能满足防火、强度、安全、耐久等要求，是一种"使用方便"又"令人放心"的塑形材料（图 4-100）。所以，综合考虑混凝土的结构和减重方法，这种材料今后在配合各种动画、游戏等娱乐项目宣传推广时，发展潜力巨大。

混凝土造型能力强大，但也会有人认为这种材料算不得"艺术材料"，所以文化品质不高。关于这一点，目前恐怕很难反驳。不过对比一些历史传统和工艺特性，我们还有可以讨论的余地。

图 4-99　珠海长隆横琴湾酒店 GRC 雕塑构件（中国混凝土与水泥制品协会装饰混凝土分会供图）

图 4-100　长隆海洋王国用 GRC 材料实现海洋动植物造型的复杂雕塑构件、彩绘耐候油漆
（中国混凝土与水泥制品协会装饰混凝土分会供图）

我们可以将混凝土装饰构件看成与传统建筑中的石狮子、影壁浮雕和门鼓等建筑构件相类似，而且混凝土模仿这些构件——无论是色彩还是质地，简直易如反掌。模仿西方古典建筑雕塑和构件，在技术上更是没有障碍；如果看起来造型或比例古怪的话，那肯定是设计问题而非技术问题。所以，无论"模仿"古典还是现代、东方还是西方，无论何种天然石材色彩质地等，混凝土的"模仿"能力可以说是无限的。更何况，混凝土材料的安全稳定性、绿色环保、减少污染等方面还远优于天然石材。在这个领域，混凝土的发展空间非常可观。

不过，这一大优势可能反而使得许多业内人士忽略掉了混凝土与天然石材的最大不同。天然石材的制作工艺以"雕凿"为主，当然现在还有工厂化切割，可以做得非常精细。而混凝土的成型工艺主要是"浇筑"，在传统制模中还须通过手工塑形来达成。所以说，以混凝土模仿天然石材，并不仅是外观上的模仿，而是用一种工艺方式模仿另一种工艺效果。这样说来，我们好像有点儿"对不起"混凝土，毕竟长此以往的确不利于提升混凝土本身的文化品位和艺术品质。而一种材料及其配套工艺不能真实地表达自身，其发展潜力无疑会被限制住，无法自由成长。这也是经典西方设计逻辑反对"模仿"的最本质原因——对人造材料给予尊重。

当然，在中国传统文化中也不是所有的人造材料都不被尊重。第 1 章已有论述，陶瓷和青铜均属人工材料，但对当代中国人而言，这两种材料本身即足以承载我们文化想象。混凝土与它们的差距到底在哪里？第一个原因当然是使用时间不够长，没有充分的时间让其融入民族历史和日常生活中，任何材料都会与我们有隔阂。第二个原因是当代中国人对此材料的加工方法、理解方式和阐释方式不够中国化。文化发展的一个有趣现象在于——文化标签与材料的原产地并不必然一一对应：元青花中的苏麻离青钴料据说来自于今天的伊拉克，但完全不影响青花瓷本身在中国陶瓷史中的文化艺术价值；好莱坞的《花木兰》仍然是美国电影……所以长远说来，真正让混凝土不够自信和缺乏文化特色的原因在于，我们对这种人造材料和工艺的文化价值挖掘不够。

虽然我们现在尚不能夸大混凝土潜在的文化和美学价值，但也必须承认其材料基本性能和加工方式可保证其足够宽广的发展空间。无论如何，我们不应将其局限在工程材料或建筑材料的狭窄范围内；给混凝土一个更宽广发展空间的同时，也是给我们自己一个塑造文化形态的新手段、新材料。

4.5.3 模仿潜力

在香港迪士尼乐园的灰熊山谷，混凝土材料带给了我们一种令人惊讶的效果（图4-101）。扩建后的"灰熊山谷"主题园区的主要景点是一座仿天然沉积岩石组成的原始金矿，以及一些矿井和采矿工具。建造灰熊山谷园区的难点是采用何种材料制作精致且体积巨大的天然沉

图 4-101　香港迪士尼乐园灰熊山谷的混凝土模仿对象多样
（中国混凝土与水泥制品协会装饰混凝土分会供图）

积岩石，用何种材料制作矿井以及其他仿真道具使之具有良好的耐候性。最后的实施方案是，采用将矿井、采矿工具和部分精细的岩石制作原型、生产反面模具后，用高强纤维混凝土材料生产出精细的产品，再在其表面彩绘喷漆着色；部分精细程度稍低的岩石则在现场做钢结构挂网后用高强混凝土进行直塑，并雕刻成天然岩石的表面纹理，再彩绘喷漆成天然岩石的色泽，在表面再喷涂多层耐候型房屋材料，从而保障岩石和道具的颜色多年不衰减。

　　除了很"像"之外，这个案例还能给我们两个更具深意的启发：其一，用混凝土"模仿"真实材质和结构的想法，与迪士尼的文化主体非常贴切——都不是真实世界，却是对真实世界逻辑的矫正和再现；其二，既然混凝土能模仿多种质地，其在"造景"方面的潜力应被继续挖掘，通过轻质混凝土、与其他材料的综合调配和特殊构造设计，混凝土材料完全可以在舞台设计、大型展览等领域广泛推广。

　　浙江龙泉青瓷博物馆的改建项目是另一个有趣的例子（图 4-102）。设计和施工单位本来设想的是以大面积的单、双曲面清水混凝土代表青瓷匣钵，圆台状彩釉玻璃幕墙代表青瓷釉色，以期能完美体现龙泉青瓷文化的元素。简单说来，就是用混凝土"模仿"匣钵，玻璃"模仿"青瓷釉。但当建筑完成后，其引发的文化想象和最初定位可能有所偏差。平心而论，青瓷的沉着典雅其实与清水混凝土的气质更加接近，而不是彩釉玻璃。这才是中国传统文化的大智慧——写意高于写实，似与不似之间……在这个例子中，我们真实地感受到材料负载的文化想象空间远比我们以为的要宽广深厚得多！

图 4-102　浙江龙泉青瓷博物馆的清水混凝土气质更贴合青瓷的文化品质
（中国混凝土与水泥制品协会装饰混凝土分会供图）

　　以混凝土材料"模仿"古典建筑造型和构件的做法，已在许多建筑设计中得以实施。这些艺术成果并不是对混凝土制造技术的更高要求，而是建筑师的文化想象和审美要求。

　　北京地铁奥运支线地面厅的建造使用了混凝土砌块"仿制"的灰砖墙（图 4-103）。这个项目并不属于混凝土材料的高技术层次，而是有意地"模仿"了传统建造方式；但为了保证室内亮度和墙面肌理的变化，采用了混凝土砌块与玻璃砖相间砌筑的方式。混凝土砖的制造显然比真正灰砖的制造方法更加环保，质量和性能更可控、更可靠。考虑到中国古建中大量存在的灰砖、青石板、灰瓦等建筑构件，所以在全国各地的"仿古"建筑，或使用"仿古"

元素的现代建筑中，使用空间广阔。奥林匹克中心区下沉花园 2 号院便是以混凝土制的瓦片作为重要装饰元素的现代空间（图 4-104）。

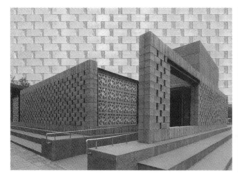

图 4-103　地铁奥运支线地面厅使用混凝土砌块模仿灰砖墙，效果很好（中国混凝土与水泥制品协会装饰混凝土分会供图）

图 4-104　奥林匹克中心区下沉花园 2 号院中混凝土瓦作为主要建筑元素（中国混凝土与水泥制品协会装饰混凝土分会供图）

　　联想研发基地项目中体现了多处设计师对混凝土材料的深入理解和表达方式，其中还有混凝土拓出的圆洞窗、云窗、月亮门造型等（图 4-105）。清水混凝土材料与几何造型的结合并不罕见，路易斯·康的作品中便有呈现。但中国传统园林中的门窗不仅是造型问题，也是文化想象和传说故事的载体。或许我们可以做这样的对比，在柯布西耶和路易斯·康那里，混凝土建构的是"三维"关系，安藤忠雄增加了"二维"的表达，而圆形洞窗和月亮门的加入则为之增加了"线性"描述方式。设计师解决功能和空间问题属于基本能力，在满足基本要求时便会呈现出不同的文化和审美取向，有时这种取向上的差异完全是"下意识"的。回溯一些已有项目，我们能很清晰地在湖南澧县城头山遗址博物馆的设计中，也看到这种通过"体"和"面"的塑造而达到一种"线性"趣味的表达方法（图 4-106）。

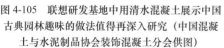

图 4-105　联想研发基地中用清水混凝土展示中国古典园林趣味的做法值得再深入研究（中国混凝土与水泥制品协会装饰混凝土分会供图）

图 4-106　湖南澧县城头山遗址博物馆入口处的混凝土曲线也是这种"线性"关系的表达（中国混凝土与水泥制品协会装饰混凝土分会供图）

　　这种差异到底是偶然还是必然，我们尚须观察。不过，有意识地挖掘当代中国设计师和施工企业，在混凝土设计、造型和施工工艺组织等方面，与其他国家的文化异同之处，恐怕是我们的一项长期工作。

关于混凝土模仿夯土和青铜材质的做法（详见本书第 4.2.3 节），此处不再赘述。邯郸文化艺术中心使用了混凝土镀铜幕墙挂板，效果强烈（图 4-107）。

图 4-107　邯郸文化艺术中心（中国混凝土与水泥制品协会装饰混凝土分会供图）

4.6 混凝土艺术效果营造

4.6.1 质感

混凝土表面的肌理效果主要由原料的细腻程度和模板的肌理决定，水泥仿制夯土饰面板就是很好的例子，水泥表面的木纹纹样也别具韵味。从技术层面上讲，这是混凝土可塑性的最佳体现；从审美体验角度讲，它能引起观者的无限想象（图 4-108）。

图 4-108　工业产品中的混凝土质感本身就足以成为审美元素（广州本土创造供图）

不过在此，我们必须强调：在日常生活中，我们对混凝土的感知往往发生在中景和远景（建筑外墙或城市立交桥等），所以对其质地的感知不甚敏感，所以，近尺度观察和感知混凝土，其微妙的色彩变化和质地的细密程度差异，是任何其他材料难以涵盖的。

细腻的混凝土难免让人产生错觉。日常用品中，质地精细者很多，瓷器、金属、玻璃、塑料等都在其列。但这些材质的一个共同特征就是，精密细致的表面几乎必然引发"光泽"，所以，细密的混凝土表面能形成"亚光"效果，就显得非常难得。当然，就混凝土而言，精细的表面意味着水泥颗粒更细、骨料更细碎、振捣要求更高等相应技术措施。但若用在工业产品和工艺品制造时，因为规模不大，技术难题的解决相对容易。

不过，仍然有人非常欣赏混凝土的"粗糙"质感，粗糙质感的来源大致有如下几种：①水泥浇筑时捣实不严密，有气孔；②混凝土骨料较大，使成品表面的质感看起来有些像冻石或水磨石；③材质密实但表面有细小的凸凹肌理，这些凸凹可能因为水泥本身骨料颗粒较大，也可能来自于磨具本身的纹理。有趣的是，就我们所见的混凝土成品来看，似乎都遵循这样的规律：最好不要在同一件混凝土制品上同时采用两种或两种以上的粗糙质感模式。这可能既是美学问题——比如成品表面质感显得杂乱无章，也可能是技术问题——同时达成更多的质感特征，意味着技术控制难度加倍升级。

关于粗糙材质的质感控制，还有一点需要注意：最终成品质感的"均匀性"非常重要。无论选用何种粗糙质感，使其均布于材料的全部表面，是水泥强度等级选择、浇筑、振捣成型等全过程都必须关照的重点。当成品造型有特殊转折或曲面时，做到这一点恐怕难度更高。当然，让混凝土表面具有特殊图案、纹样和凸凹时，将达到更加"吸引眼球"的效果。这种做法比较有"戏剧性"，所以用在建筑饰面或用来制作较大尺度艺术品的情况较常见。其实，相较于饰面本身的高低起伏，表面规则的花纹图案就显得内敛含蓄得多。许多设计师会选择具有文化象征意义的符号加以装饰，或是绘画、或是图案、或是模仿其他材质（如帆布或烧毛石）等。

关于混凝土材料的质感问题讨论，很容易与混凝土的表面肌理相混淆。我们可以简单地将前者归类为"粗细对比"，后者归类于"凸凹起伏"。质地与混凝土原料情况的关联度更大，肌理则主要由成型工艺和模具形态来决定。比较而言，对大尺度空间和构件来说，肌理营造更重要，如建筑外墙立面（详见本书第4.2.2节）；而对于小空间和小尺度的产品，质感差异更加微妙，是更核心的内容。

4.6.2 对比

说起来，混凝土材料本身就是个混合体，所以在混凝土制品的设计中，将混凝土材料与其他材质搭配处理，其实只能算是混凝土材料"混合"的方式之一。

混凝土与木质的混搭，是最常见的方式（图4-109）。一般说来，二者相较，木质容易给人以更加细腻、更加温暖之感。金属材料与混凝土的配合，常显得金属材质精致华美，混凝

图4-109　混凝土和木质的对比似乎更强调的是"冷暖"关系
（广州本土创造供图）

土部分有些木讷迟钝（图 4-110）。玻璃和混凝土的搭配极为常见，不过混凝土和镜子的配合倒还少见，可能会有意想不到的效果。以上几种材料既可单独与混凝土搭配，也可多种材料混合。将混凝土作为一种新材料，纳入工业设计和工艺品设计领域，是个崭新领域，前景广阔。

图 4-110　混凝土和金属材料的对比较为常见，金属材料往往显得更加细腻（广州本土创造供图）

　　混凝土因材料配比方式差异，自身也能呈现出颇为不同的色彩和质感，就是说即使是纯粹的混凝土材料，也有多种材料搭接和搭配方式，这是其他材料所罕见的手法。比如，纯粹的木质家具，即使真有用材差异，也常不会强调这一点；金属制品因常为一次成型，所以也难见不同金属材料拼接组装成一完整器物。但对于混凝土制品而言，将不同色彩、密度和质感的混凝土并置一处，是一种极为有趣的审美体验（图 4-111）。目前这一点在建筑和公共环境中使用甚多（如前文已述），但在工业产品、工艺品领域的发展前景尚待开发。

图 4-111　当色彩因素掺杂进来，对比关系显得更复杂、也更有趣（广州本土创造供图）

　　鱼莲山主题餐厅是一个非常好的案例，它提供了一种室内环境营造的新思路：混凝土材质之间、混凝土与其他材质之间的对比。混凝土材料能在室内设计中广泛推广的重要前提是材料表达的微妙性，而本例中的材料和色彩间的对比正在变得微妙（图 4-112）。

图 4-112　鱼莲山主题餐厅中混凝土材质之间、混凝土与其他材质的对比正在变得微妙
（中国混凝土与水泥制品协会装饰混凝土分会供图）

4.6.3 透光和变色

透光混凝土彻底颠覆了人们对混凝土的常规想象，使混凝土由"土得掉渣"的建筑材料一跃而进入"实验艺术"和"高科技"领域。

透光混凝土是混凝土基础材料与能透光的光学材料相结合而形成的混凝土。人们在理解这一点时稍有难度。根据日常经验，任何物质如果能够"透明"或"半透明"，通常来源于如下几个途径：①材料本身为透明材料，最典型如玻璃；②半透明效果达成常因材料本身的轻薄，如窗纸、极薄的云石面等；③材料上有密布小孔，远观有半透明效果。而常规的混凝土看来与这三者完全不搭界。

透光混凝土之所以能够有"光线穿透"的效果，完全得益于贯穿混凝土板安置的透光材料。目前国内已有厂家研制成功使用玻璃纤维与混凝土结合形成透光混凝土的技术。湖南澧县"城头山遗址护城河外围绿带及南门广场景观工程"中使用透光混凝土建造了休息亭和指示牌。这个项目预计于 2015 年 10 月完工，其完成效果非常值得期待。

说起来，这种透光方式与以上三种日常经验都不相同。因为有了透光材料，墙体的厚度不再成为限制。就是说当这种透光混凝土板足够厚能成为建筑材料时，建造透光建筑便有了技术实现可能。光线通过透光墙体照射进来，白天阳光可以进入室内；而到了晚上，建筑内部的灯光半透到室外，墙面上能映出人们的活动状态——看上去很像皮影戏——形成梦幻般的效果。

这种透光混凝土的物理和化学特性都跟水泥相似，能达到 A 级阻燃。而置入其中的玻璃纤维本身强度够高，使透光混凝土的硬度还强于一般水泥，而且也可用于制造弧形墙面。透光混凝土的进光量由单位面积设置的玻璃纤维密度决定，当然若纤维密度大，对水泥浇筑的难度要求就更高。

令人意外的是，透光混凝土还可算是一种环境友好型的建造材料：①透光混凝土不透明但透光，就是说它能造成视线上的阻隔，却能满足一定的进光量要求，能起到一部分"玻璃窗"的效果。而玻璃烧制温度很高，一般 1400~1600℃，须耗费大量能源；而水泥虽然也需要煅烧，但温度较低、量较少，所以能源耗费相对较低。②这种透光混凝土可以滤除红外线，而且玻璃的保温隔热能力显然不如有厚度的混凝土墙体，就是说在建筑使用过程中，使用透光混凝土建筑的运行费用也可能相应降低。③当然水泥及掺合物等原料本身即具有的利废特性在此依然成立。

类似于清水混凝土的表面保护剂，透光混凝土也需要专用的保护剂，来防止污物及自然环境破坏等。

目前透光混凝土的色彩调整主要由安置于其背后的光源色彩来决定，其原理有点儿像"灯箱"。我们可以将其看成是"透光混凝土的 1.0 版"。但如果我们想把混凝土建造成"调色板"或者"液晶屏"，一方面需要在纤维材料上不断改进（使用光导纤维可能是一种方向），另一方面新型纤维材料与混凝土结合，且达到工程施工和使用的安全要求，可能是更大的挑战。

透光混凝土不仅给了混凝土一个新形象，还给了它一个新身份。它从由工程技术引导的被动型建筑材料，成为美学、商业、技术、工艺等的集合体，因而具有很强的主动性、实验性和先导性（图 4-113~ 图 4-117）。

图 4-113　透光混凝土室内墙面使用效果对比（北京蓝宝公司供图）

图 4-114　透光混凝土的进光量由纤维　　　图 4-115　透光混凝土墙体即使很厚也不
密度决定（北京蓝宝公司供图）　　　　影响"透光"效果（北京蓝宝公司供图）

图 4-116　透光混凝土色彩的可控性是其最吸引人之处（北京蓝宝公司供图）

图 4-117　湖南澧县"城头山遗址护城河外围绿带及南门广场景观工程"中使用
透光混凝土建造了休息亭和指示牌（北京蓝宝公司供图）

4.7 混凝土的文化发展趋势

4.7.1 适用领域

无论人们是否意识到，混凝土的使用范围已经超越了传统的工程技术领域，正在走近人们的日常生活。产生这种情况的原因至少有如下几点：①建筑行业大量使用自然原材料的势头正在减缓，可持续发展的国家战略已深入人心，寻求一种更可靠、更有效、甚至更具艺术性的、低耗能、低污染的材料已成为现实要求。②前些年大干快上的城市建设模式催生了许多混凝土企业，但在国家发展方式转型过程中，各企业必须不断调整自身定位，提升产品的文化和设计内涵，增强产品的技术和工艺含量，这是行业和企业发展的必由之路。③30余年来社会财富和文化的积累，使中国社会中的一大批消费者，已超越了"必需品"的购买层次，而进入"观念"消费层面。艺术品、工艺品市场的相继繁荣，其实是这种趋势的最好注脚。像混凝土这种看来陌生的材料被引入，将给这个市场带来生机和活力。④混凝土材料本身的多重属性、多变样式，也使其能具有很强的开发潜力。目前可预见到，混凝土材料可在室内设计、工业产品制造和工艺品制作领域有很大发展空间。

就建筑材料而言，装饰混凝土是一种技术含量相对较高的品类。当建筑市场产生波动时，混凝土企业自然会想到由建筑外饰面转而生产内饰面。虽然看上去只一步之遥，但转化过程恐怕困难重重：①混凝土企业大多已习惯了与建筑师的合作方式，但大多数室内设计师与建筑师的工作方式和思维模式并不相同，而且室内设计的混凝土用量通常较小，可要求却很高、很多、很细，二者的合作恐怕尚需磨合。②室内设计对材料的尺寸、结构等的精细度要求很高，还常需要制作特殊模具，混凝土能否达到精细尺寸要求，一直是室内设计师担心的问题。而目前国内室内设计中常用的天然石材加工精度已经非常高，在近体尺度中，若混凝土的精细度完全无法与天然石材抗衡，则其有效推广将不可能。③混凝土的艺术表现力是否足够也是室内设计师的担忧之处。一方面，混凝土表面质感的细密程度可能尚需提高，另一方面色彩变化是否可控也值得关心。④为了满足室内设计师的要求，装饰混凝土企业的生产经营方式也需要重大调整，对某些企业来说，这种调整可能是自杀性的。

此时人们或许感觉很无奈。虽然我们能理解混凝土相较于大多数天然石材具有环保优势，但这种优势在现实经济利益和文化感受上，显得不那么重要。所以，我们必须从艺术表现力上入手，挖掘混凝土与天然石材的差异，并将其展示出来。最终，消费者不是在天然石材和混凝土之间进行选择，而是在两种工艺效果间选择，这才是我们希望看到的。因为在这种逻辑下，混凝土的文化、审美和工艺价值才能被尊重。

所以建议在混凝土的室内设计中考虑如下方式：①将混凝土视觉上的粗犷和触觉上的光滑细腻结合起来。建筑外饰面的使用方式常带给人们一种惯性思维，好像看上去粗犷的面材，摸上去一定粗糙。如果能想想泼墨山水，我们就能理解其中的要义了。毕竟大多数人进入室内，并不是为了寻求一种在山洞中生活的感受。②充分利用混凝土可多次浇筑的特点来制作特殊图案的混凝土地面。天然石材地面可以切割得非常精细，但却无法完成色彩差异微妙的地面拼接图案，而混凝土做到这一点几乎毫无难度。更何况混凝土地面的完整性和平整度等方面还可超越天然石材。③混凝土的可塑性有利于建造特殊肌理的墙面。混凝土艺术墙面的市场开发尚未起步。早年间以混凝土材料做声学墙面的做法还应被重视起来。配合墙面图案和肌理变化，混凝土材料在会议室、多功能厅中或可重新找到施展空间。④综合考虑材料配合和精巧的结构设计，在特殊造型的室内家具、舞台布景、展示空间等领域，混凝土材料都将大有作为。

在工业产品领域开发混凝土材料的发展潜力，已经成为许多混凝土企业的实际构想。关于这一点，许多国外设计可以借鉴，国内也有企业已经做得比较成功。在这个链条中，真正限制混凝土发展的不是技术和设计能力，而是国内不太健康的市场条件。设计和技术版权不能获得充分尊重其实只是相对次要的方面，商业流通中各种不合理的加价才是行业发展的最大障碍。在良好的市场条件下，健康的商业环境有利于版权保护和知识更新。就是说，混凝土产品将面临其他工业产品一样的难题。这恐怕不是一个行业或若干个企业就能解决的困境。不过，这种努力仍然非常有价值，因为通过他们，混凝土终于从一种建筑工程材料进入到工业材料领域。这有助于整个行业对加工精细度的要求不断提升，也能使人们在日常生活中接触到混凝土材料。长远说来，这对于混凝土进入中国人的主流文化和社会心理，有着巨大而深远的影响。

以混凝土做工艺品材料，绝对不会是"学习西方先进经验"的结果，这是一个非常中国化、非常传统的思维模式。但混凝土材料及特性的引入，有利于激发出传统工艺美术领域的新活力。能成为工艺品原材料的基本前提就是其精细度和可塑性，若颜色多样且可控，那么这种材料成为工艺品原料基本就没有什么技术屏障了。其真正的障碍在于审美习惯和社会心理。目前我们尚无法预见其前景，不过用混凝土做纪念品制造的原材料，应该是一个很好的试水区。它介于工业品和工艺品之间，又有着与众不同的材料感觉和审美体验。当然，其对生产精细度的要求更高，对设计师和生产者配合度的要求也明显高于一般的工业设计领域。

近代以来，全球工业化的生产和社会结构都以西方文明为基础，西方技术逻辑已深入人心。对于当代中国人而言，西方技术思维与中国传统工艺思维有相通也有相异之处。我们如何挖掘中国传统工艺思维中的世界观和哲学观，既是在为"中国心灵"寻找家园，也将是对西方工业文明的一次深刻反思和重大挑战。

4.7.2 建造方式

混凝土构件的工厂化生产已经是一条可见的发展方向了。目前绝大多数的建筑饰面板也都是工厂生产，现场安装的。不过今后的工厂化生产方式可能更加彻底，工厂化构件不再主要限于饰面材料，连结构材料也可工厂化完成。这将有效降低现场施工的干扰，也能提升产品的精细度和个性化，对于一些特殊地区（高寒、峡谷、灾害等），装配式的混凝土制品将更受欢迎。

而且，这种装配式的生产组装方式，与中国古代建筑的营造方式非常相似。这使得社会观念很容易接受，在行业制造业领域推广起来也不会有何障碍。如果进展顺利，它还能很好地与"互联网+"的定制和商业模式相协调。这将有助于把混凝土企业编织到制造业中去。对于国家管理来说，这可能是一个利好消息，但对于许多混凝土行业的从业者和经营者来说，可能不得不面临许多新环境和新问题。

当然，工厂化生产不意味着只生产构件，混凝土保护剂的色彩控制、特殊模具制作等，也须在工厂化环境中完成。

为了与特殊的建筑造型、墙面肌理、工业制品或工艺摆件等制造需求相匹配，混凝土模具的研发可能愈发引人关注。甚至可以说，混凝土的发展潜力其实受混凝土模具能力的引领或限制。混凝土模具的材料、制作工艺、使用方式等，将深刻地影响混凝土制品的艺术表达能力和文化发展潜力。而与之相配套的各种添加剂和化学成分的研发，将更具吸引力。而这可能是混凝土企业能在较长时间内保有知识产权优势的最重要阵地。

关于直接浇筑和预制装饰板材的两种施工方式及其背后的文化意义，仍将被长期讨论。从设计史和文化心理角度讲，浇筑方式比预制板材装饰方式更易获得尊重。比较粗俗的比喻，就是纯金和镀金的差别。从行业发展讲，我们虽然不应放弃装饰板材的制作建造方式，因为它的确给行业的发展拓展出更广阔的空间；但我们也不应忽略在混凝土浇筑领域中的研发和提升，毕竟就材料特性而言，浇筑方式才是根本，由浇筑方式引发的材料和技术革新将对行业发展有更长远的影响。

4.7.3 发展原则

混凝土作为人工材料，在我们的文化体系中毫无身份可言。其在建筑、桥梁、水利工程领域中的大显身手反而更使其被定位在"粗糙"和"蠢笨"的文化形象上。混凝土虽然在许多成分上与天然石材相似，但中国传统石文化中没有它的地位，它永远是一个冒充者和闯入者；与金属、玻璃一类的人工材料相比，它又因难以达到较高精细度而长期被日常生活隔绝在外。所以，混凝土很"委屈"，它给了人类世界现代城市生活、公共安全、遮风避雨，但却总像是在夜间公园或城市废弃地中晃荡的野狗，人们经常看到它，却很少有人关心它。

挖掘混凝土材料的文化价值绝对是提升其材料附加值的根本途径。但将其简单地比拟于其他艺术和技术材料又过于肤浅和矫饰。最本质的途径是应该提升其工艺和技术的文化价值。所有艺术设计、产品开发、品牌宣传等，也都应在尊重其材料特征和发展潜力的基础上来展开。

当然，对工艺和技术本身不甚尊重并不仅存于混凝土行业中，这是我国传统社会观念和肤浅的当代文化杂合一处的必然结果。不过，转折点可能已来临：我们已经有强大的购买力群体，有乐于研发的生产企业和工程技术人员，有大量的生产建造经验，有愿意投身产业的设计师……打造一种中国人自己的混凝土工艺哲学，应是大家的共同理想。

在这个哲学理想中，设计师能展示文化自觉，工程师能找到思维传统，消费者能理解工艺情怀。只有工艺和技术受到尊重，劳动和劳动者才能被尊重。

混凝土或可能把今天中国不同群体的共同理想混合一处，真正铸就"中国梦"。

附录

附录1：2015年"装饰混凝土创意作品展"部分参展设计作品

1. 作品名称：混凝土艺术墙面"花朵"

    设计者：马颖

    设计者单位：北京清尚陈设艺术有限公司

    技术支持和制作：南京倍立达新材料系统工程股份有限公司

2. 作品名称：混凝土艺术墙面"菱"

    设计者：马颖

    设计者单位：北京清尚陈设艺术有限公司

    技术支持和制作：南京倍立达新材料系统工程股份有限公司

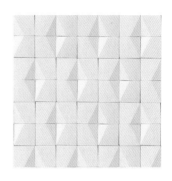

3. 作品名称：混凝土艺术墙面"编织"

    设计者：马颖

    设计者单位：北京清尚陈设艺术有限公司

    技术支持和制作：北京雷诺轻板有限责任公司

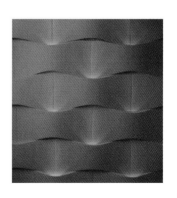

4. 作品名称：室外吸烟池1

    设计者：于历战

    设计者单位：清华大学美术学院

    技术支持和制作：北京宝贵石艺科技有限公司

5. 作品名称：室外吸烟池 2

　　设计者：于历战

　　设计者单位：清华大学美术学院

　　技术支持和制作：北京宝贵石艺科技有限公司

6. 作品名称：室外公共座椅

　　设计者：郭囡

　　设计者单位：北京清尚陈设艺术有限公司

　　技术支持和制作：沈阳兆寰现代建筑产业园
有限公司

7. 作品名称：井盖设计"清华大学"

　　设计者：郭囡　马颖

　　设计者单位：北京清尚陈设艺术有限公司

　　技术支持和制作：昆明顺弘水泥制管制品有限公司

8. 作品名称：井盖设计"清尚集团"

　　设计者：郭囡

　　设计者单位：北京清尚陈设艺术有限公司

　　技术支持和制作：昆明顺弘水泥制管制品有限公司

9. 作品名称：井盖设计"中国混凝土与水泥制品协会
装饰混凝土分会"

　　设计者：郭囡

　　设计者单位：北京清尚陈设艺术有限公司

　　技术支持和制作：昆明顺弘水泥制管制品有限公司

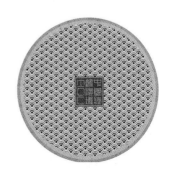

10. 作品名称：透光混凝土路灯

　　设计者：刘晴　于历战

　　设计者单位：清华大学美术学院

　　技术支持和制作：中建商品混凝土有限公司

11. 作品名称：凝层——庭院灯

　　技术支持和制作：广州双瑜建筑艺术工程有限公司

12. 作品名称：万花筒——庭院灯

　　技术支持和制作：广州双瑜建筑艺术工程有限公司

13. 作品名称："纠结"桌椅

　　设计者：王玉杰

　　设计者单位：北京清尚陈设艺术有限公司

　　技术支持和制作：南京倍立达新材料系统工程

股份有限公司

14. 作品名称：组合储物架

　　设计者：周岳

　　设计者单位：清华大学美术学院

　　技术支持和制作：北京蓝宝新技术有限公司

15. 作品名称："愉悦"鱼缸，河灯

　　设计者：郭囡

　　设计者单位：北京清尚陈设艺术有限公司

　　技术支持和制作：北京雷诺轻板有限责任公司

16. 作品名称："卵"灯具设计

　　设计者：周岳

　　设计者单位：清华大学美术学院

　　技术支持和制作：北京蓝宝新技术有限公司

17. 作品名称：月球钟

　　设计者：周岳

　　设计者单位：清华大学美术学院

　　技术支持和制作：北京宝贵石艺科技有限公司

18. 作品名称："太平有象"香器

　　设计者：王玉杰

　　设计者单位：北京清尚陈设艺术有限公司

　　技术支持和制作：北京雷诺轻板有限责任公司

19. 作品名称：山水纹盘

　　设计者：王玉杰

　　设计者单位：北京清尚陈设艺术有限公司

　　技术支持和制作：北京蓝宝新技术有限公司

20. **作品名称：** 盘中风景

　　设计者： 杨沁雪

　　设计者单位： 北京清尚陈设艺术有限公司

　　技术支持和制作： 北京蓝宝新技术有限公司

21. **作品名称：** "土" ——盘子

　　技术支持和制作： 广州本土创造

22. **作品名称：** "木鱼" 手机座

　　设计者： 王玉杰

　　设计者单位： 北京清尚陈设艺术有限公司

　　技术支持和制作： 北京雷诺轻板有限责任公司

23. **作品名称：** "本真" 书画用具

　　设计者： 杨沁雪

　　设计者单位： 北京清尚陈设艺术有限公司

　　技术支持和制作： 北京蓝宝新技术有限公司

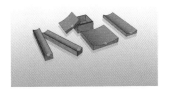

24. **作品名称：** "山涧水石" 书画用具

　　设计者： 杨沁雪

　　设计者单位： 北京清尚陈设艺术有限公司

　　技术支持和制作： 北京蓝宝新技术有限公司

25.作品名称："清光疏影"胸针

　　设计者：王晓昕

　　设计者单位：清华大学美术学院

　　技术支持和制作：北京蓝宝新技术有限公司

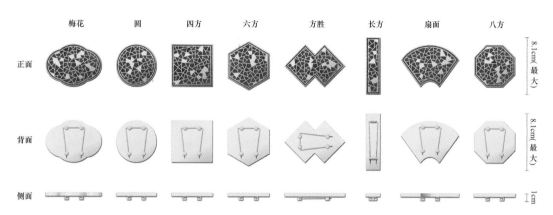

材质：混凝土、金属（银镀金）　　尺寸：8.1cm（长）×8.1cm（宽）×1cm（高）（在此范围内）

寓意：此设计以中国古代建筑装饰中的什锦窗和冰裂纹纹样为创作元素，将精致、细腻、华丽的金属与冷峻、粗犷、静谧的混凝土并置在一起，体现了传统审美与现代审美的冲突与融合，使得整个设计既具有强烈的视觉冲击力，又不乏深厚的文化内涵。

26.作品名称："码"纪念品挂坠

　　设计者：王晓昕

　　设计者单位：清华大学美术学院

　　技术支持和制作：北京蓝宝新技术有限公司

材质：混凝土、金属

尺寸：如图中所示

寓意：此设计利用清华大学美术学院微信二维码设计完成，可作为美术学院礼品发售。

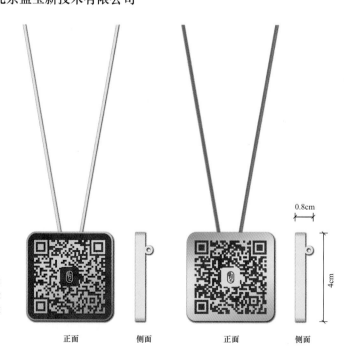

正面　　　　侧面　　　　正面　　　　侧面

27. **作品名称：**"归"——佛珠

　　技术支持和制作：广州本土创造

（作品排名不分先后）

附录 2：首届中国装饰混凝土设计大赛获奖名单

奖项	项目名称	获奖单位
最佳创意奖	鄂尔多斯东胜体育场外墙	中国建筑设计研究院 北京宝贵石艺科技有限公司
	国家大剧院音乐厅吊顶	北京宝贵石艺科技有限公司
	西安唐大明宫遗址公园御道广场	北京市建筑设计研究院有限公司 北京中景橙石建筑科技有限公司
杰出应用奖	西安唐大明宫丹凤门 - 再造石装饰混凝土轻型墙板	北京宝贵石艺科技有限公司
	天津东疆港商业中心 - 玻璃纤维增强水泥幕墙板	南京倍立达新材料系统工程股份有限公司
	钱学森图书馆 - 玻璃纤维增强水泥幕墙板	南京倍立达新材料系统工程股份有限公司
材料 / 工程创新奖	2008 奥运会北京射击馆 - 清水混凝土外墙挂板	清华大学建筑设计研究院有限公司 北京榆构有限公司
	万科中粮假日风景（万恒家园二期）项目 D1、D8 号工业化住宅楼	北京市建筑设计研究院有限公司
	北京草莓大厦 SRC 双层复合保温板	上海盈创装饰设计工程有限公司

附录 3：第二届中国装饰混凝土设计大赛获奖名单

奖项	级别	类别	项目名称	获奖单位
杰出应用奖	一等奖	建筑类	延庆县葡萄大会葡萄博览园主场馆	北京宝贵石艺科技有限公司
			南京青奥中心	南京倍立达新材料系统工程股份有限公司
			九江文化艺术中心	南京倍立达新材料系统工程股份有限公司
		景观类	鱼莲山主题餐厅	广州本土创造建筑装饰设计有限公司
	二等奖	建筑类	玉树州博物馆	北京宝贵石艺科技有限公司
			云台山世界地质公园地质博物馆迁扩建工程	华中科技大学建筑与城市规划学院 北京宝贵石艺科技有限公司
			邯郸文化艺术中心	北京市建筑设计研究院有限公司 北京雷诺轻板有限责任公司
			北京林业大学学研中心	北京中铁德成建筑设计工程有限公司
			世纪花园	石家庄山泰装饰工程有限公司
		景观类	成都双流国际机场 T2 航站楼站前广场及道路综合工程	北京中景橙石生态艺术地面科技股份有限公司
			国仕塔	石家庄山泰装饰工程有限公司
			装饰混凝土工业化围墙	沈阳兆寰现代建筑产业园有限公司
	三等奖	建筑类	玉树县行政中心	清华大学建筑设计研究院有限公司
			武汉金地意境	郑州博鳌装饰材料有限公司
			中国台湾奇美博物馆	珠海豪门雕塑开发有限公司
			辽东湾体育中心	北京中铁德成建筑设计工程有限公司
			石家庄万达公馆	石家庄山泰装饰工程有限公司
		景观类	全运会中央公园情侣亭	沈阳兆寰现代建筑产业园有限公司
			太阳能、装饰、PC 一体化门卫房	沈阳兆寰现代建筑产业园有限公司
			装饰混凝土变电箱柜艺术格栅	沈阳兆寰现代建筑产业园有限公司

续表

奖项	级别	类别	项目名称	获奖单位
最佳创意奖	一等奖	建筑类	谷泉会议中心	北京宝贵石艺科技有限公司
	二等奖	建筑类	唐山第三空间	南京倍立达新材料系统工程股份有限公司
			凤凰国际传媒中心	上海盈创装饰设计工程有限公司
			桐城文化博物馆	北京土人城市规划设计有限公司 北京雷诺轻板有限责任公司
		景观类	"齐"字形雕塑	北京宝贵石艺科技有限公司 山东灵岩装饰工程有限公司
			且和杯	广州本土创造建筑装饰设计有限公司
			3D打印冰裂纹装饰墙体	上海盈创装饰设计工程有限公司
	三等奖	建筑类	澧县城头山遗址博物馆	北京宝贵石艺科技有限公司
			珠海长隆横琴湾酒店	珠海豪门雕塑开发有限公司
			长隆海洋王国	珠海豪门雕塑开发有限公司
			天津华电武清燃气分布式能源站	北京诚信金通装饰工程有限公司
			郑州林溪湾	郑州博鳌装饰材料有限公司
			杭州西溪天堂	郑州博鳌装饰材料有限公司
		景观类	户外板材家具系列	广州本土创造建筑装饰设计有限公司
			浙江新和成实验楼室外地面铺装	北京中景橙石生态艺术地面科技股份有限公司
材料／工艺创新奖	一等奖	建筑类	北京外国语大学图书馆改扩建工程	北京宝贵石艺科技有限公司
	二等奖	建筑类	天津大学第21教学楼外立面维修工程	北京宝贵石艺科技有限公司
			新华印刷厂厂房装修改造工程	北京宝贵石艺科技有限公司
			北京新派白领公寓	北京安盛国际建筑设计顾问有限公司 广州埃特尼特建筑系统有限公司
		景观类	水磨石材料创新	广州本土创造建筑装饰设计有限公司
			清水混凝土材料创新	广州本土创造建筑装饰设计有限公司
	三等奖	建筑类	保定未来石	南京倍立达新材料系统工程股份有限公司
			3D打印建筑	上海盈创装饰设计工程有限公司
		景观类	大连体育中心地面工程	北京中景橙石生态艺术地面科技股份有限公司
			成都二环路地面工程	北京中景橙石生态艺术地面科技股份有限公司
			黄金石庭院艺术地砖	沈阳兆寰现代建筑产业园有限公司

跋：意犹未尽时

也是在今年春天，中国旅游者到日本大量购买马桶盖之事，引人深思。电视和网络上都在大谈特谈所谓"中国制造"的问题，听来令人心塞！这根本不是"中国制造"的问题，日本出售的马桶盖也大多在中国生产！这是"中国设计"的问题！一大堆专家学者、人大代表、著名企业家，竟无一人提及"工业设计"，这才是最大的悲哀。

现代设计从来就不是简单的造型问题，它涉及全产业链、资金链、市场经营、生产管理、公司运作和主流话语权等方方面面。简言之，现代设计就是意识形态的物质表达。

至少在 2500 年的时间里，中国人的工艺思维传统从未中断，传承至今。中国人双手的灵巧程度，天下无敌。我们可以在很短的时间里，制造出精密的航天飞机，能让"中国高铁"成为国家名片；我们也能常年让粗制滥造的日用品充斥乡里，让仿真枪的子弹穿透孩子的面颊，听任女孩儿们背着高仿的奢侈品牌皮包走街串巷……灵巧的双手，一方面带给我们极致的荣耀，另一方面也让我们陷入滥用的怪圈。在这个意义上讲，中国设计的不断完善过程，也应是一个自我节制和自助成长的过程。

混凝土材料的特性及目前发展情况，使其成为一个能承载多个群体、多重诉求的最佳平台。工程师和施工企业对混凝土材料的理解和控制方式，正在展现出一种愈发明显的中国思维特征。现代设计观念的加入，恰逢其会。我们要给混凝土一个"中国文化"身份，展示一种"中国文化"形象。技术无法为自身发展寻得出路，文化引领和意识形态的重要性愈发明显；现代设计和技术创新相结合，是所有美好构想能落地生根的必由之路。

在此次展览的多个方案中，我非常偏爱周岳老师的"混凝土骨灰砖"构想。在这个资源和空间日益紧缺的世界上，将逝者的骨灰掺入混凝土中制成骨灰砖；砖面上可镌刻逝者的生平；砖体可以用来砌筑家族或公共纪念墙，便于祭奠逝者、节省资源和空间。这个方案带给我们的不是设计的美感，而是心灵的感动。就物质层面而言，它在用一种材料的基本特性挑战人们的观念极限，材料能做到的远比人们想象的多得多。就精神层面而言，人们的想象可以更加宽广，如果以逝者的骨灰为粉料制成透水砖，能否成为水土保持的最佳砌筑材料。当满山大树由这些混凝土砖围护，当雨水霜雪通过一块块地砖渗入土地，这算不算是回到了"天人合一"的境界？

于北京清河家中

2015 年 8 月 14 日

China Building Materials Press

我们提供

图书出版、图书广告宣传、企业/个人定向出版、设计业务、企业内刊等外包、代选代购图书、团体用书、会议、培训，其他深度合作等优质高效服务。

编辑部	宣传推广	出版咨询	图书销售	设计业务
010-68342167	010-68361706	010-68343948	010-88386906	010-68361706

邮箱：jccbs-zbs@163.com 网址：www.jccbs.com.cn

发展出版传媒　　服务经济建设

传播科技进步　　满足社会需求